计算机科学与技术专业规划教材

（第三版）

软件工程

主　编　刘　玮　刘　军　李伟波

副主编　周启生　刘　菲　田精白

WUHAN UNIVERSITY PRESS
武汉大学出版社

图书在版编目(CIP)数据

软件工程/刘玮,刘军,李伟波主编 . —3 版 . —武汉:武汉大学出版社,
2020. 8(2025.1 重印)
计算机科学与技术专业规划教材
ISBN 978-7-307-21477-4

Ⅰ.软… Ⅱ.①刘… ②刘… ③李… Ⅲ. 软件工程—高等学校—
教材 Ⅳ.TP311.5

中国版本图书馆 CIP 数据核字(2020)第 073323 号

责任编辑:林 莉 喻 叶 责任校对:汪欣怡 版式设计:马 佳

出版发行:**武汉大学出版社** (430072 武昌 珞珈山)
(电子邮箱:cbs22@ whu.edu.cn 网址:www.wdp.com.cn)
印刷:武汉中科兴业印务有限公司
开本:787×1092 1/16 印张:19.75 字数:506 千字 插页:1
版次:2006 年 1 月第 1 版 2010 年 8 月第 2 版
2020 年 8 月第 3 版 2025 年 1 月第 3 版第 3 次印刷
ISBN 978-7-307-21477-4 定价:48. 00 元

前　言

　　软件工程是指导计算机软件开发和维护的一门工程学科，强调采用工程的概念、原理、技术和方法来开发与维护软件。软件工程的最终目的是以较少的成本获得易理解、易维护、可靠性高、符合用户需要的软件产品。软件工程主要研究一套符合软件产品开发特点的工程方法，包括软件设计与维护方法、软件工具与环境、软件工程标准与规范、软件开发技术与管理技术等。随着计算机技术的飞速发展和软件项目的复杂多样化，软件工程的理论和方法也在不断地更新和进步。根据软件工程的发展现状和教学实践的经验总结，本书在《软件工程》（第二版）的基础上进行了全面的修订，基本原理和方法更加凝练，略去过多的概念论述，强调知识领域重要性、完整性和衔接性的同时，更加注重理论与实际的结合，比较全面地介绍了结构化软件工程方法和面向对象软件工程方法。

　　全书共分为9章，第1章主要讲述软件、软件危机、软件生存周期等基本概念，简要介绍了软件开发方法和软件工具与环境；第2章主要讲述结构化需求分析的任务、原则和方法，重点讲述结构化分析、功能建模、数据建模和行为建模的原理和实现方法；第3章主要讲述软件设计的基本概念和原则、概要设计和详细设计的任务和工具，以及程序设计语言的选择和软件编码准则，重点讲述了结构化设计方法设计方法；第4章主要讲述面向对象需求分析的基本概念和方法，重点讲述结构建模、行为建模和功能建模，运用类图、活动图和用例图建立面向对象需求分析模型；第5章主要讲述面向对象设计的基本概念，重点讲述系统设计、详细设计和面向对象的编码，运用包图、部署图和组件图建立面向对象软件设计模型；第6章主要讲述软件测试的基本概念，重点讲述白盒测试技术、黑盒测试技术、灰盒测试技术、面向对象的测试技术、软件测试过程、测试工具和测试文档等；第7章主要讲述软件项目管理的基本概念，包括险管理、人员管理、进度管理、成本管理和文档管理等多方面内容，重点讲述软件规模估算、风险识别和评估方法和进度跟踪与控制技术等；第8章主要讲述软件配置和软件维护的基本概念，重点讲述版本管理和变更管理的方法、软件维护的实施方法等；第9章介绍了软件工程需求分析、软件设计、软件测试、软件项目管理等各个阶段常用的开发工具和实践环境。

　　为方便教学，每章都附有学习目的与要求、小结及习题。另外还将出版与本书配套的教学辅导材料。

　　本书主要由武汉工程大学软件工程课题组教师合作完成，是作者们多年来软件工程课程及相关课程教学和实践的总结。本书适用面广，内容满足软件工程教学的基本要求，可作为高等院校软件工程课程的教材或教学参考书，也可作为软件工程管理者和技术人员的参考书。

　　由于时间和水平所限，书中的不足之处，请各位读者批评指正，欢迎反馈用书信息。

本书在编写过程中，参考了大量相关书籍和资料，并得到武汉大学出版社的大力支持，在此一并表示感谢！

编者

2020 年 7 月

目　录

计算机科学与技术专业规划教材

第1章 软件工程概述

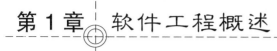

【学习目的与要求】　在经济建设、日常生活中，我们经常接触到有关工程的概念，例如：三峡工程、电气工程、爱心工程、扶贫工程……本课程讲述的也是工程，只不过是软件工程。什么是软件工程？软件工程的原理和内容是什么？软件工程发展趋势如何？对于一个软件项目的开发，无论其规模的大小，清晰、详细、完整的软件开发过程是怎样的？如何选择一个合适的软件过程模型？本章围绕上述问题，详细介绍了软件、软件危机、软件工程等基本概念，讲述了软件工程的基本原理与原则和研究内容，简单介绍了软件开发方法和软件工具与环境，讲述了各种软件过程、软件生存周期基本知识，重点介绍了软件过程模型和统一建模语言。通过本章的学习，要求掌握软件工程的基本概念，了解使用软件工程思想指导开发软件的基本方法，了解软件工具的作用与分类，了解软件工程发展的新动向了解软件过程与软件生存周期的的基本概念，熟悉软件过程各种模型，掌握统一建模语言和运用统一建模语言的图形工具建立软件模型，为下一阶段的学习和实践奠定基础。

1.1 计算机软件

要学习软件工程，首先必须了解软件的概念，即软件是什么，软件有什么特点。

1.1.1 软件概述

众所周知，一个完整的计算机系统由两部分组成：硬件和软件。

计算机硬件是一系列可见可感知的电子器件、电子设备的总称，计算机硬件是计算机系统的物理部件，是计算机系统运行的物质基础。

软件是计算机系统的逻辑部件，是保障计算机系统运行的基础。软件控制硬件运行、发挥计算机效能、处理各种计算和事务。概括地说，软件是程序、数据及其相关文档的完整集合。其中，程序是按事先设计的功能和性能要求编写的指令序列；数据是使程序能正常操纵信息的数据结构；文档是与程序开发、维护和使用有关的图文材料。因此，程序并不等于软件，程序只是软件的组成部分。

计算机系统的硬件和软件互为依存、缺一不可，它们互相配合，共同完成人们预先设计好的操作或者动作。

软件的特点表现在以下方面：

(1)软件是逻辑产品，更多的带有个人智慧因素。软件难以大规模，工厂化的生产，其产品数量及其质量，在相当长的时期内还得依赖少数技术人员的聪明与才智。软件的开发效率受到很大限制。

(2)软件不会磨损。软件不同于硬件设备，它不会磨损，但是，软件却随着适应性以及计算机技术进步的变化而被修改或者被淘汰。

(3)软件的成本高昂。软件的成本主要体现在人力成本方面，在很多情况下，软件的投入远远超过硬件的投入，开发或者购买软件价格高昂。

(4)软件维护困难。软件开发过程的进展时间长、情况复杂，软件质量也较难评估，软件维护意味着改正或修改原来的设计，使得软件的维护很困难甚至不可以维护。

(5)软件对硬件的依赖性很强。硬件是计算机系统的物质基础，由于技术的进步，硬件的发展改变很快，为了适应硬件的变化，必然要求软件跟随着变化，然而软件生产周期长，开发难度大，这就使得软件难以即时跟上硬件的应用，往往是出现了新的硬件产品，却没有相应的软件与之配合。因此，许多软件必须不断地升级、修改或者维护。

(6)软件对运行环境的变化敏感。软件对运行环境的变化也很敏感，特别是对与之协作的软件或者支撑它运行的软件平台的变化反应敏感，其他软件一个很小的改变，往往会引起软件的一系列改变。

软件有很多不同类型，人们可以根据需要，选择使用不同的软件。软件通常按以下六个方面分类：

1. 按软件功能划分

系统软件：协调、控制、管理计算机硬件的软件。例如操作系统软件。

应用软件：应用于指定领域或者特定目的的软件。例如财务软件。

支撑软件：支持用户开发软件的工具软件。例如 JAVA 语言、软件测试工具等。

2. 按软件工作方式划分

实时处理软件：在事件或数据产生时，立即予以处理，并及时反馈信息的软件。

分时软件：允许多个联机用户同时使用计算机。

交互式软件：能实现人机通信的软件。

批处理软件：把一组输入作业或一批数据以成批方式按顺序逐个处理的软件。

3. 按软件规模划分

微型：一个人，几小时，或者几天之内完成的软件，一般程序不到 500 行语句。

小型：一个人半年之内完成的软件，一般程序在 2 千行语句以内。

中型：5 个人在一年多时间里完成的软件，一般程序语句在 5 千到 5 万行。

大型：5 至 10 个人在两年多的时间里完成的软件，一般 5 万~10 万行语句。

甚大型：100 人至 1000 人参加用 4 到 5 年时间完成的具有 100 万行语句的软件。如电子政务系统、航天控制系统等。

极大型：2000 至 5000 人参加，10 年内完成的 1000 万行语句以内的软件。如导弹防御系统软件。

4. 按失效影响划分

高可靠性软件：应用于国民经济建设、国家安全、军事指挥等领域、对可靠性要求极高的软件。由于要求高可靠性，因此，这类软件开发难度大，开发技术复杂，开发费用高，开发周期长。

一般可靠性软件。可靠性能满足预先设置的标准或者可靠性可以控制的软件。

5. 按服务对象划分

项目软件：在开发软件过程中临时使用的软件。

产品软件：为用户开发，提供给用户使用的软件。

6. 按使用频度划分

一次性使用软件。

频繁性使用软件。

1.1.2 软件的发展历程

在计算机技术发展的初始时期，人们主要的注意力和兴奋点集中在计算机硬件研制与开发方面，在 20 世纪 60 年代以前，人们对于软件的认识仅仅只是停留在程序设计阶段。到了计算机硬件技术进入了按照"摩尔定律"发展的时期，人们才感觉到软件的重要性，软件工程的思想逐步建立，软件的发展进入了兴旺时期。软件的发展大致有如下几个阶段：

第一阶段：程序设计阶段（20 世纪 60 年代中期以前）。

这一阶段的特点是程序员针对具体机型编制程序，编制程序没有规范，编写的程序规模小，强调编写程序的个人技巧，程序设计的效率低。

第二阶段：程序系统阶段（20 世纪 60 年代中期到 70 年代中期）。

由于受"软件危机"的困扰，人们开始运用结构化的思想和方法开发软件，建立了"程序＝程序语言＋数据结构＋算法"的概念，强调了程序的可读性和可理解性。这一阶段是"软件工程"的萌芽阶段。

第三阶段：软件工程阶段（20 世纪 70 年代中期到 80 年代中期）。

随着大型、超大型软件开发需求的增大，作坊式的软件生产方式完全不能满足发展的需要，软件开发的工程化思想、理论、方法、工具得到迅速发展，"软件工程"学科逐步形成。这一阶段的主要特点是强调软件生产的"工程化"、"产品化"、"标准化"，以达到软件产品的"可理解"、"可阅读"、"易维护"、"可重用"、"低成本"的要求。

第四阶段：软件产业阶段（20 世纪 80 年代中期至今）。

软件工程的开发方法缓解和克服了部分软件危机，但是并不能完全克服软件危机。软件产品的开发依然周期长、成本高、难以维护。人们开始研究新的理论、新的方法、自动工具以及智能生产过程，以求达到软件产品生产的产业化和规模化，从而从根本上解决软件危机。这一阶段也可以称为"现代软件工程"阶段。近年来出现的"构件技术"、"面向应用的开发方法"、"云计算架构"、"软件流水线装配生产"等等，都是这一阶段发展的轨迹。

计算机硬件的迅猛发展、计算机应用的更加深入和广泛，不断地对软件提出更多新的要求，软件及其开发技术的发展依然是"路漫漫其修远兮"。

1.1.3 软件危机及其解决危机的途径

了解了软件产品的逻辑特点及其发展状况，我们再来讨论什么是软件危机。

1. 软件危机（software crisis）

"软件危机"是一种现象，是落后的软件生产方式无法满足迅速增长的计算机软件需求，从而导致软件开发与维护过程中出现一系列严重问题的现象。从总体上看，软件危机就是"落后的软件生产方式与现实需求之间的矛盾"。

IBM 大型电脑之父佛瑞德·布鲁克斯（Fred Brooks）在 1987 年发表了一篇关于软件工程的经典论文——《没有银弹》（No Silver Bullet），在该论文中对软件危机有下列一段精彩的描述：

"在所有恐怖民间传说的妖怪中，最可怕的是人狼，因为它们可以完全出乎意料地从熟悉的面孔变成可怕的怪物。为了对付人狼，我们在寻找可以消灭它们的银弹。大家熟悉的软件项目具有一些人狼的特性(至少在非技术经理看来)，常常看似简单明了的东西，却有可能变成一个落后进度、超出预算、存在大量缺陷的怪物。因此，我们听到了近乎绝望的寻求银弹的呼唤，寻求一种可以使软件成本像计算机硬件成本一样降低的尚方宝剑。但是，我们看看近十年来的情况，没有银弹的踪迹。"

作者高度概括了软件危机的现象：软件的开发"落后进度、超出预算、存在大量缺陷"，并且把软件危机比喻为人狼，由于软件的复杂性本质，直至现在，人们依然没有找到消灭人狼的银弹。

2. 软件危机的表现

软件危机表现在 2 个方面：软件开发中的问题和软件维护中的问题。

(1)软件开发中的问题：

①开发的成本与进度估计不准，开发成本难以控制，进度不可预计。

软件开发的"人月数"随着软件行数的增加而成指数的增长。例如：IBM 公司开发的 MVS 操作系统，有 700 万行程序，花费 20 亿美元，平均 285 元/行。但该系统却是不成功的。

②开发的软件常常不能满足用户的需要，或者用户的要求已经改变。

③开发的软件的质量和可靠性很差。

④软件文档不全，难以使用和维护。

⑤调试时间太长。占全部开发工作量的 40%。其中 30% 为编程错误，70% 为规范及设计错误。

⑥软件越来越复杂，软件开发生产率很低。

(2)软件维护中的问题：

①软件常常是不可维护的。在维护的同时又有可能产生新的错误。

②软件维护的费用很高。软件维护的费用往往占全部费用的 40%。

3. 软件危机的产生原因

软件危机的产生有两个方面的原因：客观原因和主观原因。

(1)客观原因：

①软件是逻辑部件，因此，软件的质量和性能因个人能力而异。

②现实问题的复杂性、感知接受的复杂性、理性表达的复杂性、交流沟通的复杂性，这些因素构成了软件的复杂性。

③用户需求不明或者需求不断变化，软件生产跟不上需求变化。

④硬件发展太快，软件需求剧增。

(2)主观原因：

开发过程不科学和不规范。表现为如下几个方面的不规范问题：

①软件开发泛型不规范(模型)。

②软件设计方法不规范(方法)。

③软件开发支持不规范(工具)。

④软件开发管理不规范(过程)。

4. 解决危机的途径

解决软件危机主要从主观方面找问题，找到克服主观因素的办法。一般而言，我们可以

从如下方面入手:

(1) 正确的认识软件,摒弃"软件就是程序"的错误观念。充分理解到软件是程序、数据、文档等的完整集合。

(2) 软件开发不是个别人的神秘劳动技巧,而应该是一种组织良好、管理严密、各类人员协同配合、共同完成的工程项目。

(3) 推广开发软件成功的技术和方法,并且探索研究更好的技术和方法。

(4) 开发和使用更好的软件工具提高软件开发的效率。

归结上述各条,可以看到,克服软件危机的途径在于以现代工程的理论与实践为指导,把技术措施(方法、工具)和组织管理措施两者结合起来开发和维护软件。

1.2　软件工程

1.2.1　软件工程概述

人类社会已经跨入了 21 世纪,计算机系统的发展也经历了四个不同的阶段,但是,我们仍然没有彻底摆脱"软件危机"的困扰,软件危机已经成为限制计算机系统发展的关键因素。为了更有效地开发与维护软件,从 20 世纪 60 年代后期开始,人们开展了研究消除软件危机的方法。1968 年,在联邦德国召开的北大西洋公约组织科技委员会国际会议上,计算机科学家和工业界巨头,讨论了软件危机问题以及解决危机的途径,在这次会议上正式提出并使用了"软件工程"(Software Engineering)这个名词,一门新兴的工程学就此诞生了。

软件工程采用工程的概念、原理、技术和方法来开发和维护软件,把管理技术与开发技术有效地结合起来。

软件工程提出了一系列的概念、方法、原理以及开发模型,其研究的核心问题是在给定的成本和进度前提下,使用什么方法开发软件,能获得可使用、可靠性好、易于维护、成本合适的软件。

软件工程是多学科且跨学科的一门科学,它借鉴了传统工程的原则和方法,同时应用了计算机科学、数学、工程科学和管理科学的很多理论和知识,以求高效地开发高质量的软件。软件工程知识结构主要有三个支撑(如图 1-1 所示)。

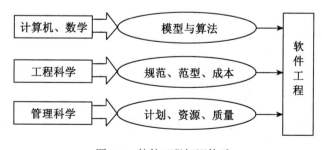

图 1-1　软件工程知识体系

这三个知识支撑具有下列作用与意义:

(1) 计算机科学和数学用于构造模型与算法。

（2）工程科学用于指定规范、设计泛型、评估成本及确定权衡。

（3）管理科学用于计划、资源、质量和成本的管理。

软件工程的基本原理和原则：

1. 软件工程的原理

软件工程的基本原理是指导软件开发与维护的最高准则和规范，这些原理包括：

（1）采取适宜的开发模型，控制易变的需求。

（2）采用合适的技术方法：软件模块化、抽象与信息隐藏、局部化、一致性、适应性等。

（3）提供高质量的工程支持：软件工具和环境对软件过程的支持。

（4）重视开发过程的管理：有效利用可用的资源、生产满足目标的软件产品、提高软件组织的生产能力。

2. 软件工程的基本原则

为了确保软件质量和开发效率，必须坚持实施以下7个方面的基本保障措施，这些措施称为"软件工程的基本原则"。

（1）严格管理。一个软件从定义、开发、使用和维护，直到最终被废弃，要经历一个较长的时期，通常把软件经历的这个时期称为生存周期。在软件开发与维护的生命周期中，需要完成许多性质各异的工作，应该把软件生命周期划分为若干个阶段，并相应地制定出切实可行的计划，严格按计划对软件的开发与维护工作进行管理。

（2）阶段评估。软件质量的保证工作不能等到编码阶段结束之后再进行，每个阶段都要进行严格的评审，以便尽早地发现在软件开发中的错误，以减少软件改正错误的代价。

（3）产品控制。一切有关修改软件的提议，必须经过严格的审核，获得批准才能实施修改，以保证产品的质量。

（4）现代程序设计技术。尽可能地采用当今成熟的先进技术，提高软件开发和维护效率。

（5）审查。根据开发项目的总目标及完成期限，规定开发组织的责任和产品的标准，以使得所得到的结果能够清楚地审查。

（6）合理安排人员。软件开发小组的人员的素质要好，而人数不应过多。合理安排人员可以减少开发成本并提高工作效率。

（7）不断改进软件工程实践（技术、经验、工具）。不断总结经验，采纳新的软件技术。

3. 软件工程技术原则

软件工程归纳了软件开发过程中应该遵循的7项技术原则。

（1）抽象。在软件开发过程中，暂时忽略事物之间非本质的东西，提取事物最基本的特征和行为，从抽象逐步细化，这种认识事物的方法就是抽象。软件工程的抽象原则可以概括为八个字："自顶向下，逐步求精"。

（2）信息隐蔽。将模块的实现细节封装起来，通过专用接口调用，从而避免不合法的使用，这种技术称为"信息隐蔽"。

（3）模块化。将一个复杂的软件系统，分解成一个一个较小的容易处理的且具有独立功能的模块。模块是具有确定的名称和确定的功能的程序单元。通过接口可以调用其他模块，也可以被其他模块调用。模块化有助于复杂问题简单化和信息的隐藏与抽象，是软件开发中最重要的技术原则之一。

（4）局部化。局部化指的是计算机资源集中的程度，局部化原则要求把模块内部的资源和成员局限于模块内部，共同实现模块的功能。局部化原则有助于控制软件结构的复杂性。

（5）一致性。保持软件系统中模块、接口等各个部分在概念、定义、操作的一致性，避免产生异义和歧义。

（6）完备性。软件系统不丢失任何有效成员、保持软件功能在需求规范中的完整。

（7）可验证性。在"自顶向下，逐步求精"的分解过程中，对所有分解得到的模块，必须易于检查、测试和评审。

从 20 世纪 70 年代软件工程学科创立以来，人们不断地总结软件工程研究的成果，形成了一门新兴的学科——软件工程学。这是一个跨学科、跨领域、范围广泛的新兴学科，是计算机软件理论研究的前沿和核心之一，是当前一个十分活跃的研究方向。

4. 软件工程学研究的内容

软件工程学包含三个方面：软件工程理论、软件工程方法学和软件工程管理。

（1）软件工程理论：程序正确性证明、软件可靠性理论、成本估计模型、软件开发模型等。

（2）软件工程方法学：是研究软件开发方法的学科，包括以下三个方面：

方法：完成软件开发各项任务的技术方法，回答"技术上如何做"的问题；

工具：为方法的应用提供自动或半自动的软件支撑环境和软件工具；

过程：为了获得高质量软件而需要执行的一系列任务的框架（开发模型）和工作步骤，回答"怎么做才能做好"的问题。

（3）软件工程管理：所谓管理就是通过计划、组织和控制等一系列活动，合理地配置和使用各种资源，以达到既定目标的过程。管理技术包括：软件质量管理、软件项目管理、软件经济等。

1.2.2　软件开发方法简述

20 世纪 60 年代中期开始爆发了众所周知的软件危机。为了克服这一危机，在 1968 和 1969 年连续召开的两次著名的北大西洋公约组织（NATO）会议上提出了软件工程这一术语，并在以后不断发展与完善。与此同时，软件研究人员也在不断探索新的软件开发方法，至今已形成多种软件开发方法，简要介绍如下。

1. Parnas 方法

最早的软件开发方法是由 D. Parnas 在 1972 年提出的。由于当时软件在可维护性和可靠性方面存在着严重问题，因此 Parnas 针对这两个问题提出了以下两个原则：

（1）信息隐蔽原则：在概要设计时列出将来可能发生变化的因素，并在模块划分时将这些因素放到个别模块的内部。这样，在将来由于这些因素变化而需修改软件时，只需修改这些个别的模块，其他模块不受影响。

（2）在软件设计时应对可能发生的种种意外故障采取措施。软件是很脆弱的，很可能因为一个微小的错误而引发严重的事故，所以必须加强防范。如在分配使用设备前，应该取设备状态字，检查设备是否正常。此外，模块之间也要加强检查，防止错误蔓延。

2. 结构化方法

1978 年，E. Yourdon 和 L. L. Constantine 提出了结构化方法，即 SASD 方法，1979 年 TomDeMarco 对此方法作了进一步的完善。Yourdon 方法是 80 年代使用最广泛的软件开发方法，它的基本思想是把一个复杂问题的求解过程分阶段进行，每个阶段处理的问题都控制在人们容易理解和处理的范围内。

结构化方法的基本要点是自顶向下、逐步求精、模块化设计。它首先用结构化分析（SA）对软件进行需求分析，然后用结构化设计（SD）方法进行总体设计，最后是结构化编程（SP）。这一方法不仅开发步骤明确，SA、SD、SP 相辅相成，一气呵成，而且给出了两类典型的软件结构（变换型和事务型），便于参照，使软件开发的成功率大大提高，从而深受软件开发人员的青睐。

3. 面向数据结构方法

一般来说输入数据、内部存储的数据（数据库或文件）以及输出数据都有特定的结构，这种数据结构既影响程序的结构又影响程序的处理过程。比如：重复出现的数据通常由具有循环控制结构的程序来处理，选择数据要用带有分支控制结构的程序来处理。面向数据结构的设计方法就是从目标系统的输入、输出数据结构入手，导出程序框架结构。面向数据结构的软件开发方法主要有 Jackson 方法和 Warnier 方法两个最著名的设计方法。

4. 问题分析法

问题分析法（Problem Analysis Method，PAM）是 20 世纪 80 年代末由日立公司提出的一种软件开发方法。PAM 方法希望能兼顾 Yourdon 方法、Jackson 方法和自底向上的软件开发方法的优点，而避免它们的缺陷。它的基本思想是从输入、输出数据结构导出基本处理框；分析这些处理框之间的先后关系；按先后关系逐步综合处理框，直到画出整个系统的 PAD 图（Problem Analysis Diagram，问题分析图）。

这一方法本质上是综合的自底向上的方法，但在逐步综合之前已进行了有目地的分解，这个目的就是充分考虑系统的输入、输出数据结构。另一个优点是使用 PAD 图。这是一种二维树形结构图，是到目前为止最好的详细设计表示方法之一，远远优于 NS 图和 PDL 语言。

5. 面向对象方法

面向对象（Object Oriented）方法简称为〇〇方法。面向对象方法追求的是软件系统对现实世界的直接模拟，将现实世界中的事物抽象成对象直接映射到软件系统的解空间，以消息驱动对象实现操作的一种全新的程序设计方法，它在需求分析、可维护性和可靠性这三个软件开发的关键环节和质量指标上都有实质性的突破。常用的面向对象开发方法有 Coad 方法、Booch 方法、OMT 方法和 UML 工具等等。

6. ICASE

提高人类的劳动生产率和提高生产的自动化程度，一直是人类坚持不懈的追求目标。随着软件开发工具的积累，自动化工具的增多，软件开发环境进入了第三代 ICASE（Integrated Computer-Aided Software Engineering，综合计算机辅助软件工程）。系统集成方式经历了从数据交换（早期 CASE 采用的集成方式：点到点的数据转换），到公共用户界面（第二代 CASE：在一致的界面下调用众多不同的工具），再到目前的信息中心库方式。这是 ICASE 的主要集成方式。它不仅提供数据集成（1991 年电气和电子工程师协会 IEEE 为工具互连提出了标准 P1175）和控制集成（实现工具间的调用），还提供了一组用户界面管理设施和一大批工具，如垂直工具集（支持软件生存期各阶段，保证生成信息的完备性和一致性）、水平工具集（用于不同的软件开发方法）以及开放工具槽。

ICASE 的进一步发展则是与其他软件开发方法的结合，如与面向对象技术、软件重用技术结合以及智能化的 I-CASE。近几年已出现了能实现全自动软件开发的 ICASE。

ICASE 的最终目标是实现应用软件的全自动开发，即开发人员只要写好软件的需求规格说明书，软件开发环境就自动完成从需求分析开始的所有的软件开发工作，自动生成供用户直接使用的软件及有关文档。

1.2.3 软件工具与环境

1. 软件工具

软件工具以及软件工具的使用是软件工程学中重要的研究内容。软件工具是支持和辅助软件开发人员进行开发和维护活动的特殊软件，软件工具为软件开发方法提供自动的或者半自动的支撑环境，减轻开发人员的劳动强度，提高开发效率。

软件工具种类繁多，涉及面广泛，主要有开发工具、软件维护工具、软件管理和支撑工具。

（1）开发工具：

①需求分析工具是在需求分析阶段使用的工具。辅助系统分析员生成完整、准确、一致的需求分析说明。这类工具包括分析工具和描述工具。

②设计工具是系统设计阶段使用的工具。检查并排除需求说明中的错误。一种是描述工具，如图形、表格、伪语言工具等；一种是变换工具，从一种描述转换成另一种描述。

③编码工具是编程阶段使用的工具。包括语言程序、编译软件、解释程序等。

④测试工具是测试阶段使用的工具。包括测试数据生成程序、跟踪程序、测试程序、调试程序、验证和评价程序。

（2）软件维护工具：

①版本控制工具。用于存储、更新、恢复和管理某个软件的多个版本。

②文档分析工具。对软件过程形成的文档进行分析，得到软件维护活动所需要的信息。

③逆向工程工具。辅助软件开发人员将某种形式表示的软件转换成更高形式表示的软件。

④再工程工具。支持软件重构，提高软件功能、性能和可维护性。

（3）软件管理和支持工具：

①项目管理工具。辅助软件管理人员进行项目的计划、成本估算、资源分配、质量监控。

②开发信息库工具。对项目开发信息库维护的工具。

③配置管理工具。对软件配置的标识、版本控制、变化控制的工具。

④软件评价工具。对软件质量评价的工具。

2. 常用软件工程工具举例

目前有许多常用的软件工程工具，其中包括：MS Project 2000、Visual SourceSafe、Rational Rose、WinRunner 等。

（1）项目管理工具 MS Project 2003。MSProject 2003 是一个功能强大、使用灵活的项目管理软件，可以帮助用户有效的制定任务计划、进度计划、资源计划和进行成本控制，对项目管理的各个阶段提供比较全面的支持。

（2）版本控制工具 Visual SourceSafe 6.0。现在的软件往往比较复杂，通常是由研发小组共同分析、设计、编码和维护，并由专门小组对其进行测试和验收。在软件开发的整个过程中，研发小组的成员之间、研发小组之间、客户和研发者之间在不断地交流各种信息。这些交流将导致对软件的模型、设计的方案、程序代码等文档的修改，并形成软件的不同版本，同时要保证修改不出现错误及修改的一致性。Microsoft 公司的 Visual SourceSafe 6.0（简称 VSS）能较好的辅助软件工程师进行版本管理和控制修改。

（3）可视化建模工具 Rational Rose。Rational Rose 是一个完整的可视化建模工具软件，被国际数据组织（IDC）认为是分析、建模和设计（AMD）工具的业界领导者。Rational Rose 是一个将基于构件的构架、可靠的代码生成和基于模型的构件测试组合成一个软件开发工具，能够更迅速地编写高质量的代码。

（4）测试工具 WinRunner。Mercury Interactive 公司的 WinRunner 是一种企业级的功能测试工具，用于检测应用程序是否能够达到预期的功能及是否能正常运行。通过自动录制、检测和回放用户的应用操作，WinRunner 能够有效地帮助测试人员对复杂的企业级应用的不同发布版进行测试，提高测试人员的工作效率和质量，确保跨平台的、复杂的企业级应用无故障发布及长期稳定运行。

3. 软件开发环境

现在的软件开发工具往往不是孤立的，软件开发工具按照一定的开发模式或者开发方法组织起来，为一定的领域所使用的，从而构成一个辅助软件开发的工具集合，这个工具集合就是"软件开发环境"。比如大家熟悉的集成开发环境。软件开发环境有一些不同的称呼，比如：软件工程环境、软件支撑环境、工具盒、工具箱等。

软件工程工具和软件工程的理论是相辅相成的，正确地使用这些工具，需要掌握软件工程的基本概念、原理、方法和技术。利用这些工具辅助软件的开发，将提高软件开发效率和提高软件的质量，同时也将加深对软件工程的概念、原理、方法和技术的认识。

1.3 软件过程与软件生存周期

软件项目的开发首先需要一个清晰、详细、完整的软件开发过程，软件生存周期就是从提出软件产品开始，直到该软件产品被淘汰的全过程，从时间角度将复杂的软件开发维护时期分为若干阶段，每个阶段都有其相对独立的任务，然后逐步完成各个阶段的任务。

1.3.1 软件过程

过程是针对一个给定目标的一系列活动的集合，活动是任务的集合，任务要起着把输入进行加工然后输出的作用。活动的执行可以是顺序的、重复的、并行的、嵌套的或者是有条件地引发的。

软件过程（Software Procedure）就是按照软件项目的进度、成本和质量要求，开发和维护软件所必需的一系列有序活动的集合。软件过程可概括为三类：基本过程类、支持过程类和组织过程类。基本过程类包括需求获取、开发、维护等基本活动及与基本活动相关的里程碑事件和质量保证点；支持过程类包括文档、配置管理、质量保证、确认和评审等活动；组织过程类包括基础设施、过程和培训等活动（如图 1-2 所示）。

有效的软件过程可以提高生产能力和决策的正确性，便于软件标准化工作的实施，提高软件的可重用性和团队间的协作水平，还可以改善软件的维护工作，便于软件项目的管理。随着一个组织的成熟，其软件过程得到更好的定义，并在整个组织内得到更一致的实施，整

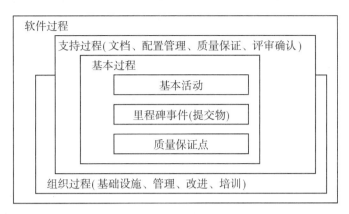

图 1-2 软件过程

个组织的开发能力将得到更大的提高。

国际上用软件过程能力来评价遵循软件过程能够实现预期结果的程度，并建立评价模型，即软件能力成熟度模型（Capability Maturity Model for Software，简称 SW-CMM），关于这部分内容将在本书第 7 章详细介绍。

1.3.2 软件生存周期

软件生存周期就是从提出软件产品开始，直到该软件产品被淘汰的全过程。研究软件生存周期是为了更科学地及更有效地组织和管理软件的生产，从而使软件产品更可靠、更经济。采用软件生存周期的目的是将软件开发过程划分为若干阶段，依次地进行。前一个阶段任务的完成是后一个阶段的开始和基础，而后一个阶段通常是将前一个阶段提出的方案进一步具体化。每一个阶段的开始与结束都有严格的标准，前一个阶段结束的标准就是与其相邻的后一个阶段开始的标准，每一个阶段结束之前都要接受严格的技术和管理评审，不能通过评审时，就要重复前一阶段的工作直至通过上述评审后才能结束。采用软件生存周期的划分方法，有利于简化整个问题，不同人员分工协作，便于软件项目的管理，提高软件质量及软件开发的成功率和生产率。

软件生存周期一般可分为三个主要阶段：定义阶段、开发阶段和维护阶段。而这三个阶段往往又可以细分为一些子阶段。

1. 定义阶段

定义阶段还可根据实际情况分为两个子阶段：软件计划和需求分析。

软件计划：主要任务是从待开发的目标系统出发，定义软件的性质与规模，确定软件总的目标；研究在现有资源与技术的条件下能否实现目标这个问题；推荐目标系统的设计方案，对目标系统的成本与效益做出估算，最后还要提出软件开发的进度安排，提交软件计划文档。

需求分析：在待开发软件的可行性研究和项目开发计划获得评审通过以后，进一步准确地理解用户的要求，分析系统必须"做什么"，并将其转换成需求定义，提交软件的需求分析文档。

2. 开发阶段

开发阶段也可分为三个子阶段：设计、编码和测试。

设计阶段：主要根据需求分析文档对软件进行体系结构设计、定义接口、建立数据结构、规定标记、进行模块过程设计、提交设计说明书文档和测试计划。

编码阶段：按照设计说明书选择程序语言工具进行编码和单元测试，提交程序代码和相应文件。

测试阶段：根据测试计划对软件项目进行各种测试，对每一个测试用例和结果都要进行评审，提交软件项目测试报告。

3. 维护阶段

软件经过评审确认后提交用户使用，就进入了维护阶段。在这个阶段首先要做的工作就是配置评审，通过检查软件文档和代码是否齐全且一致，分析系统运行与维护环境的现实状况，确认系统的可维护性；为了实施维护，还必须建立维护的组织、明确维护人员的职责；当用户提出维护要求时，根据维护的性质和类型开展有效的维护活动，以保持软件系统正常的运行以及持久地满足用户的需求。软件维护的过程漫长、维护内容广泛，从软件维护活动的特征以及维护工作的复杂性来看，我们甚至可以认为软件维护是系统的第二次开发。

1.4 典型软件过程模型

所谓模型就是一种策略，这种策略针对工程项目的各个阶段提供了一套范型和框架，使工程能按规定的策略进展达到预期的目的。而软件过程模型则是按照工程化的思想设计提炼出的指导策略，是一个覆盖整个软件生存周期全部活动和任务的结构框架。这个框架给出了软件开发活动各阶段之间的关系、相应的工作方法和步骤。

对一个软件项目的开发，无论其规模的大小，都需要选择一个合适的软件过程模型。选择模型要根据软件项目的规模和应用的性质、采用的方法、需要的控制以及要交付的产品的特点来决定。一个错误模型的选择，会使开发者迷失方向，并可能导致软件项目开发的失败。鉴于软件系统的复杂性和规模的不断增大，需要建立不同的模型对系统的各个层次进行描述。

模型通常包括：数学模型、描述模型和图形模型。软件过程模型在使用文字描述的同时，更注重直观的图示表达，以能更好地反映软件生存周期内各种工作组织及周期内各个阶段衔接的状况。

在软件工程实践中，有许多模型，如：线性顺序过程（模型瀑布模型）、演化过程模型（原型模型、螺旋模型、协同开发模型、增量模型、RAD 模型）、专用过程模型（基于构件的开发模型、统一过程模型、形式化方法模型、面向方面的软件开发模型），以下根据流行情况，介绍其中几种典型的模型。

1.4.1 瀑布模型

瀑布模型（waterfall model）又称生存周期模型，是由 W. Royce 于 1970 年提出来的，又称为软件生存周期模型。其核心思想是按工序将问题化简，采用结构化的分析与设计方法，将逻辑实现与物理实现分开。瀑布模型规定了软件生存周期的各个阶段的软件工程活动及其顺序，即：开发计划、需求分析和说明、软件设计、程序编码、测试及运行维护，如同瀑布流水，逐级下落，自上而下，相互衔接。

1. 瀑布模型的基本原理

瀑布模型是一种线性模型,软件开发的各项活动严格按照线性方式进行(如图1-3所示),每项开发活动均以以上一项活动的结果为输入对象,实施该项活动应完成的内容,给出该项活动的工作结果作为输出传给下一项活动并对该项活动实施的工作进行评审。若其工作得到确认,则继续进行下一项活动,否则返回前项,甚至更前项的活动进行返工。

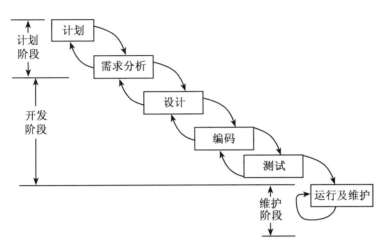

图1-3 瀑布模型参考图

2. 瀑布模型的特点

(1)清晰地提供了软件开发的基本框架,有利于大型软件开发过程中人员的组织和管理,有利于软件开发方法和工具的研究与使用,在软件工程中占有重要的地位。

(2)阶段间的有序性和依赖性。有序性是指只有等前一阶段的工作完成后,后一阶段的工作才能开始;前一阶段的输出文档,就是后一阶段的输入文档。有序地展开工作,避免了软件开发、维护过程中的随意状态。依赖性又同时表明了只有前一阶段有正确的输出时,后一阶段才可能有正确的结果。

(3)把逻辑设计与物理设计清楚地划分开来,尽可能推迟程序的物理实现。因为过早地考虑程序的实现,常常导致大量返工。瀑布模型在编码以前安排了定义阶段和设计阶段,并且明确宣布,这两个阶段都只考虑目标系统的逻辑模型,不涉及软件的物理实现。

(4)质量保证的观点。为了保证质量,在各个阶段坚持了两个重要的做法:每一阶段都要完成规定的文档,没有完成文档就认为没有完成该阶段的任务;每一阶段都要对完成的文档进行复审,以便尽早发现问题,消除隐患。

3. 应注意的问题

(1)瀑布模型的阶段间的依赖性这种特征会导致工作中发生"阻塞"状态,如果大的错误要在软件生存周期的后期才能发现,将导致灾难性的后果。

(2)瀑布模型是一种以文档作为驱动的模型,管理工作主要是通过强制完成日期和里程碑的各种文档来跟踪各个项目阶段,阶段之间的大量规范化文档和严密评审增加了项目工作量。

(3)缺乏灵活性,特别是无法解决软件需求不明确或不准确的问题。另外,软件开发需要合作完成,因此开发工作之间的并行和串行等都是必要的,但在瀑布模型中并没有体现出这一点。

（4）一般适用于功能和性能明确、完整、无重大变化的软件系统的开发。例如操作系统、编译系统、数据库管理系统等系统软件的开发。应用有一定的局限性。

1.4.2　快速原型模型

软件就像其他复杂系统一样，开发一个原型往往达不到要求，需要经过一段时间的演化改进，才能够最终满足用户需求。业务和产品需求随着开发的进展常常发生变更，因而难以一步到位地完成最终的软件产品，但是，紧迫的市场期限又不允许过多地延长开发周期。为了应对市场竞争或商业目标的压力，"演化软件模型"应运而生。它的基本思想是"分期完成、分步提交"。可以先提交一个有限功能的版本，再利用"迭代"方法逐步地使其完善。演化模型兼有线性顺序模型和原型模型的一些特点。根据开发策略的不同，演化模型又可以细分为快速原型模型、螺旋模型和增量模型。

原型模型（prototyping model）是在用户不能给出完整、准确的需求说明，或者开发者不能确定算法的有效性、操作系统的适应性或人机交互的形式等许多情况下，根据用户的一组基本需求，快速建造一个原型（可运行的软件），然后进行评估。如此一来，开发者对将要完成的目标有更好的理解，再进一步精化和调整原型，使其满足用户的要求。

1. 快速原型模型的基本原理

如图 1-4 所示，从需求分析开始，软件开发者和用户在一起定义软件的总目标，说明需求并规划出定义的区域，然后快速设计软件中对用户可见部分的表示。快速设计建造原型，原型由用户评估并进一步求精，逐步调整原型使之满足用户需求，这个过程是迭代的。其详细步骤如下：

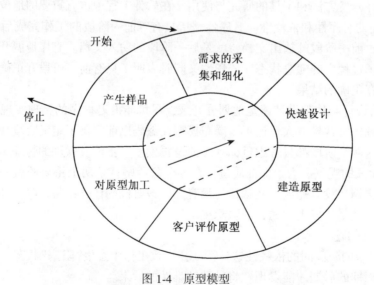

图 1-4　原型模型

第一步：弄清用户的基本信息需求。

目标：讨论构造原型的过程；写出简明的框架式说明性报告，反映用户/设计者的信息需求方面的基本看法和要求；列出数据元素和它们之间的关系；确定所需数据的可用性；概括出业务原型的任务并估计其成本；考虑业务原型的可能使用对象。

用户和设计者的基本责任是根据系统的输出要求来清晰地描述自己的基本需要。设计者和构造者共同负责规定系统的范围，确定数据的可用性。构造者的基本责任是确定现实的设计者期望，估价开发原型的成本。这个步骤的中心是设计者和构造者定义基本的信息需求。讨论的焦点是数据的提取和过程的模拟。

第二步：开发初始原型系统。

目标：建立一个能运行的交互式应用系统来满足用户/设计者的基本信息需求。

在这一步骤中设计者没有责任，由构造者去负责建立一个初始原型，其中包括与设计者的需求及能力相适应的对话，还包括收集设计者对初始原型的反映的设施。

主要工作包括：逻辑设计所需的数据库；构造数据变换或生成模块；开发和安装原型数据库；建立合适的菜单或语言对话来提高友好的用户输入/输出接口；装配或编写所需的应用程序模块；把初始原型交付给用户/设计者，并且演示如何工作、确认是否满足设计者的基本需求、解释接口和特点、确认用户/设计者是否能很舒适地使用系统。

本步骤的原则：建立模型的速度是关键因素；初始原型必须满足用户/设计者的基本需求；初始原型不求完善，它只响应设计者的基本已知需求；设计者使用原型必须要很舒适；装配和修改模块，构造者不应编写传统的程序；构造者必须利用可用的技术；用户与系统接口必须尽可能简单，使设计者在用初始原型工作时不至于受阻。

第三步：用原型系统完善用户/设计者的需求

目标：让用户/设计者能获得有关系统的亲身经验，必须使之更好地理解实际的信息需求和最能满足这些需要的系统种类；掌握设计者做什么，更重要的是掌握设计者对原型系统不满意些什么；确定设计者是否满足于现有的原型。

原则：对实际系统的亲身体验能产生对系统的真实理解；用户/设计者总会找到系统第一个版本的问题；让用户/设计者确定什么时候更改是必需的，并控制总开发时间；如果用户/设计者在一定时间里（比如说一个月）没有和构造者联系，那么用户可能是对系统表示满意，也可能是遇到某些麻烦，构造者应该与用户/设计者联系。

责任划分：系统/构造者在这一步中没有什么责任，除非设计者需要帮助或需要信息，或者设计者在一个相当长的时间里没有和构造者接触。用户/设计者负责把那些不适合的地方、不合要求的特征和他在现有系统中看到所缺少的信息建立文档。

这一步骤的关键是得到用户/设计者关于系统的想法，有几种技术可达到这一目的：让用户/设计者键入信息，使用原型本身来得到他们的想法。利用系统特点，来键入信息；使用日记来记录信息；当设计者认为进行某些更改是适当的时候，他就与构造者联系，安排一次会议来讨论所需的更改。

第四步：修改和完善原型系统

目的：修改原型以便纠正那些由用户/设计者指出的不需要的或错误的信息。

原则：装配和修改程序模块，而不是编写程序；如果模块更改很困难，则把它放弃并重新编写模块；不改变系统的作用范围，除非业务原型的成本估计有相应的改变；修改并把系统返回给用户/设计者的速度是关键；如果构造者不能进行任何所需要的更改，则必须立即与用户/设计者进行对话；设计者必须能很舒适地使用改进的原型。

责任划分同步骤第二步。

2. 原型模型法的特点

(1)原型模型法在得到良好的需求定义上比传统生存周期法好得多，不仅可以处理模糊需求，而且开发者和用户可充分交流，以改进原先设想的不尽合理的系统。

（2）原型模型比较适合低风险和柔性较大的软件系统的开发。总的开发费用降低，时间缩短。

（3）原型模型使系统更易维护、用户交互更友好。

3. 应注意的问题

（1）"模型效应"或"管中窥豹"。对于开发者不熟悉的领域，把次要部分当作主要框架，做出不切题的原型。

（2）原型迭代不收敛于开发者预先的目标。为了消除错误，每次更改都使次要部分越来越大，"淹没"了主要部分。原型过快收敛于需求集合，而忽略了一些基本点。

（3）资源规划和管理较为困难，随时更新文档也带来麻烦。

（4）特别适用需求分析、定义规格说明与设计人机界面，但不太适合嵌入式软件、实时控制软件、科技数值计算软件的开发。

1.4.3 螺旋模型

螺旋模型（spiral model）是 B. Boehm 于 1988 年提出的。螺旋模型将瀑布模型与原型的迭代特征结合起来，并加入两种模型均忽略了的风险分析，弥补了两者的不足。

1. 螺旋模型的基本原理

螺旋模型可以看作接连的弯曲了的线性模型。螺旋模型沿着螺线旋转（如图 1-5 所示），在笛卡尔坐标的四个象限上分别表达了四个方面的活动，即：

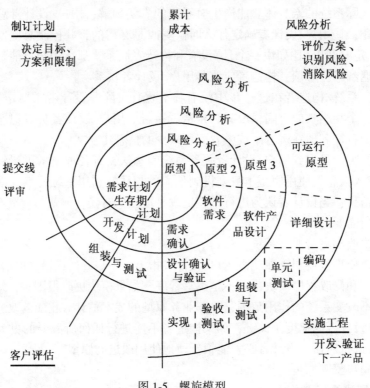

图 1-5　螺旋模型

制定计划：确定软件目标，选定实施方案，弄清项目开发的限制条件；

风险分析：分析所选方案，考虑如何识别和消除风险；

实施工程：实施软件开发；

用户评估：评价开发工作，提出修正建议。

沿螺线自内向外每旋转一圈便开发出更为完善的一个新的软件版本。例如，在第一圈，确定了初步的目标、方案和限制条件以后，转入右上象限，对风险进行识别和分析。如果风险分析表明，需求有不确定性，那么在右下的工程象限内，所建的原型会帮助开发人员和用户，考虑其他开发模型，并对需求做进一步修正。用户对工程成果做出评价之后，给出修正建议。在此基础上需再次计划，并进行风险分析。在每一圈螺线上，做出风险分析的终点是是否继续下去的判断。假如风险过大，开发者和用户无法承受，项目有可能终止。多数情况下沿螺线的活动会继续下去，自内向外，逐步延伸，最终得到所期望的系统。

如果软件开发人员对所开发项目的需求已有了较好的理解或较大的把握，则无需开发原型，可采用普通的瀑布模型，这在螺旋模型中可认为是单圈螺线。与此相反，如果对所开发项目需求理解较差，则需要开发原型，甚至需要不止一个原型的帮助，那就需要经历多圈螺线。这种情况下，外圈的开发包含了更多的活动。也可能某些开发采用了不同的模型。

2. 螺旋模型的特点

（1）支持需求不明确、特别是较高风险大型软件系统的开发，并支持面向规格说明、面向过程、面向对象等多种软件开发方法，是一种具有广阔前景的模型。

（2）原型可看作形式的可执行的需求规格说明，易于为用户和开发人员共同理解，还可作为继续开发的基础，并为用户参与所有关键决策提供了方便。

（3）螺旋模型特别强调原型的可扩充性，原型的进化贯穿了整个软件生存周期，这将有助于目标软件的适应能力。也支持软件系统的可维护性，每次维护过程只是沿螺旋模型继续多走一两个周期。

（4）螺旋模型是一种风险驱动型模型，为项目管理人员及时调整管理决策提供了方便，进而可降低开发风险。

3. 应注意的问题

（1）支持用户需求的动态变化，这就要求构造的原型的总体结构、算法、程序、测试方案应具有良好的可扩充性和可修改性。

（2）螺旋模型从第一个周期的计划开始，以周期为单位不断迭代，直到整个软件系统开发完成。如果每次迭代的效率不高，致使迭代次数过多，将会增加工作量和成本并有可能推迟提交时间。

（3）使用该模型需要有相当丰富的风险评估经验和专门知识，如果风险较大，又未能及时发现，势必造成重大损失。因此，要求开发队伍水平较高。

（4）螺旋模型是出现相对较晚的新模型，不如瀑布模型普及，要让广大软件人员和用户充分肯定它，还有待于更多的实践。

1.4.4 增量模型

增量模型（incremental model）融合了瀑布模型的基本成份和原型模型的迭代特征，其实质就是分段的线性模型。采用随着日程时间的进展而交错的线性序列，每一个线性序列产生软件的一个可发布的"增量"。

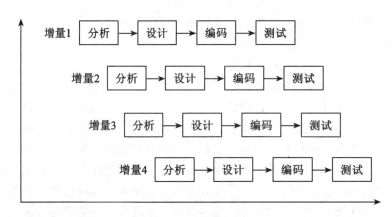

图1-6　增量模型

当使用增量模型时，第一个增量往往是核心的产品，也就是说第一个增量实现了基本的需求，但很多补充的特征还没有发布。用户对每一个增量的使用和评估，都作为下一个增量发布的新特征和功能。这个过程在每一个增量发布后不断重复，直到产生了最终的完善产品。增量模型强调每一个增量均发布一个可操作的产品。

1. 优点

（1）每次增量交付过程中总结经验和教训，有利于后面的改进和进度控制。

（2）每个增量交付一个可操作的产品，便于用户对建立好的模型做出反应，易于控制用户需求。

（3）任务分配灵活，逐步投入资源，将风险分布到几个更小的增量中，降低了项目失败的风险。

2. 注意的问题

（1）由于各个构件是逐渐并入已有的软件体系结构中的，所以加入构件必须不破坏已构造好的系统部分，这需要更加良好的可扩展性架构设计，这是增量开发成功的基础。要避免退化为边做边改模型，从而使软件过程的控制失去整体性。

（2）由于一些模块必须在另一个模块之前完成，必须定义良好的接口。

（3）管理必须注意动态分配工作，技术人员必须注意相关因素的变化。要避免把难题往后推，首先完成的应该是高风险和最重要的部分。

（4）自始至终需要用户密切配合，以免影响下一步进程。

（5）适合初期的需求不够确定或需求会有变更的软件开发过程。

1.4.5　面向对象的软件过程模型

传统的软件开发过程大都建立在软件生存周期概念基础上的，螺旋模型、原型模型、增量模型等实际上都是从瀑布模型拓展或演变而来的，通常把它们称为传统的软件过程模型。

面向对象的软件开发过程的重点放在软件生存周期的定义阶段。这是因为面向对象方法在开发早期就定义了一系列面向问题域的对象，即建立了对象模型。整个开发过程统一使用这些对象，并不断地充实和扩展对象模型。不仅如此，所有其他概念，如属性、关系、事件、操作等也是围绕对象模型组成的。定义阶段得到的对象模型也适用于设计阶段和实现阶段，并在各个阶段都使用统一的概念和描述符号。因此，面向对象的软件开发过程的特点是：开发阶段界限模糊，开发过程逐步求精，开发活动反复迭代。每次迭代都会增加或明确一些目标系统的性质，但不是对前期工作结构本质性改动，这样就减少了不一致性，降低了出错的可能性。

1. 构件复用模型

面向对象技术将事物实体封装成包含数据和数据处理方法的对象，并抽象为类。构件是软件系统中有价值的、几乎独立的并可替换的一个部分，它在良好定义的体系结构语境内满足某清晰的服务功能，可以通过其接口访问它的服务。经过适当的设计和实现的类也可成为构件，在基于构件的软件开发中，软件由构件装配而成。

构件复用模型如图1-7所示，它融合了螺旋模型的特征、本质上是演化的并且支持软件开发的迭代方法，它是利用预先包装好的软件构件的复用为驱动构造来应用程序。首先标识候选类，通过检查应用程序操纵的数据及实现的算法，将相关的算法和数据封装成一个类。把以往软件工程项目中创建的类存于一个类库或仓库中，根据标识的类就可搜索该类库。如果这类存在，就类库中提取出来复用；如果这类不存在，就采用面向对象的方法开发它，以后就可以使用从库中提取的类及为了满足应用程序的特定要求而建造的新类，进而完成待开发应用程序的第一次迭代。过程流转后又回到螺旋，最后进入构件组装迭代。

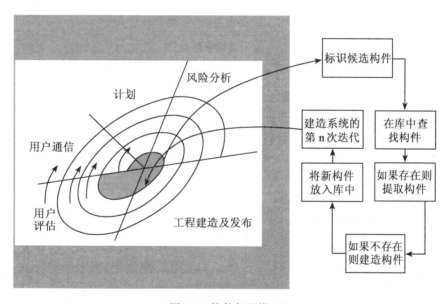

图1-7 构件复用模型

长期以来的软件多数是针对某个具体的应用系统从头进行开发的，导致大量的同类软件重复开发，造成大量人力、财力的浪费，而且软件的质量也不高。构件复用技术可以减少重复劳动，提高了产品质量和生产效率，其良好的工程特性，促进分工合作，有利于软件按工业流程生产的需要。

常用的构件标准：

（1）CORBA（Common Object Request Broker Architecture 公共对象请求代理体系结构）

由 OMG（对象管理组 Object Management Group）发布的构件标准，其核心是 ORB（Object

Request Broker），定义了异构环境下对象透明地发送请求和接收响应的基本机制。

（2）COM+

微软开发的一个构件对象模型，提供了在运行于 Windows 操作系统之上的单个应用中使用不同厂商生产的对象的规约。

（3）EJB：一种基于 Java 的构件标准

提供了让用户端使用远程的分布式对象的框架，EJB 规约规定了 EJB 构件如何与 EJB 容器进行交互。

2. 统一过程模型 RUP

统一过程（Rational Unified Process，简称 RUP）具有较高认知度的原因之一恐怕是因为其提出者 Rational 软件公司聚集了面向对象领域三位杰出专家 Booch、Rumbaugh 和 Jacobson，同时它又是面向对象开发的行业标准语言——标准建模语言（UML）的创立者。是目前最有效的软件开发过程模型。

（1）RUP 的二维开发模型。统一过程首先建立了整个项目的不同阶段，包括初始阶段、细化阶段、构造阶段和交付阶段。同时每个阶段中又保留了瀑布模型的活动，这里称为工作流，即从需求、分析到设计和实现、测试等活动。所以，可以将其理解为一个二维坐标，工作流是竖坐标，阶段构成了横坐标。但是，二维坐标并不是统一过程的主要思想，它的主要思想是每个竖坐标制定的活动可能会产生多次迭代，每个迭代会随着横坐标（阶段）的进展而产生变更，最终逐渐减少直至消失。如图 1-8 所示。

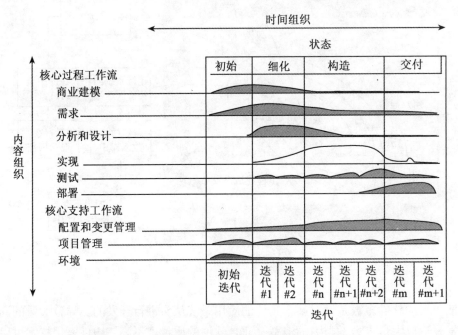

图 1-8 RUP 的二维开发模型

（2）开发过程中的各个阶段和里程碑。RUP 中的软件生命周期在时间上被分解为四个顺序的阶段，分别是：初始阶段、细化阶段、构造阶段和交付阶段。每个阶段结束时都是一个重要的里程碑。

①初始阶段的目标是为系统建立商业(业务)案例并确定项目的边界。为了达到该目的必须识别所有与系统交互的外部实体,在较高层次上定义交互的特性。本阶段具有非常重要的意义,在这个阶段中所关注的是整个项目进行中的业务和需求方面的主要风险。对于建立在原有系统基础上的开发项目来讲,初始阶段可能很短。

初始阶段结束时是第一个重要的里程碑:生命周期目标里程碑。生命周期目标里程碑用来评价项目基本的生存能力。

初始阶段的成果主要有:项目蓝图文档(系统的核心需求、关键特性与主要约束)、初始的用例模型(完成10%~20%)、初始的项目术语表和业务用例模型,包括商业环境、验收标准和财政预测、初始的风险评估、一个可以显示阶段和迭代的项目计划、一个或多个原型、初始的架构文档等。

②细化阶段的目标是分析问题领域,建立健全的体系结构基础,编制项目计划,淘汰项目中最高风险的元素。为了达到该目的,必须在理解整个系统的基础上,对体系结构做出决策,包括其范围、主要功能和诸如性能等非功能需求。同时为项目建立支持环境,包括创建开发案例,创建模板、准则并准备工具。

细化阶段结束时是第二个重要的里程碑:生命周期结构里程碑。生命周期结构里程碑为系统的结构建立了管理基准并使项目小组能够在构建阶段中进行衡量。此刻,要检验详细的系统目标和范围、结构的选择以及主要风险的解决方案。

细化阶段的成果主要有:系统架构基线、UML静态模型、UML动态模型、UML用例模型、修订的风险评估、修订的用例、修订的项目计划、可执行的原型等。

③构造阶段时,所有剩余的构件和应用程序功能被开发并集成为产品,所有的功能被详细测试。从某种意义上说,构造阶段是一个制造过程,其重点放在管理资源及控制运作以优化成本、进度和质量上。

构造阶段结束时是第三个重要的里程碑:初始功能里程碑。

构造阶段的成果主要有:可运行的软件系统、UML模型、测试用例、用户手册、发布描述等。

④交付阶段的重点是确保软件对最终用户是可用的。交付阶段可以跨越几次迭代,包括为发布做准备的产品测试,基于用户反馈做少量的调整。如用户反馈的产品调整,设置、安装和可用性等问题。

在交付阶段的终点是第四个里程碑:产品发布里程碑。

交付阶段的成果主要有:可运行的软件产品、用户手册和用户支持计划。

(3)RUP的核心工作流。RUP中有9个核心工作流,分为6个核心过程工作流和3个核心支持工作流。9个核心工作流在项目中轮流被使用,每一次迭代都有相应的重点和强度。

①商业建模工作流。描述了如何为新的目标组织开发一个构想,并基于这个构想在商业(业务)用例模型和商业对象模型中定义组织角色和责任的过程。

②需求工作流。描述系统应该做什么,并使开发人员和用户就这一描述达成共识。理解系统所解决问题的定义和范围。

③分析和设计工作流。将需求转化成未来系统的设计,为系统开发一个健全的结构并调整设计使其与实现环境相匹配,优化其性能。分析和设计的结果是一个设计模型和一个可选的分析模型。设计模型是源代码的抽象,由设计类和一些描述组成。设计类被组织成具有良好接口的设计包和设计子系统,而描述则体现了类的对象如何协同工作实现用例的功能。

④实现工作流。包括以层次化的子系统形式定义代码的组织结构。以组件的形式(源文件、二进制文件、可执行文件)实现类和对象,将开发出的组件作为单元进行测试以及集成由单个开发者(或小组)所产生的结果,使其成为可执行的系统。

⑤测试工作流。验证对象间的交互,验证软件中所有组件的集成是否合理,检验所有的需求是否已被正确的实现。识别并确认缺陷在软件部署之前是否已被提出并处理。RUP提出了迭代的方法,意味着在整个项目中进行测试,从而尽可能早地发现缺陷,从根本上降低了修改缺陷的成本。

⑥部署工作流。其目的是成功的生成版本并将软件分发给最终用户。部署工作流描述了那些与确保软件产品对最终用户具有可用性相关的活动,包括软件打包、生成软件本身以外的产品、安装软件以及为用户提供帮助。

⑦配置和变更管理工作流。主要描绘了如何在多个成员组成的项目中控制大量的各种产品。配置和变更管理工作流提供了准则来管理演化系统中的多个变体,跟踪软件创建过程中的版本。

⑧项目管理平衡各种可能产生冲突的目标,管理风险,克服各种约束并成功交付使用户满意的产品。其目标包括:为项目的管理提供框架,为计划、人员配备、执行和监控项目提供实用的准则,为管理风险提供框架等。

⑨环境工作流的目的是向软件开发组织提供软件开发环境,包括过程和工具。

(4)RUP的迭代开发模式。RUP中的每个阶段可以进一步分解为迭代。一个迭代是一个完整的开发循环,产生一个可执行的产品版本,是最终产品的一个子集,它增量式地发展,从一个迭代过程到另一个迭代过程到成为最终的系统。

在工作流中的每一次顺序的通过称为一次迭代。软件生命周期是迭代的连续,它可以使软件开发是增量开发,这就形成了RUP的迭代模型(如图1-9所示)。

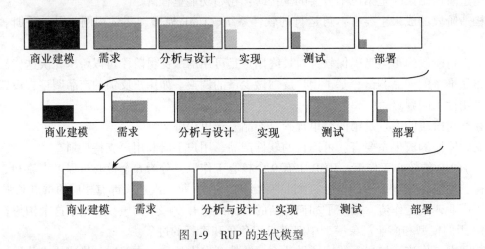

图1-9　RUP的迭代模型

与瀑布模型比较,RUP的迭代模型具有以下优点:

①降低了在一个增量上的开支风险。如果开发人员重复某个迭代,那么损失只是这一个开发有误的迭代的花费。

②降低了产品无法按照既定进度进入市场的风险。通过在开发早期就确定风险,可以尽早来解决而不至于在开发后期匆匆忙忙。

③加快了整个开发工作的进度。因为开发人员清楚问题的焦点所在，他们的工作会更有效率。

由于用户的需求并不能在一开始就做出完全的界定，它们通常是在后续阶段中不断细化的。因此，迭代过程这种模式在适应需求的变化时会更容易些。

④能提高团队生产力，在迭代的开发过程、需求管理、基于组件的体系结构、可视化软件建模、验证软件质量及控制软件变更等方面，为每个开发成员提供了必要的准则、模板和工具指导，并确保全体成员共享相同的知识基础。它建立了简洁和清晰的过程结构，为开发过程提供较大的通用性。

但也存在一些不足：RUP 只是一个开发过程，并没有涵盖软件过程的全部内容。例如它缺少关于软件运行和支持等方面的内容；它没有支持多项目的开发结构，这在一定程度上降低了在开发组织内大范围实现重用的可能性。

1.5　本章小结

本章先对软件工程作了一个简洁的概述，力求使读者对软件工程的基本原理和方法有概括的本质的认识，对软件过程有清晰的了解。

首先，从计算机系统开发的历史经验出发，阐明了软件危机的严重性以及发生危机的主、客观原因，提出了解决软件危机的途径——软件工程及其软件开发方法。同时指出，由于计算机科学迅猛发展，解决软件危机的根本方法则是最终使软件的生产工厂化和产业化。

软件工程学研究的内容包括三个方面：软件工程理论、软件工程方法学、软件工程管理。本章对软件开发方法作了一个简单描述，这些内容在后面的章节中会更深入地学习。软件工具和环境一定程度上体现了软件的方法和过程，正确地使用软件工具和环境将有助于对软件方法和过程的理解。

其次，介绍了软件过程与软件的有关概念，软件项目的开发首先需要一个清晰、详细、完整的软件开发过程，软件生存周期就是从提出软件产品开始，直到该软件产品被淘汰的全过程，从时间角度将复杂的软件开发维护时期分为若干阶段，每个阶段都有其相对独立的任务，然后逐步完成各个阶段的任务。

最后，详细讨论了软件过程模型，软件过程模型是一个跨越整个软件生存周期的系统开发、运行、维护所实施的全部工作和任务的结构框架，这个框架给出了软件开发活动各阶段之间的关系，以及软件开发方法和步骤的高度抽象。传统的软件开发过程大多建立在软件生存周期概念基础上的，快速原型、增量、螺旋等软件过程模型实际上都是从瀑布模型拓展或演变而来的，通常把它们称为传统的软件开发模型。面向对象的软件开发过程的特点是建立对象模型、逐步求精和反复迭代，重点放在软件生存周期的定义阶段。

习　　题

(1)软件开发与程序编写有什么不同？

(2)什么是软件危机？怎样克服软件危机？

(3)在网上搜索或者在现实中搜集"软件危机"的两个实例，并分析产生的原因。

(4)简述软件工程的知识体系及其意义。

（5）软件工程方法学研究的内容有哪些？

（6）你使用过什么软件工具？简述该软件工具的主要特点和功能。

（7）软件生成周期一般可分为哪几个阶段？

（8）在用瀑布模型开发软件时，每项开发活动均应具有哪些特征？

（9）简述在软件开发模型中原型模型的优点和缺点，适用范围和不适用范围。

（10）简述统一过程 RUP 模型基本过程和技术要领。

第2章　结构化需求分析

【学习目的与要求】　为了开发出真正满足用户需求的软件产品，首先必须理解用户的需求。需求是用户可以接受的、系统必须满足的条件或具备的能力。正确完备的获取需求是软件开发取得成功的前提条件。需求分析是软件设计的基础，是开发者对于目标系统的"理解、分析与表达"的过程，在对当前系统的逻辑模型的分析过程中，推导出符合需求的目标系统的逻辑模型。通过本章的学习，理解什么是需求，获取需求的困难和如何获取需求，熟悉需求分析的任务、原则和方法，结构化分析的基本思想和过程，重点掌握结构化分析模型，功能建模、数据建模和行为建模的工具和实现方法。能够将目标系统的需求定义转化为需求规格说明。同时，了解软件需求正确性的验证方法。

2.1　需求

获取需求在软件开发中是一个既重要又困难的任务。它很重要，因为它定义了目标系统的功能，为后续的开发行为提供了可参照的依据；它也很困难，因为客户往往不善于表达他们的需要，不清楚系统能为他们做什么，而开发团队也可能不够了解系统所处的应用领域，容易忽视目标系统应具有的功能性以外的需求。因此，正确和完整地获取需求是软件开发成功的前提条件。

2.1.1　什么是需求

在软件开发中，需求是用户可以接受的且系统必须满足的条件或具备的能力，是用户对目标系统在功能、性能、可靠性、数据和运行环境等各方面的要求。软件需求通常分为功能需求和非功能需求。

1. 功能需求

指定系统必须提供的服务，主要是划分出满足用户业务流程的软件功能以及软件系统需要的各种功能。例如，一个共享单车系统(Bicycle Sharing System，BSS)的功能需求可能包含下列描述："BSS 系统应该允许它的注册用户使用地图进行导航，快速定位附近的共享单车。"

2. 性能需求

指定系统必须满足的定时约束或容量约束，通常包括响应时间、信息量速率、主存容量、磁盘容量、精确度指标需求、可操作性、安全性等。例如，"BSS 系统每天应该能够处理十万笔交易"、"注册用户的充值金额仅支持 100 元、50 元、20 元、5 元四种额度"都是性能需求。

3. 可靠性需求

指定系统在规定条件和规定时间内不能失效的概率，主要包括故障的频率和严重性、平均故障间隔时间（Mean Time Between Failure，MTBF）、故障恢复能力和程序的可预见性等。"BSS 系统应该在 99% 的时间内都是可用的"就是一个可靠性需求描述。

4. 可用性需求

从用户的角度关注系统的能力，包括用户界面、用户文档、培训资料等是否易学、易用、美观、高效，关注用户的主观满意度。例如，"在 BSS 系统的界面设计中，'扫码开锁'按钮应该醒目、直观"。

5. 数据需求

输入、输出数据的结构和格式需求，包括数据元素组成、数据的逻辑关系、数据字典格式、数据模型等。例如对于用户密码的约束，"用户密码必须由 6 位字母、数字或者下划线组成"就是数据需求。

6. 出错处理需求

系统对环境错误应该怎样响应，例如，"当某辆共享单车被解锁后发现为故障单车时，BSS 系统应该允许用户对该车的故障进行申报，并自动返还已扣款金额"。

7. 接口需求

描述了系统与其环境通信的格式。常见的接口需求包括用户界面需求、硬件接口需求、软件接口需求和通信接口需求。用户界面需求关注布局、外观与感觉、用户接口行为等；硬件/软件/通信接口需求则陈述了目标系统所需的处理硬件和/或其他软件系统的能力，应该至少明确与其连接的有哪些硬件或软件系统、如何与这些系统中的每一个接口进行通信，以及通信何时发生。

8. 约束需求

约束描述了系统在设计或实现时应遵守的限制条件。在需求分析阶段提出这类需求，目的是反映用户或者环境强加给系统的限制条件。常见的约束有：精度约束、工具和语言约束、设计约束、应该使用的标准、应该使用的硬件平台等。

9. 运行需求

主要表现为对系统运行时所处环境的需求。

10. 可支持性需求

综合了可扩展性、适应性和耐用性等方面的能力，以及可测试性、兼容性、可配置性和其他在系统发布以后维持系统更新需要的质量特性。

2.1.2 获取需求的困难

在软件开发过程中，识别出系统真正的需求是最困难的部分。获取需求的困难主要表现在下面几个方面：

1. 客户和用户不知道软件能做什么也不知道如何表达他们的需要

对于大多数用户来说，软件神秘而让人迷惑。他们不了解软件是什么，如何工作，系统能为他们做什么，系统如何与他们交互，以及如何表达他们的需要。

一个简单的例子：某用户需要一块石头，这是一项需求——"我要一块石头"；当开发人员为他找到这块石头后，该用户的描述是——"差不多，但最好能小一点"；为此，开发人员需要扔掉原来的石头，重新去找到一块，这时用户注意到石头的颜色不符合要求——"很好，不过我需要蓝色的"；开发人员只能又推倒重来，这时用户又发现新的石头太小了——"啊，怎么那么小"；到最后，用户可能无奈地接受这个事实——"还是原来那块好了"。

在这个例子中，客户没有清楚地表达出他的需求，开发人员始终不能准确地获取需求。

2. 开发团队对于应用和应用领域不够了解

对很多实际项目来说，对于应用和应用领域深入彻底的了解，是项目成功的必备条件。这是因为在很多情况下，软件系统不论是对人工系统进行自动化处理，还是通过硬件设备与应用交互，都需要对应用和应用领域有很深入的理解。但是，往往这些领域知识只能通过多年的工作经验获得，如果开发人员不能充分地重视用户协作、积极引导用户参与，将很难全面地获得所需的领域知识。

3. 非功能需求未被识别或者关注度不够

非功能需求经常关注系统的质量、性能、安全和可靠性等方面。除此以外，还有一些非技术需求也经常被忽视，如要求遵守某些规章制度或者行业标准的需求。在很多情况下，非功能需求未被识别或仅仅被轻描淡写，而问题往往会在项目的最后阶段才被发现，这可能会极大地增加开发的时间和成本。

4. 需求在整个软件生命周期中都在不断地变化

需求是在不断地变化，并在整个软件生命周期中一直持续着。变化也不仅仅局限于功能和性能需求。用户界面的变化就很常见也很不稳定，尤其是在一个项目的开始阶段。

2.1.3　获取原始需求的方法

获取需求从收集有关应用和应用领域的信息开始，这个阶段必须要与用户多作交流，充分地收集与系统相关的信息，如业务目标、当前业务状态、政策、规章和标准等，这些信息对于理解应用以及获取需求和约束是很有用的。有经验的系统分析师能够利用所有可用的信息来源进行分析，从发现的问题中得知需要做什么，从而获取系统真正的需求。研究表明：比起不成功的项目，一个成功的项目在开发者和用户之间采用了更多的交流方式。

获取原始需求的方法是收集信息。与收集信息相关的两个问题有：需要收集哪些信息以及有哪些可用的信息收集方法或技术。

1. 信息收集的关注点

信息收集必须关注要获取的信息是否与应用、业务过程和应用领域有关。尤其是收集到的信息应该能够回答下列问题：

（1）目标系统的业务是什么？

（2）当前的业务状况怎样，它是如何运作的？

（3）系统的环境及上下文怎样？

（4）当前系统的业务过程及其输入输出是什么？它们有什么关系，如何交互？

（5）当前系统的问题是什么？

（6）业务或产品的目标是什么？

（7）当前系统和目标系统的用户分别是谁？

（8）客户和用户希望未来的系统做什么？他们的业务优先级是什么？

（9）质量、性能和安全方面的考量是什么？

2. 信息收集技术

（1）跟班作业。系统分析师通过亲自到用户的工作环境现场去观察用户的工作情况，来了解用户是如何完成业务过程的，并向用户询问与业务相关的问题。

在跟班作业早期，系统分析师主要是观察用户的操作并听取用户对操作过程的说明，不对其过程进行任何干扰或者中断；当其对业务过程有一定的感性认识之后，可以结合自己的专业知识，主动向用户提问，要求用户解释相关的事件和活动细节。

通过跟班作业，系统分析师能够尽可能多地了解当前的业务活动情况，系统需要完成的工作和任务，以及支持这些工作和任务的系统特性，还有用户的使用习惯、特点和偏好等信息。跟班作业可以较准确地理解用户的需求，但比较耗费时间。

（2）资料搜集。所谓资料搜集，是指结合项目的相关背景，从用户及其他环境中收集相关的项目资料，并将这些资料作为原始需求的来源和后续分析设计的参考。这些资料主要包括三类：

①可行性分析报告。一般情况下，为了开发新的系统，用户往往已经做了可行性分析，并且对待开发的目标系统提出了相关问题的陈述文档。这些文档能够帮助开发团队建立对目标系统的基本认识。

②通过研读与业务相关的规程、操作手册和表格，开发团队能够对业务过程和其输入输出有更好的了解。每个行业或者公司都有自己的标准，这些标准可能成为目标系统的需求，而政府、行业、公司特定的政策和规章则会在设计和实施时施加限制。这些限制通常会在需求规格说明书中被规定为约束。

③类似系统的相关资料。用户内部可能保留了一些曾经开发过的旧系统的相关资料，这些资料记录了旧系统开发时的经验和教训，对于目标系统的开发具有极大的借鉴作用。此外，市面上可能已经有了类似的系统，如果能够获得这些系统的相关资料，则可以为目标系统提供非常有价值的参考信息。

（3）用户访谈。用户访谈是系统分析师与客户代表、用户或者领域专家之间进行的一对一会谈。会谈通常建立在系统分析师已经对业务过程有了基本认识之后。通过访谈，系统分析师可以了解到现有业务中存在的问题和它的局限性，也可以对很多不能通过现场跟班作业接触到的业务，进行具体的提问和详细的了解。

为了获得对系统需求正确充分的理解，系统分析师会设计一些与业务相关的访谈问题，主要围绕以下几个方面：谁（Who）、什么（What）、什么时候（When）、什么地点（Where）、为什么（Why）和怎么进行（How）。

访谈的问题可以分为两类：开放性问题和封闭性问题。开放性问题是答案比较自由的问题，由被访谈者结合自己的业务知识进行回答，如"您觉得当前工作效率较低的原因是什么"；封闭性问题则是答案受限问题，是让被访谈者在已经提供的答案中选择合适的选项，如"是否有因为时间过长而导致信息丢失的情况"。通常封闭性问题可能带有一定的倾向性，容易诱导用户的选择而隐藏了用户的真实意图，因此访谈问题应尽可能地设计为开放性的问题。

（4）会议讨论。会议讨论也是一种有效地收集信息、获取需求的手段。为了提高会议的效率，系统分析师应该提前设定会议要讨论的若干主题，开会时与会者应围绕主题深入讨论，相互启发，并在会议结束时，形成对相关主题的统一意见。

在实际项目开发过程中，定期的会议制度是非常有必要的，它可以帮助开发人员及时地了解业务活动可能的变化情况以及用户需求的变化。

（5）问卷调查。当需要获取大量人员的信息时，向被调查人分发调查问卷是一个十分有效的方法。调查问卷由一组用来获取需求的问题组成。为了得到有用的调查结果，可以考虑聘请一些专业咨询机构来设计和实施问卷调查过程，并帮助分析问卷调查结果。

由于问卷通常采用匿名问卷，这种形式可以鼓励被调查者真实地表达他们的顾虑、提供内幕消息和改进的建议，这些信息可能是通过其他信息收集方式很难获取的，反映了业务系统的真实状况，对分析目标系统的需求非常有帮助。

2.2　需求分析

通过各种信息收集技术获取到的是系统的原始需求。开发团队必须对这些原始需求进行细致地整理，对比当前系统的业务处理流程，分析计算机系统替代当前系统之后业务处理时的变化，导出新的目标系统的分析模型，从而获取系统真正的需求。这个整理和分析的过程，就是需求分析。

2.2.1　需求分析的任务和原则

1. 需求分析的任务

需求分析的任务就是分析当前系统的物理模型(待开发系统的系统元素)，导出符合用户需求的目标系统的逻辑模型(只描述系统要完成的功能和待处理的数据)，得到目标系统"做什么"的抽象化描述。

认真研究获取的需求，必须考虑以下几个方面：

(1)完整性。获取的每项需求都应该给出清楚的描述，使得在软件设计和实现阶段，能够获得该功能所需要的全部信息。

(2)正确性。获取的每项需求必须是准确无误的，并且需求描述无歧义性。

(3)合理性。各项需求之间、软件需求与系统需求之间应是协调一致的，不应存在矛盾和冲突。

(4)可行性。获取的需求必须满足技术可行性、经济可行性、社会可行性等。

(5)充分性。获取的需求是否全面周到。

在经过需求分析之后，获取到的原始需求可能会由于项目预算、时间、开发优先级等原因去掉了部分需求，针对已有需求描述上的不足也有可能补充若干需求，最终得到的需求集合如图 2-1 所示。

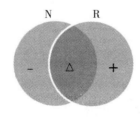

N：获取的原始需求
R：分析得到的需求
－：经分析去掉的需求
△：经分析保留的需求
＋：经分析补充的需求

图 2-1　分析后的需求集合

2. 需求分析的原则

需求分析有一些共同适用的基本原则，它们主要有以下几点。

(1)需求分析要尽可能地全面和细致。要详细了解用户的业务及目标，充分理解用户对功能和质量的要求。只有分析人员认真了解用户的业务，尽可能地满足用户的期望，并对无法实现的要求做了充分的解释，才能使开发的软件产品真正满足用户的需要，达到期望的目标。

（2）运用合适的方法、模型和工具，正确地、完整地、清晰地表达可理解的问题信息域，定义软件将完成的功能和软件的主要行为。

（3）能够对问题进行分解和不断细化，建立问题的层次结构。作为一个整体来看，问题可能庞大、复杂、难以理解，但是，可以通过将问题依据某种方式进行分解，细化为若干较易理解的部分，并确定各部分间的接口，从而实现整体功能。

（4）尽量重用已有的软件组件。需求通常具有一定的灵活性。当分析人员发现已有的某个软件组件与用户描述的需求很相符时，分析人员应提供一些修改需求的选择，以便开发人员能够降低新系统的开发成本并节省时间。

（5）准确、规范、详细地编写需求分析文档和认真细致地评审需求分析文档。

2.2.2　需求分析的模型和方法

需求分析的核心任务是构建目标系统的逻辑模型。所谓模型，是系统的一种文档描述，通过抽象、概括和一般化，把研究的对象或问题转化为本质相同的另一对象或问题，以便寻求解决的方法。模型不一定必须用数学公式表示，可以是图形，甚至可以是文字叙述。因而可以说，"不管何种形式，只要 M 能回答有关实际对象 A 的所要研究的问题，就可以说 M 是 A 的模型"。

1. 需求分析模型

需求分析建模是将现实世界的问题映射到信息世界，在这一映射过程中涉及物理模型、概念模型和逻辑模型。

（1）物理模型

现实世界的客观表示。它描述了对象系统"如何做"，如何实现系统的物理过程。当它用于表示逻辑模型的一个实例时，主要用于软件系统操作层次的描述。常用的建模工具有系统流程图。

（2）概念模型

现实世界到信息世界的第一层本质抽象。它是物理模型的映射，是对象系统的整体概括描述，主要用于软件系统宏观层次的描述。

（3）逻辑模型

概念模型的延伸和细化。在技术规范中，它表示概念之间的逻辑次序，描述的是对象系统要"做什么"，或者说具有哪些功能，主要用于软件系统方法层次的描述。逻辑模型包含数据模型、功能模型和行为模型。

①数据模型。描述对象系统的本质属性及其关系。常用的建模工具包括：实体-联系图、类图等。

②功能模型。描述对象系统所能实现的所有功能，不考虑每个功能实现的先后顺序。常用的建模工具包括：数据流图、用例图、IDEF0 等。

③行为模型。描述对象系统为实现某项功能而发生的动态行为。常用的建模工具包括：状态转换图、控制流图等。

2. 需求分析方法

需求分析的方法主要有以下两种:

(1)结构化分析方法。

(2)面向对象分析方法。

本章主要介绍结构化分析方法,面向对象分析方法将放在第4章介绍。

2.2.3 需求分析的主要过程

为了构建目标系统的逻辑模型,可以将需求分析的过程分解为五个步骤(如图2-2所示)。

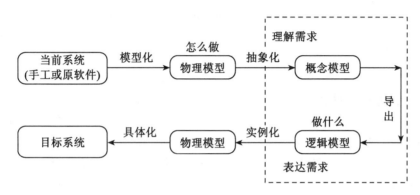

图 2-2 需求分析一般过程

结合一个具体的例子,来说明需求分析的过程。

【例2.1】通过用户调查了解到,某高校学生购买教材的手续是:学生提交购书申请,学院办公室的张秘书对购书申请进行审查,当申请符合购书要求,张秘书开具购书单;学生凭购书单到会计科找王会计,王会计根据购书单的信息开具购书发票;学生将发票交给李出纳员,同时交付书款,李出纳收款后开具领书单;学生凭借领书单到教材科找赵保管员领书。现欲将上述的人工操作流程改为计算机自动化处理,试对"教材销售系统"做需求分析,给出系统的模型。

需求分析过程:

1. 获取需求以建立当前系统的物理模型

调查、分析、理解当前系统是如何运行的,了解当前系统的组织机构、输入/输出、资源利用情况和日常数据处理过程,用能描述现实的物理模型来反映对当前系统的理解,这个步骤也可以被称为业务建模。如果系统相对简单,也可以省略业务建模,只做一些简单的业务分析即可。

通过对学生购买教材整个流程的了解,构建当前系统的物理模型(如图2-3(a)所示)。

2. 抽象出当前系统的概念模型

在理解当前系统怎样做的基础上,抽取出做什么的本质,建立当前系统的概念模型。

在抽象过程中,需要关注系统的功能,与系统无关的具体的人和职务(如张秘书、王会计等)应该去掉,替换为他们对应的职责,这个职责就体现了系统的功能。抽象后得到学生购买教材的概念模型(如图2-3(b)所示)。

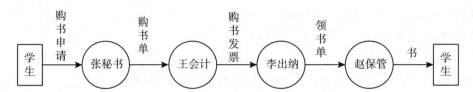

图 2-3(a)　学生购买教材的物理模型

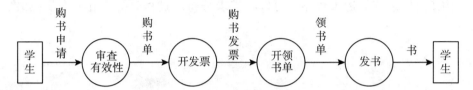

图 2-3(b)　学生购买教材的概念模型

3. 建立目标系统的逻辑模型

分析目标系统与当前系统逻辑上的差别，明确目标系统要做什么，然后从当前系统的概念模型(或逻辑模型)中，导出目标系统的逻辑模型(数据模型、功能模型和行为模型等)。

在待开发的教材销售系统中，学生的购书申请和购书单的数据组成是一样的，系统审查购书申请的有效性也就是审查购书单的有效性，因此，可以将相同的数据流合并，将相关的两个功能"审查有效性"和"开发票"合并，简化为一个"审查并开发票"功能；对于无效购书单，系统也应该体现它的处理；由于"发书"显然不属于目标系统的功能，因此也要去掉。分析后得到目标系统的逻辑模型，如图 2-3(c)所示。

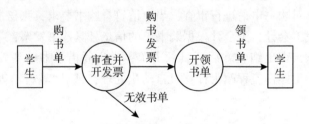

图 2-3(c)　教材销售系统的逻辑模型

4. 对目标系统逻辑模型进行补充

具体内容如用户界面、启动和结束、出错处理、系统输入输出、系统性能、其他限制等。

5. 编写和评审需求分析文档

需求分析文档可以使用自然语言或形式化语言来描述，还可以添加图形的表述方式。需求文档完成后，还要经过正式评审，以便作为下一阶段工作的基础。一般的评审分为用户评审和同行评审两类。用户和开发方对于软件项目内容的描述，是以需求规格说明书作为基础的。用户验收的标准则是依据需求规格说明书中的内容制定的，所以评审需求文档时，用户的意见是第一位的。同行评审的目的，是在软件项目初期发现那些潜在的缺陷或错误，避免这些缺陷或错误遗漏到项目的后续阶段。

2.3 结构化分析方法

结构化开发方法(structured developing method)是现有的软件开发方法中最成熟、应用最广泛的一种方法，主要特点是快速、自然和方便。结构化开发方法由结构化分析方法(SA)、结构化设计方法(SD)及结构化程序设计方法(SP)构成。

结构化分析是一种建模活动，主要是根据软件内部的数据传递和变换关系，自顶向下逐层分解，描绘出满足功能要求的软件模型。使用的工具主要有系统流程图、数据流图、数据字典、实体-联系图和状态转换图等。

2.3.1 基本思想、过程和分析模型

1. 结构化分析的基本思想

结构化分析方法的基本思想是"分解"和"抽象"。

分解是指对于一个比较复杂的系统，为了将其复杂性降低到可以掌握的程度，将大的问题分解成若干个小的问题，然后分别求解，这是一种分治策略。图 2-4 是一幅自顶向下逐层分解的示意图，顶层抽象地描述了整个系统，底层具体地刻画了系统的每个细节，而中间层是从抽象到具体的逐层过渡。

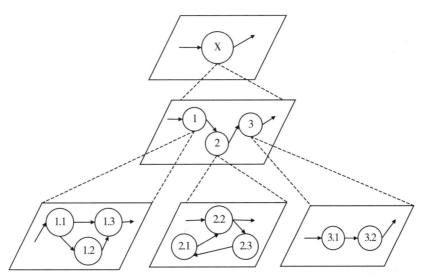

图 2-4　自顶向下逐层分解示意图

2. 结构化分析的过程

结构化分析的过程主要包括四个步骤：

(1)建立当前系统(现在工作方式)的概念模型。系统的概念模型就是现实环境的忠实写照，可用系统流程图来表示。这样的表达与当前系统完全对应，用户容易理解。

(2)抽象出当前系统的逻辑模型。分析系统的概念模型，抽象出其本质的因素，排除次要因素，获得用数据流图(DFD)等描述的当前系统的逻辑模型。

（3）建立目标系统的逻辑模型。分析目标系统与当前系统逻辑上的差别，从而进一步明确目标系统"做什么"，建立目标系统的"逻辑模型"（修改后的数据流图（DFD）等）。

（4）建立人机交互接口和其他必要的模型，确定各种方案的成本和风险等级，据此对各种方案进行分析，选择其中一种方案，建立完整的需求规约。

3. 结构化分析模型

结构化分析的最终任务就是获取目标系统的分析模型。分析模型由目标系统的功能模型、数据模型和行为模型构成，结构如图 2-5 所示。

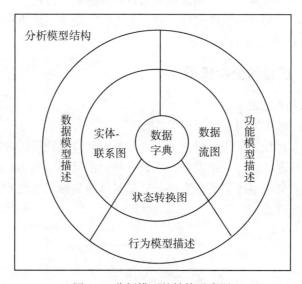

图 2-5　分析模型的结构示意图

2.3.2　系统流程图

系统流程图将系统中的各个物理部件用相应的图形符号表示，按照系统工作的实际流程（或者业务处理的流程）加入数据或者信息流动方向的描述，形成高度概括整个系统工作过程的流程图。

系统流程图所表达的是数据或者信息在各个部件中的流动过程，而不表达数据或者信息加工的控制过程，也就是说系统流程图不表示由谁控制着数据或者信息的流动，而仅仅表示它们在各个物理部件中应该或者可能流动的方向。

1. 系统流程图符号

系统流程图的图形元素比较简单，容易理解。一个图形符号表示一种物理部件，这些部件可以是程序、文件、数据库、表格、人工过程等。

系统流程图常用符号有下列几种（如表 2-1 所示）：

表 2-1　　　　　　　　　　　　　　　**系统流程图基本符号**

符号	名称	说明
	处理	加工、部件程序、处理机等

续表

符号	名称	说明
（梯形）	人工操作	人工完成的处理
（平行四边形）	输入/输出	信息的输入/输出
（文档符号）	文档	单个的文档
（多文档符号）	多文档	多个文档
（圆形）	连接	一页内的连接
（五边形）	换页连接	不同页的连接
（圆柱）	磁盘	磁盘存储器
（六边形）	显示	显示设备
←	信息流	信息的流向
（锯齿线）	通信链路	远程通信线路传送数据

在系统流程图的绘制过程中，要注意几个方面的问题：

(1)将物理部件的名称写在图形符号内，用以说明该部件的含义。

(2)在系统流程图中不应该出现信息加工控制的符号。

(3)表示信息流的箭头符号，不必标注名称。

(4)可以将那些共同完成一个功能的部件用虚线方框圈定起来，并加以文字说明。

2. 分层的系统流程图

当一个系统比较复杂时，系统流程图需要分层绘制，高层绘制总体的关键功能，低层绘制详细的、关键的功能，逐层细化。

下面介绍一个系统流程图的绘制例子。

【例2.2】某学校运动会信息处理的流程包含三个部分：报名处理、成绩处理和成绩发布与奖励。具体操作流程如下：

报名处理：负责登记运动员报名，制定报名表和运动项目手册；

成绩处理：负责记录运动员的比赛成绩，按照项目分类，计算和统计运动员的排名和综合成绩，制定比赛成绩表；

成绩发布与奖励：负责发布所有运动员的比赛成绩，给项目比赛成绩排名前三的运动员颁奖，给打破学校运动会项目记录的运动员颁奖。

(1)请给出该学校运动会信息处理系统的系统流程图。

(2)根据学校运动委员会的建议和要求，计划建立计算机管理的运动会信息系统。请根据已有的校运会系统流程图，结合计算机的特点和系统的功能进行细化，推荐一个新的系统方案，给出新方案的系统流程图。

分析：在绘制的系统流程图中，将系统的流程分为三个部分，每一个部分用虚线方框圈定，并且加上文字说明。图中的每一个部件标注该部件的名称，部件之间用带箭头的直线标明信息流动的方向。图 2-6(a)描述了该学校运动会的信息处理系统的系统流程图；图 2-6(b)为一种新的系统方案的系统流程图。

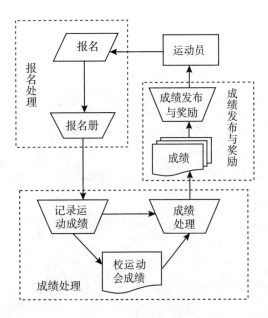

(a)原运动会系统流程图　　　　(b)新方案的运动会系统流程图

图 2-6

2.4　功能建模

功能建模的思想就是用抽象模型的概念，按照软件内部数据传递、变换的关系，自顶向下逐层分解，直到找到满足功能要求的所有可实现的软件为止。

功能模型用数据流图来描述。

2.4.1　数据流图

数据流图(Data Flow Diagram，简称 DFD)，是一种用来刻画数据处理过程的工具，它从数据传递和数据处理的角度，以图形的方式刻画数据流从输入到输出的移动变换过程。它是系统逻辑功能的图形化描述，能被非专业技术人员容易地理解，可作为分析设计人员和用户之间进行沟通的媒介。

1. 基本图元

数据流图有四种基本图形元素(如图 2-7 所示)。

(1)数据加工，又称为数据变换，描述对输入的数据进行变换以产生输出数据，表示数据变换处理的过程。在数据流图中，以圆形框表示。在圆形框内标注数据加工的名称，这个

数据加工　　　　数据的源点或终点　　　　数据流　　　　数据存储

图2-7　数据流图基本图元

名称应该能够简明扼要地概括出它所要完成的处理。这里的处理可能是一个程序，也可能表示多个程序或者一个连续的处理过程。

（2）数据的源点或终点，又称为外部实体，是位于系统边界之外的信息生产者和消费者，表示数据的始发点和终止点。它在图中以长方形表示。外部实体只是一种符号，不需要以软件的形式进行设计或实现。在画数据流图的时候，有时数据的源点和终点相同，如果只用一个符号来代表数据的源点和终点，则需要将两个箭头和这个符号相连，这样可能会降低数据流图的清晰度和可读性。一般采用画两个同样的符号（同名）的方法分别列出，一个表示源点，一个表示终点。

（3）数据流，描述被加工数据的流动方向，用带箭头的直线表示。

（4）数据存储，描述软件中的数据组织，用双横线表示。这里的数据存储不仅仅指存储文件，它有可能是任何形式的数据组织。数据存储和数据流都是数据，但状态不同，数据存储表示数据的静止状态，而数据流则表示数据的运动状态。

需要注意，初学者很容易混淆程序流程图和数据流图。程序流程图关心的是如何解决问题，流程图中包含有控制逻辑，其箭头是控制流，表示对数据处理的次序；而数据流图则关心的是企业业务系统中的数据处理加工的客观过程，其箭头是数据流，表示的是数据的流动方向，不包含控制过程。

2. 绘图步骤

数据流图中所使用的图形符号包括数据加工、数据的源点和终点、数据流和数据存储四种。在绘制数据加工时，每个数据加工至少应有一个输入数据流和一个输出数据流。数据流图中的每一个元素都必须命名，名字要容易理解。刚开始绘制时，可以忽略系统对于细节的一些描述，按照先外后内的顺序，逐步绘制和完善数据流图。

数据流图的绘制包括五个步骤：

（1）找出待开发系统的外部实体，找到外部实体即可确定系统与外部世界的边界，也就可以确定出数据流的源点和终点；

（2）找出外部实体的输入数据流和输出数据流；

（3）画出外部实体；

（4）从外部实体（源点）的输出数据流出发，按照系统的逻辑需要，逐步画出一系列逻辑加工，直至数据终点；

（5）按照一般原则进行检查和修改；

（6）按照上述步骤，画出所需的数据流图的子图。

【例2.3】有一个图书管理系统，业务流程如下所述：

系统首先接收顾客发来的订单，对订单进行验证，验证过程是，根据图书目录检查订单的正确性，同时根据顾客档案确定是新顾客还是老顾客，是否有信誉。经过验证的正确订单，暂时存放在待处理的订单文件中。然后对订单进行成批处理，根据出版社档案，将订单按照出版社进行分类汇总，并保存订单存根，最后将汇总订单发往各出版社。

要求：绘制出图书预订系统的 DFD 图。

分析：

根据图书管理系统的业务流程可知，参与本系统的外部实体为"顾客"和"出版社"，顾客为数据的源点，出版社为终点；源点的输出数据流为"订单"；系统的主要处理功能（即数据加工）包括"验证订单"和"汇总订单"；与两个数据加工相关的数据流还包括经验证的"正确订单"、"给出版社的订单"等；数据存储包括"图书目录"、"顾客档案"、"待处理的订单文件"、"出版社档案"和"订单存根"。

绘制图书预订系统的 DFD 图，如图 2-8 所示。

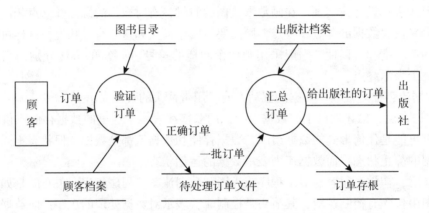

图 2-8　图书预订系统的 DFD 图

3. 绘图一般原则

在绘制数据流图的过程中，有一些基本原则应该要遵循。

（1）每个数据加工至少应该有一个输入数据流和一个输出数据流，两个数据加工之间可以有多个数据流。

（2）数据流描述了 DFD 图中各元素的接口，方向可以从数据加工流向数据加工、从数据加工流向数据存储、从源点流向数据加工、从数据加工流向终点。

（3）数据流不能是控制流。数据流反映了处理的对象，而控制流是一种选择或是用来影响数据加工的性质。在图 2-9 中，"查询下一订单"是一个控制流而不是数据流，因为没有任何数据沿着这个箭头流动，因此这个箭头应该从图中删去。

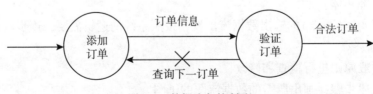

图 2-9　数据流与控制流

（4）数据流不能是实物，不能把现实环境中的实物名作为数据流名。软件只能处理数据，不能处理实物。

（5）当一个数据加工涉及多个数据流的输入或输出时，有时会使用几种附加的符号（如图 2-10 所示）。图中星号（＊）表示数据流之间是"与"的关系；加号（＋）表示数据流之间是"或"的关系；⊕号表示互斥关系。

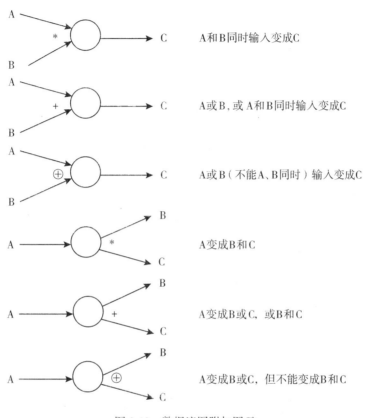

图 2-10　数据流图附加图元

（6）数据流图中基本图元的命名应该要合适，否则将影响数据流图的可理解性。

①为数据流和数据存储命名时，名字应该要能体现数据流或数据存储的内容，不能使用抽象的、缺乏具体含义的名字；当为某个数据流或者数据存储命名感觉困难时，说明此时的数据流图分解可能不够准确，可以考虑重新分解该数据流图。

②为数据加工命名时，名字应该能代表数据加工的功能，通常名字由一个具有具体含义的"动宾短语"组成，避免抽象、笼统的动词或者名词；如果为某个数据加工命名感觉困难时，也可能是由于数据流图的分解不当所致，可以考虑重新分解该数据流图。

③为数据的源点或终点命名时，由于它们不属于数据流图的核心内容，只是目标系统的外部实体，并不需要在系统的开发过程中去设计和实现，因此命名时，一般使用它们在信息域中的惯用名即可，如"用户"、"管理员"等。

4. 分层的数据流图

有时候，系统的业务流程相对复杂，为了描述数据处理过程，仅用一个数据流图往往难以描述清楚，会使得系统变得复杂且难以理解，为了降低系统的复杂度，在结构化分析方法中，会采用分层技术，用一套分层的数据流图来分解系统的复杂性。分层技术体现了结构化设计的"抽象"和"信息隐藏"的原则。

在绘制分层 DFD 图时，一般原则是"先全局后局部、先整体后细节、先抽象后具体"。

通常将这种分层 DFD 图分为顶层、中间层和底层。

初始时，一般先绘制出顶层 DFD 图，用以说明系统的边界，即系统的输入和输出数据流。顶层 DFD 图通常只有一张图(如图 2-11(a)所示)。

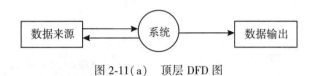

图 2-11(a)　顶层 DFD 图

随着分析活动的逐渐深入，抽象级别较高的复杂加工可以细化为一系列相互关联的数据流和子加工，形成中间层和底层 DFD 图(如图 2-11(b)所示)。中间层表示对其上层父图的分解与细化，它的每一个数据加工可以继续细化，形成子图，中间层次的多少视系统的复杂程度而定。底层 DFD 图中的数据加工不需要再做分解，也称为"原子加工"。

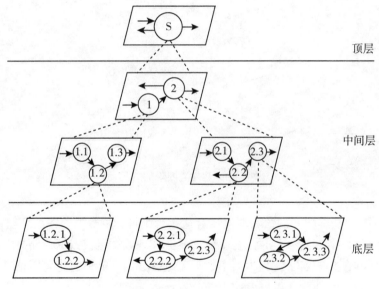

图 2-11(b)　中间层和底层 DFD 图

在绘制分层数据流图时，需要注意两点：

(1)父图与子图都需要编号，图中的数据加工也需要编号，子图中数据加工的编号应与父图中数据加工的编号相对应；

(2)父图与子图的平衡。子图的输入输出数据流同父图对应数据加工的输入输出数据流必须一致。

在图 2-12(a)中，父图中数据加工 3 有两个输入数据流 M、N 和一个输出数据流 S；而在图 2-12(b)中，数据加工 3 对应的子图中，只有一个输入数据流 N 和两个输出数据流 S 和 T，显然子图与父图的数据流不一致，子图需要修改。

下面通过一个案例，具体介绍分层 DFD 图的绘制过程。

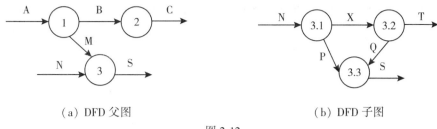

（a）DFD 父图 　　　　　　　　　（b）DFD 子图

图 2-12

【例2.4】有一个计算机教材购销系统，业务流程如下所述：

学生需要购书，首先填写购书单，系统根据各班学生用书表及售书登记表审查购书单的有效性。若有效，计算机根据教材库存表进一步判断书库是否有书；若有书，系统将打印领书单发放给学生，学生凭借领书单到书库领书。对于脱销的教材，系统将登记到缺书登记表中，并打印缺书单给书库管理员，新书购进库后，书库管理员将填写进书通知告知系统。

要求：绘制出计算机教材购销系统的分层 DFD 图。

分析：

计算机教材购销系统的业务流程比较复杂，因此需要分层绘制 DFD 图。

①根据"先全局后局部、先整体后细节、先抽象后具体"的绘制思路，先绘制顶层 DFD 图。参与本系统的外部实体为"学生"和"书库管理员"，与学生相关的数据流为"购书单"和"领书单"，与书库管理员相关的数据流为"缺书单"和"进书通知"，教材购销系统的顶层 DFD 如图 2-13（a）所示。

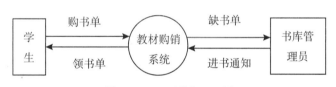

图 2-13（a）　顶层 DFD 图

②根据系统的业务流程，分解出系统的主要功能为"销售"和"购买"书籍。当销售书籍成功或购买新书后，需要修改"教材库存表"；当销售书籍失败或购买新书后，需要修改"缺书登记表"；同时，这两个功能也都需要从教材库存表和缺书登记表中查询相关数据；当书库进书后，"购买"应该向"销售"发送进书通知。教材购销系统的第 1 层 DFD 如图 2-13（b）所示。

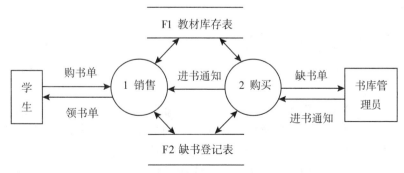

图 2-13（b）　第 1 层 DFD 图

计算机科学与技术专业规划教材

③细化数据加工"销售"。学生购书单的有效性需要通过"各班学生用书表"和"售书登记表"来确定，合格的购书单将允许购书。在购书处理过程中，需要查询"教材库存表"，如果有书，则根据"发书信息"制作生成"领书单"，并修改"教材库存表"和"售书登记表"；如果书籍数量不足，则需要根据"缺书信息"登记缺书，并修改"缺书登记表"。当接收到"采购"子系统发送来的"进书通知"后，生成"补售书单"，并修改"缺书登记表"；购书处理根据"补售书单"，修改"教材库存表"。教材购销系统的第2层，"销售"子系统DFD如图2-13(c)所示。

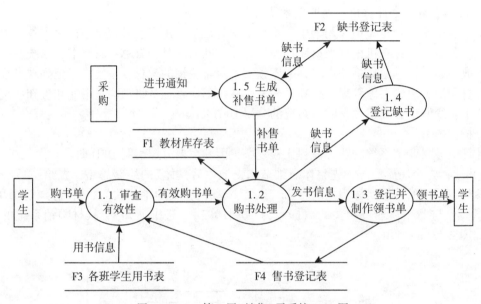

图2-13(c)　第2层"销售"子系统DFD图

④细化数据加工"购买"。系统根据"缺书登记表"中的"缺书信息"，结合"教材库存表"中的书籍信息，按照书号汇总所缺书籍，将需要购买的书籍信息写入"待购教材表"；系统按照"待购教材表"中的"待购书信息"，结合"教材一览表"中的出版社信息，按照出版社汇总所缺书籍，生成"缺书单"；书库管理员根据"缺书单"购买书籍后，向系统发送"进书通知"；系统根据"进书通知"中的书籍信息，修改"教材库存表"、"缺书登记表"和"待购教材表"；同时，向"销售"子系统发送"进书通知"。教材购销系统的第2层，"采购"子系统DFD如图2-13(d)所示。

在绘制分层数据流图时，首先遇到的问题就是应该如何分解。不可能一次性把一个数据加工分解成它的所有的原子加工，因为一张图中画出过多的加工是使人难以理解的。但是，如果每次只将加工分解成两个或三个加工，又可能需要分解过多的层次，也会影响系统的可理解性。

一个数据加工每次分解成多少个子加工才合适呢？

根据经验，一个数据加工每次分解的子加工数目"最多不要超过七个"。有统计结果表明，人们能有效地同时处理七个或七个以下的问题，但当问题多于七个时，处理效率就会下降。当然，也不能完全机械地应用，重点是要使绘制的数据流图易于理解。还有以下几条原则可供参考：

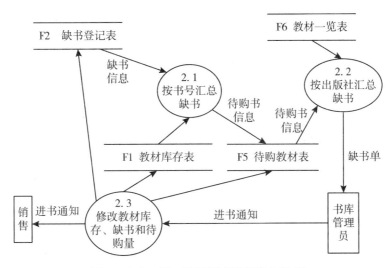

图 2-13(d)　第 2 层"采购"子系统 DFD 图

（1）分解应自然，概念上要合理、清晰；

（2）只要不影响数据流图的"易理解性"，可以适当地多分解成几部分，这样分层图的层数就可少些；

（3）一般来说，上层的分解可以简洁快速，因为上层都是一些综合概括性的描述，相对容易理解；而中、下层的分解则应细致缓慢一些，它们对应更多的细节描述。

2.4.2　数据字典

在设计数据流图时，为了提高可读性，数据流名、数据加工名、数据存储名以及外部实体名都很简洁明了，这使得设计人员很难从数据流的名字、数据存储的名字看出它们的数据结构，也无法从加工的名字中看出它的加工逻辑，给后续的设计工作带来困难。

数据字典（Data Dictionary，简称DD）是数据流图中所有组成元素的定义集合，它提供了数据流图中各个元素的准确的数据描述信息，为系统设计及维护提供了重要依据。数据流图和数据字典结合起来，共同构成系统的逻辑模型。

1. 数据字典的内容

通常，数据字典应该包含下列 5 类元素的定义：

①数据流；

②数据元素（数据项）；

③数据存储；

④数据加工；

⑤源点及终点。

其中每类元素的定义应该包含以下内容：

元素的名称或别名；数据类型；所有与该元素相关联的输入、输出流的转换列表；使用该数据条目的简要说明；补充说明，如：完整性约束、使用限制条件等。

（1）数据流词条的描述。要严格定义一个数据流，必须定义这个数据流自身的组成、所包含的每一个数据元素、所包含的每一个数据结构。若数据结构中还含有数据元素和数据结构时，应进一步定义，直至组成数据结构的所有数据元素被定义为止。

计算机科学与技术专业规划教材

数据流词条包含的描述如下：

①编号：DFD 中的编号，应具有唯一性以便检索；

②名称：该数据流在 DFD 中的名称；

③说明：简要介绍其作用及它产生的原因和结果；

④来源：来自何方；

⑤去向：去向何处；

⑥组成：指明组成该数据流的所有数据元素(编号)和所有数据结构(编号)；

⑦数据流通量：数据流量。通常说明正常流量，必要时可指明高峰期流量。

【例 2.5】在学生信息管理系统中，根据学生的基本信息可以查询学生的学籍，并将查询结果写入文档中，数据流图如图 2-14 所示。

图 2-14 学籍查询子系统 DFD 图

要求：给出数据流"学生基本信息"的词条说明。

数据流"学生基本信息"的定义如表 2-2 所示。

表 2-2 数据流"学生基本信息"定义表

数据流编号	F01
数据流名称	学生基本信息
简要说明	在学生档案中记录的个人信息
来　　源	学生 S1
去　　处	查询学籍和学籍档案 D1
结　　构	学号+学生姓名+学生性别+出生日期+班号+联系电话+入校时间+家庭住址+注释
数据流量	1000 次/周，高峰值：开学期间 1000 次/天

(2)数据元素(数据项)词条描述。数据元素是数据流和数据结构的基本组成项，它是数据处理中最小的、不可再分的单位，它直接反映了事物的某一特征。只有数据元素被定义了，数据流和数据结构才能被最后定义下来。

数据元素定义一般包括以下内容：

①编号：数据元素在 DD 中的统一编码。编号应具有唯一性，以便检索；

②名称：数据元素的名字；

③别名：系统内使用的名字；

④说明：简要介绍数据项的含义；

⑤类型：数字(离散值，连续值)，文字(编码类型和长度)；

⑥值域：数据元素可能的取值范围；

⑦相关的数据元素及数据结构。

【例 2.6】 某进出口公司货物管理系统中，对数据项"货物编号"作说明，定义如表 2-3 所示。

表 2-3　　　　　　　　　　　　　　　**数据项"货物编号"定义表**

数据项编号	D01-001	
数据项名称	货物编号	
别　　名	G-No, G-num	
简要说明	本公司的所有货物的编号	
类　　型	字符串	
长　　度	10	
取值范围及含义	第 1 位：[J | G]	（进口/国产）
	第 2~4 位：LB0..LB29	（类别）
	第 5~7 位："A00".."A99"	（规格）
	第 8~10 位："001".."999"	（品名编号）

（3）数据存储词条描述。在数据字典中，要对 DFD 图中的所有数据存储做出定义。数据存储的组成与数据流类似，也是由若干数据元素和若干数据结构组成的。在数据字典中，数据存储的定义部分只定义存储文件自身，组成文件的数据元素和数据结构分别与数据流部分的相应定义合并。

数据存储的定义如下：

①编号：数据存储在 DD 中的统一编码，具有唯一性；

②文件名：数据存储在 DFD 图中的名字；

③别名：系统内使用的名字；

④说明：简要介绍数据存储存放的数据内容和作用；

⑤文件组成：组成该数据存储的所有数据元素（编号）和所有数据结构（编号）；

⑥存储方式：顺序，直接，关键码；

⑦存取频率：单位时间的存取次数。

（4）源点和终点词条描述。系统的源点和终点，又称外部项，是系统外部环境中的实体。因为它们与系统有信息联系，所以在数据字典中应对它们作统一定义。

定义的内容包括：

①编号：外部项在 DFD 中的编号，具有唯一性；

②名称：外部项在 DFD 图中的名字；

③说明：对外部项如何与系统交互做简单说明。如果外部项是一个计算机系统，应当说明其数据处理情况，特别是数据量、数据格式、载体形式、数据精度等；

④输出数据流：源点到系统的数据流；

⑤输入数据流：系统到终点的数据流。

2. 数据结构的描述

在数据流图中，数据流和数据存储都有一定的数据结构，因此必须用一种简洁、准确、无歧义的方式来描述数据结构。常用的数据结构的描述方式有定义式和 Warnier 图。

（1）定义式。在数据字典的定义过程中，使用一些特定符号来严谨地描述数据结构，符号的含义如表 2-4 所示。

表 2-4　　　　　　　　　　数据结构定义式中的符号含义

符号	含义	示例	解　释
=	被定义为		
+	与	x＝a+b	表示 x 由 a 和 b 组成
[...,...] [... ｜ ...]	或	x＝[a, b] x＝[a｜b]	表示 x 由 a 或由 b 组成
｛...｝ m｛...｝n	重复	x＝｛a｝ x＝3｛a｝8	表示 x 由 0 个或多个 a 组成 表示 x 中至少出现 3 次 a，至多出现 8 次 a
(...)	可选	x＝(a)	表示 a 可在 x 中出现，也可不出现
"..."	基本数据元素	x＝"a"	表示 x 为取值为 a 的数据元素
..	值域	x＝1..9	表示 x 可取 1 到 9 之中的任一值

【例 2.7】定义式举例。某银行存折结构如图 2-15 所示。要求：给出在数据字典中，存折的数据条目的说明。

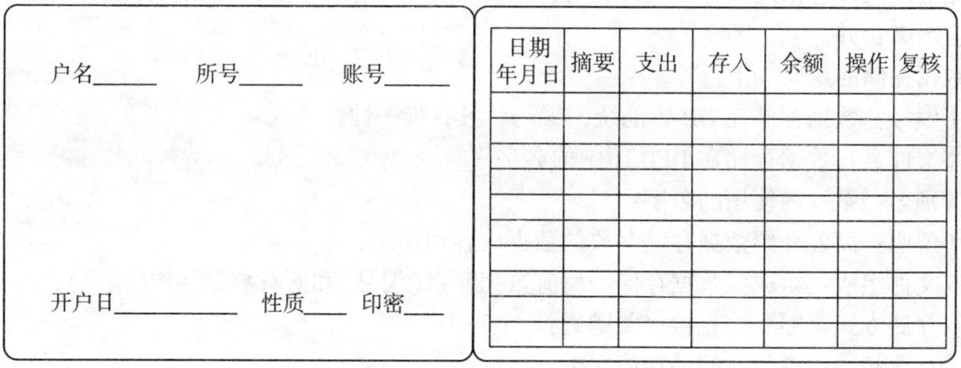

图 2-15　某银行存折结构

存折的一种定义格式：

存折＝户名+所号+账号+开户日+性质+(印密)+1｛存取行｝50

户名＝2｛字母｝24

所号＝"001".."999"

账号＝"00000000001".."99999999999"

开户日＝年+月+日

性质＝"1".."6"

印密＝("0"｜"000001".."999999")

存取行＝日期+(摘要)+支出+存入+余额+操作+复核

日期 = 年 + 月 + 日

年 = "0001" .. "9999"

月 = "01" .. "12"

日 = "01" .. "31"

摘要 = 1 ¦ 字母 ¦ 4

支出 = 金额

存入 = 金额

余额 = 金额

金额 = "000000000. 01" .. "999999999. 99"

操作 = "00001" .. "99999"

复核 = "00001" .. "99999"

字母 = ["a" .. "z" | "A" .. "Z"]

（2）Warnier 图。法国计算机科学家 Warnier 提出了一种表示数据层次结构的图形工具——Warnier 图。它用树形结构描述信息，可以表明信息的逻辑组织，即它可以指出一类信息或一个信息元素是重复出现的，也可以表示特定信息在某一类信息中是有条件地出现的。因为重复和条件约束是说明软件处理过程的基础，所以很容易把 Warnier 图转换为软件的设计描述。

【例 2.8】Warnier 图举例。针对图 2-15 所示的银行存折结构，给出用 Warnier 图描述的存折的数据条目的组成。

存折的 Warnier 图描述，如图 2-16 所示：

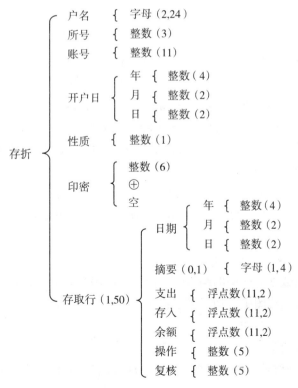

图 2-16　银行存折的 Warnier 图

上面是用 Warnier 图描述一个银行存折结构的例子，它说明了这种图形工具的用法。

图中花括号用来区分数据结构的层次。在一个花括号内的所有名字都属于同一类信息；异或符号"⊕"表明一类信息或一个数据元素在一定条件下才出现，而且在这个符号上、下方的两个名字所代表的数据只能出现一个；在一个名字右面的圆括号中的数字指明了这个名字代表的信息类在这个数据结构中重复出现的次数。

例如，"户名"可以由 2~24 个字母组成，"印密"可以为空或者由 6 位整数组成，"支出"由 11 位的浮点数组成，保留 2 位小数。

2.4.3 加工逻辑说明

在对数据流图的分解中，位于层次树最低层的加工也称为基本加工或者原子加工。对于每一个基本加工都需要进一步说明它的内部逻辑，即详细地说明加工是如何把输入数据流变换成输出数据流的过程，这就是加工逻辑说明。

在需求分析阶段，编写基本加工逻辑的说明时，主要目的是要描述系统"做什么"，而不是"怎么做"。

在定义加工逻辑的过程中，应选择适当的表达工具。通常，人们熟悉自然语言，使用方便，但由于语言自身的随意性，常常造成加工逻辑的二义性。如：动作描述不确定，"优惠销售"中的优惠标准没有明确；动作执行条件不确定，"对老顾客优惠"，老顾客的标准没有指明；执行动作的条件组合有二义性，"三好学生、英语过六级且总分在 600 分以上的学生可获奖金 500 元"，这里三个条件的组合有四种可能，到底如何组合不确定。

为了准确、无二义性的描述加工逻辑，可以使用结构化语言、判定树、判定表、IPO 图等工具来表达。

1. 结构化语言

结构化语言是一种介于自然语言与程序设计语言之间的伪代码。它有一定的结构，较严谨；又不太死板，便于理解和交流。它包含三种结构，即顺序结构、选择结构和循环结构，使用的语句只有三类：简单的陈述句、判断语句、循环语句。

顺序结构由一组有序的陈述句组成。一个陈述句说明要做的一件事情，它至少要包含一个动词来说明要执行的功能；还应该包含至少一个名词，用以指明动作的对象，如计算工资、打印资产负债表等。陈述句应该尽量简短。

选择结构由判定语句构成，常用的控制结构如 IF_THEN_ELSE、DO CASE 等；循环结构由循环语句构成，常用的控制结构如 FOR、DO WHILE 或 REPEAT_UNTIL 等，这些都与程序设计语言类似。

用结构化语言描述说明的形式如下：

(1)加工编号：在数据流图中的编号，反映加工的层次和父子关系；

(2)加工名：在数据流图中的加工名字；

(3)加工逻辑：简述加工的处理方法；

(4)相关信息：激活条件等。

【例 2.9】在航空订票系统中，需要对旅客的订票信息进行核实。要求：给出数据加工"核实订票"的加工逻辑说明。

数据加工"核实订票"的加工逻辑说明如表 2-5 所示。

表 2-5　　　　　　　　　　　　　"核实订票"加工逻辑说明

加工编号	3.2
加工名称	核实订票
激活条件	收到订票信息
加工逻辑	1 读订票旅客信息文件 2 搜索此文件中是否有与信息中姓名及身份证号相符的项 　　IF　　有 　　　　THEN　　判断余项是否与文件中信息相符 　　　　　　IF　　是 　　　　　THEN　　输出已订票信息 　　　　　ELSE　　输出未订票信息 　　　ELSE　　输出未订票信息
执行频率	实时

2. 判定树

当加工逻辑中的选择条件较多时，用结构化语言不容易清楚的表达条件间的组合策略，这时，可以选择判定树（decision tree）来描述。判定树类似于一棵横向的树，左端树根是加工的名字，中间是条件及条件的组合，右端是相应的动作。

判定树适合于描述处理中具有多种策略，要根据若干条件来确定所需采用策略的情况，具有直观、容易理解等特点。

【例 2.10】某商业公司的销售策略规定：不同的购货量、不同的顾客可以享受不同的优惠。具体办法是：年购货额在 5 万元以上且最近三个月无欠款的顾客可享受 85 折；近三个月有欠款，若是本公司十年以上的老顾客，可享受 9 折；若不是老顾客，只有 95 折。年购货额不足 5 万元者无折扣。

要求：给出数据加工"计算折扣"的加工逻辑说明。

根据销售策略的规定，组合条件包括"年购货额是否在 5 万以上"、"最近三个月是否无欠款"、"是否十年以上的老顾客"。多种条件组合时，用判定树描述加工逻辑更清晰直观（如图 2-17 所示）：

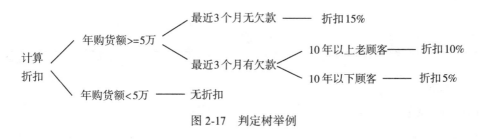

图 2-17　判定树举例

计算机科学与技术专业规划教材

3. 判定表

对于加工逻辑中存在多个条件组合取值的情况，除了判定树以外，判定表也可以作为描述加工逻辑的工具。

判定表用表格的形式表示加工逻辑。它分为四个部分：左上角为各种条件，左下角为各种动作，右上角为条件的组合，右下角为相应条件下执行的动作(如表2-6所示)。

表2-6 　　　　　　　　　　判 定 表

条件	条件组合
动作	相应动作

建立判定表的步骤包括以下四步：

(1)计算所有可能的条件组合，确定规则个数，通常 n 个条件，最多可以有 2^n 个条件组合数；

(2)列出所有的基本条件和基本动作；

(3)对每一种状态找出所有的条件，填入条件组合区域；

(4)对每一种规则指定的动作，填入相应动作区域。

【例2.11】用判定表描述上例中数据加工"计算折扣"的加工逻辑。

根据销售策略的规定，找出所有的条件和动作，给出数据加工"计算折扣"的加工逻辑的判定表(如表2-7所示)。

表2-7 　　　　　　　　　　判定表举例

	1	2	3	4	5	6	7	8
C1：年购货额5万以上	Y	Y	Y	Y	N	N	N	N
C2：最近3个月无欠款	Y	Y	N	N	Y	Y	N	N
C3：10年以上老顾客	Y	N	Y	N	Y	N	Y	N
A1：折扣15%	✓	✓						
A2：折扣10%			✓					
A3：折扣5%				✓				
A4：无折扣					✓	✓	✓	✓

在判定表中，当某些条件组合所对应的动作相同时，可以考虑合并这些条件组合。修改上例判定表后，得到优化的判定表(如表2-8所示)。表中"-"表示不考虑该条件。

表2-8 　　　　　　　　　　优化判定表

	1	2	3	4
C1：年购货额5万以上	Y	Y	Y	N
C2：最近3个月无欠款	Y	N	N	—
C3：10年以上老顾客	—	Y	N	—

	1	2	3	4
A1：折扣 15%	✓			
A2：折扣 10%		✓		
A3：折扣 5%			✓	
A4：无折扣				✓

4. IPO 图

IP0(Input/Process/Output) 图也是加工说明的描述方法。IPO 图是输入/处理/输出图的简称，它是美国 IBM 公司开发并完善起来的一种图形工具，能够方便的描述输入数据、对数据的处理和输出数据之间的关系。

IPO 图使用的图形符号很少，其基本形式是在左边的输入数据框中列出有关的输入数据，在中间的处理框中按顺序列出主要的处理，在右边的输出数据框中列出处理产生的输出数据(包括中间结果)。IPO 图中还用箭头指出数据通信的情况，如图 2-18 所示，是一个使用 IPO 图描述使用事务文件对主文件进行更新的例子。

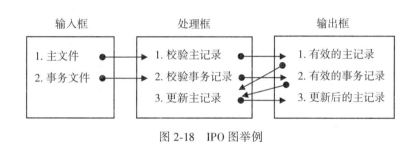

图 2-18　IPO 图举例

2.4.4　传统的功能建模方法

在功能建模中，最为传统的方法是 IDEF0 法。IDEF 是 ICAM DEFinition method 的缩写，是美国空军在 20 世纪 70 年代末到 80 年代初 ICAM(Integrated Computer Aided Manufacturing) 工程在结构化分析和设计方法基础上发展的一套系统分析和设计方法，是比较经典的系统分析理论与方法。最初开发的三种方法是功能建模(IDEF0)、数据建模(IDEF1)和动态建模(IDEF2)。后来，随着信息系统的相继开发，又开发出了其他方法，如数据建模(IDEF1X)、过程描述获取方法(IDEF3)、面向对象的设计(OO 设计)方法(IDEF4)、实体描述获取方法(IDEF5)、设计理论(Rationale)获取方法(IDEF6)、人—系统交互设计方法(IDEF8)、业务约束发现方法(IDEF9)和网络设计方法(IDEF14)等。

1. IDEF0 模型

IDEF0 是一种自顶向下逐层分解，由图形化语言表示的结构化分析和设计技术(SADT)，主要描述被建模系统的功能(活动)或过程，其特点如下：

(1)全面描述系统，通过一个模型来理解系统。IDEF0 能够表示系统的活动和数据流，通过对系统活动的分解，阐述各环节之间的内在联系和相互作用。

(2)明确说明模型的目的和视点。目的是指为什么要建系统，视点是指从哪个角度去反映问题或者站在什么人的立场上来分析问题。

(3)区分"做什么"和"怎么做"。IDEF0 强调在分析阶段,首先应该表示清楚一个系统、一个功能具体做什么,在设计阶段才考虑如何做。

IDEF0 功能模型主要由矩形盒子、箭头、规则、图示组成,图形是 IDEF0 模型的主体。每个盒子说明一个功能,功能可以逐步分解细化,形成一系列父-子图示,箭头只表示功能相关的数据或目标,不表示流程或顺序,规则定义建立模型的各种规定,图示是文字和图形表示的模型格式。

2. IDEF0 建模方法

(1)矩形盒子:

①输入(左边线):指出完成功能(活动)所需要的数据(Input);

②输出(右边线):指出功能(活动)执行后产生的数据(Output);

③控制(上边线):指出功能(活动)受到的约束条件(Control);

④机制(下边线):指出功能(活动)由谁完成(How)。

矩形盒子实例如图 2-19 所示。

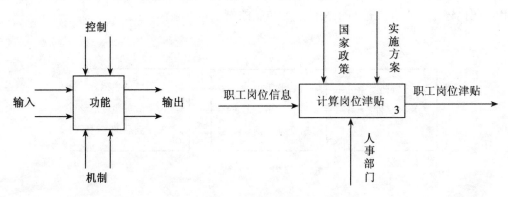

图 2-19　盒子实例

(2)箭头:

①分支箭头:表示多个功能(活动)需要同一种数据的不同成分,如图 2-20 所示。

②汇合箭头:表示多个活动产生(或合并)同一种数据,如图 2-21 所示。

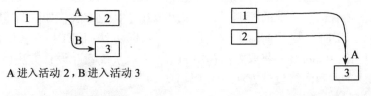

图 2-20　分支箭头实例　　　　图 2-21　汇合箭头实例盒子实例

③通道箭头:表示箭头将不出现在子图(或父图)中,如图 2-22 和图 2-23 所示。通道箭头实例 1 可简化子图,通道箭头实例 2 可以避免在高层图形中出现信息过细的现象,干扰分析人员对图形的准确理解。

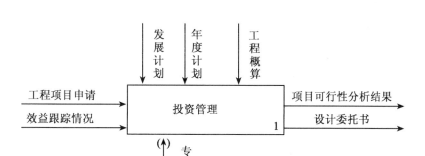

图 2-22 通道箭头实例 1("专家"将不出现在"投资管理"的子图中)

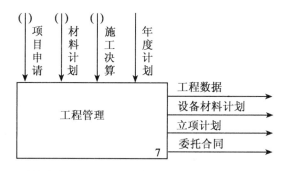

图 2-23 通道箭头实例 2("项目申请"将不出现在"工程管理"的父图中)

④双向箭头:表示两个盒子互为输入或互为控制,且先被触发的盒子在上,后被触发的盒子在下,如图 2-24(a)、图 2-24(b)所示。"·"表示强调以引起注意。

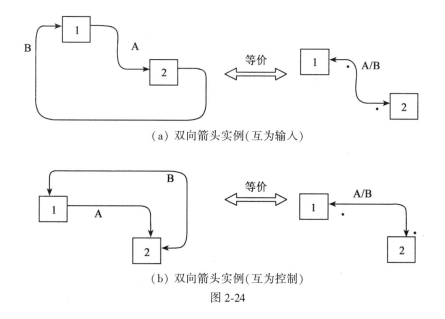

(a) 双向箭头实例(互为输入)

(b) 双向箭头实例(互为控制)

图 2-24

⑤虚线箭头:表示触发顺序,即输出控制,如图 2-25 所示。

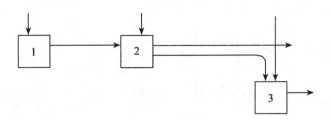

图 2-25 虚线箭头实例(触发顺序为 1→2→3)

⑥选择箭头:表示数据的选择关系,如图 2-26 所示。

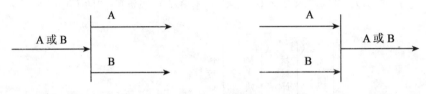

图 2-26 选择箭头实例

(3)ICOM 码:

对于来自父盒子的数据约束,分别用 ICOM 代表(输入、控制、输出、机制),然后再加上顺序号,就构成了 ICOM 码,并在字母之后添加该数据在父盒子中的数字序号(编号顺序为从左至右、从上至下),以表明其在父盒子中的位置,如图 2-27 所示。

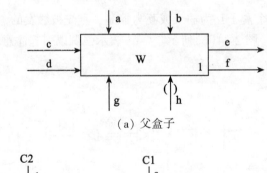

(a) 父盒子

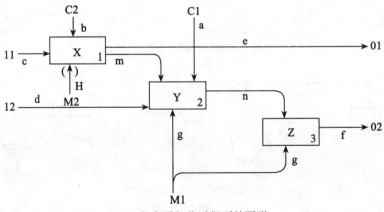

(b) 父盒子细化后得到的图形

图 2-27 ICOM 码

（4）节点：

节点号是用来表示图形或盒子在层次中的位置，其编码规则是：

①所有节点都用 A（Activity）开头；

②最顶层图形称为 A0；

③A0 以上只用一个盒子代表系统的内外关系，如 A-1、A-2 等；

④子图的编码要继承父图，如 A21、A331。

此外，对于图形的文字说明，其编号为图形节点号加上字母"T"，例如 A16T；对于图形的其他参考图形，其编号为图形编号加上字母"F"后再加上序号，例如 A2F2。

所有层次图形的节点编号集合起来便形成节点树，如图 2-28 所示。

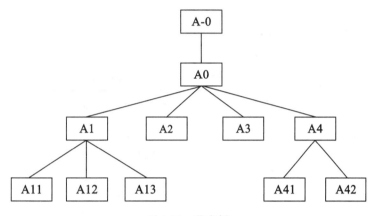

图 2-28　节点树

（5）实例：

图 2-29 是两张关于计算机集成制造系统（CIMS）的 IDEF0 图。

3. IDEF0 建模步骤

建立 IDEF0 模型的基本目标是描述系统的功能。IDEF0 方法是在详细功能需求调研的基础上，用严格的自顶向下、逐层分解的方式来进行的，其基本步骤如下：

（1）确定建模的范围、观点、目的。范围描述的是系统的外部接口，即系统与环境之间的界线，它确定了要讨论的问题是什么；观点表明了从什么角度去观察问题，以及在一定范围能看到什么；目的则反映了建立模型的意图和理由。

（2）建立系统的内外关系（A-0 图）。A-0 图确定了系统的边界，是进一步分解的基础。如果想从更大的范围来考虑全局性的问题，则可以画 A-1 图、A-2 图等，以从更大范围表明各模块间的相互关系。

（3）画出顶层图（A0 图）。按建模的特点，将 A-0 图在建模范围内分解为 3~6 个主要功能，便得到 A0 图。

（4）画出 A0 图的一系列子图（A. 图）。在对图中的盒子进行分解，形成一系列的子图时，应注意以下两个问题：其一是分解应尽量在同一层次上进行，其二是在选择要被分解的盒子时，先选择较难的盒子。一个模块在向下分解时，分解成不少于 3 个且不多于 6 个的子模块。上界为 6，保证了采用递阶层次来描述复杂事物时，同一层次中的模块数不会太多。

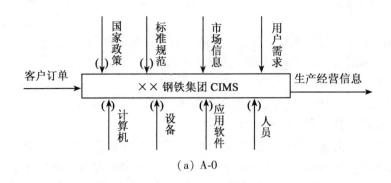

（a）A-0

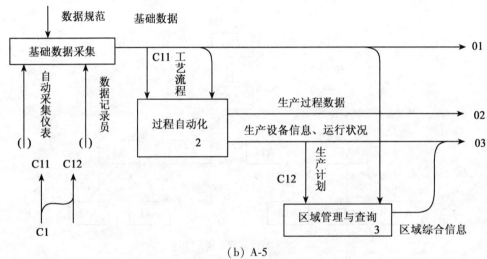

（b）A-5

图 2-29　IDEF0 图实例

（5）书写文字说明。一般说来，每张 IDEF0 图应该都附有一页简短的文字说明，以补充图形不能表达的重要信息，并对有关的名词在第一次出现时给予解释。但是，如果图形本身已表达得足够清楚，则可以不要文字说明。

2.5　数据建模

为了把用户要求的复杂数据以及数据之间的相互关系清晰、准确地描述出来，系统分析人员通常需要建立一个概念性的数据模型。它是按照用户的观点对数据进行建模，是现实世界到机器世界的一个中间层。

概念模型用于信息世界的建模，它是现实世界到信息世界的第一层抽象，是数据库设计的有力工具，也是数据库开发人员与用户之间进行交流的语言。因此概念模型要有较强的表达能力，应该简单、清晰、易于理解。概念模型中包含三种相互关联的信息：数据对象（实体）、对象的属性、对象间的相互关系。目前常使用实体-联系图（Entity-Relationship Diagram，简称 E-R 图）来表示概念模型。

2.5.1　信息世界的基本概念

信息世界涉及的概念主要有以下几个：

1. 实体

实体(entity)是现实世界中对客观事物的抽象，也是目标系统必须理解的复合信息的抽象。所谓复合信息，是指具有一系列不同性质或属性的事物。

在数据流分析方法中，实体包括数据源、外部实体的数据部分以及数据流的内容。实体一般由一系列不同的性质或属性刻画，可以是具体的事物，如学生、图书、仓库；也可以是抽象的概念或联系，如学生的一次选课、旅客的一次订票、公司与员工的雇佣关系等，如图2-30 所示。

图 2-30　实体

仅有单个值的事物一般不是实体，例如长度、颜色等。

实体彼此是有关联的。

实体只封装了数据，没有包含施加于数据上的功能和行为，这一点与面向对象设计方法中的"类"或"对象"有着显著的区别。

2. 属性

实体一般具有若干特征，这些特征就称为实体的属性(attribute)，如学生实体可以由学号、姓名、性别、出生年月、所属院系和入学时间等属性组成，这些属性组合起来表征了一个学生。属性是原子数据项，是不可以再分的。通常，实体的属性包括：

(1)命名性属性。对实体的实例命名，其中常有一个或一组关键属性，用以唯一地标识实体的实例。

(2)描述性属性。对实体实例的性质进行刻画。

(3)引用性属性。将自身与其他实体的实例关联起来。

一般来说，现实世界中任何一个实体都具备众多属性，在研究时，分析设计人员应该根据对所要解决的问题的理解，来确定特定实体的一组合适的属性，也就是说只考虑与应用问题有关的属性。

例如，对于机动车管理系统，描述汽车的属性应该有生产厂商、品牌、型号、发动机号码、车体类型、颜色、车主姓名、住址、驾驶证号码、生产日期及购买日期等。但是，如果是开发设计汽车的 CAD 系统，就应该更多地考虑与汽车技术指标相关的一批属性，而对于车主姓名、住址、驾驶证号码、生产日期和购买日期等属性就不需要再考虑了。汽车的基本属性如图 2-31 所示。

3. 主键

如果实体的某个属性或某几个属性组成的属性组的值能唯一地决定该实体其他所有属性的值，也就是能唯一地标识该实体，而其任何真子集无此性质，则这个属性或属性组称为实体键。如果一个实体有多个实体键存在，则可以从其中选一个最常用到的实体键作为实体的主键(key)。

例如，实体"学生"的主键是学号，一个学生的学号确定了，那么他的姓名、性别、出

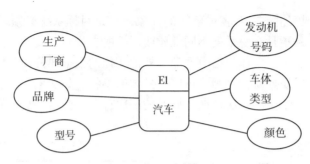

图 2-31　实体的属性

生日期、所属院系和入学时间等属性也就确定了。

4. 属性域

属性的取值范围称为该属性的域(domain)。属性可以是单域的简单属性，如性别，它的域为(男，女)，也可以是多域的组合属性。组合属性由简单属性和其他组合属性组成。这意味着属性可以是一个层次结构，如图 2-32 所示，"通讯地址"就是一种具有层次结构的组合属性。

图 2-32　通讯地址属性

5. 属性值

属性的取值就是属性值(value)，可以是单值的，也可以是多值的。例如，一个人所获得的学位可能是多值的。当某个属性值未知时，可用空缺符 NULL 表示。

6. 实体集和实体型

具有相同属性的一类实体的集合称为实体集(entity set)，例如，学生实体集和图书实体集等。

属性值的集合表示一个实体，而属性的集合表示一种实体的类型，称为实体型(entity type)。例如，在学生实体集中，(1505120216，张三，男，1998-03，计算机，2015-09)表示一个具体的学生，即一个实体，而学生(学号、姓名、性别、出生年月、所属院系，入学时间)为实体型。

7. 联系

在现实世界中，任何事物都不是孤立的，它们之间一般都存在着各种各样的关联。例如：教师与课程之间存在着"讲授"这种联系，而学生和课程之间存在着"学习"的联系。实体彼此之间存在着的这种关联称为联系(relationship)，也称为关系。

两个实体型之间的联系可以分为以下三类：

（1）一对一联系（1∶1）。如果对于实体集 A 中的每一个实体，实体集 B 中至多有一个实体与之联系，反之亦然，则称实体集 A 与实体集 B 具有一对一联系，记为 1∶1。例如，国家与国旗的关系，班级与班长的管理关系等。

（2）一对多联系（1∶n）。如果对于实体集 A 中的每一个实体，实体集 B 中有 n 个实体（n>=0）与之联系，反之，对于实体集 B 中的每一个实体，实体集 A 中至多只有一个实体与之联系，则称实体集 A 与实体集 B 具有一对多联系，记为 1∶n。例如，国家与省份的关系，班级与学生的关系等。

（3）多对多联系（m∶n）。如果对于实体集 A 中的每一个实体，实体集 B 中有 n 个实体（n>=0）与之联系，反之，对于实体集 B 中的每一个实体，实体集 A 中也有 m 个实体（m>=0）与之联系，则称实体集 A 与实体集 B 具有多对多联系，记为 m∶n。例如，汽车与司机的关系，课程与学生的关系等。

实际上，一对一联系是一对多联系的特例，而一对多联系又是多对多联系的特例。

实体型之间的这种一对一、一对多和多对多联系不仅存在于两个实体型之间，也存在于两个以上的实体型之间。例如，对于课程、学生、教师三个实体型，一门课程可以被多名学生选择，由多位教师讲授；一个学生可以选择多门课程，对应多位教师；一位教师可以讲授多门课程，对应多名学生，因此，课程、学生、教师之间的联系是多对多的。

2.5.2 实体-联系图与建模

概念模型是对信息世界的建模，它应该能够方便、准确地表示信息世界的常用概念。目前使用较多的数据建模工具是实体-联系图（Entity-Relationship Diagram），简称 E-R 图。

1. 基本图元

实体-联系图提供了表示实体、属性和联系的方法，其基本图元如图 2-33 所示。

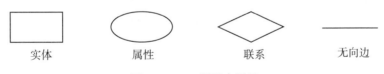

图 2-33 E-R 图基本图元

（1）实体：用矩形表示，矩形框内写明实体名；

（2）属性：用椭圆形表示，并用无向边将其与相应的实体连接起来。当某个属性被确定为主键，常在其属性名上加下画线表示；

（3）联系：用菱形表示，菱形框内写明联系名，并用无向边分别与相关实体连接起来，同时在无向边旁标记联系的类型（1∶1、1∶n 或 m∶n）；

需要注意的是，联系本身也是一种实体，也可以有属性。如果一个联系具有属性，则这些属性也要用无向边与该联系连接起来。

2. 数据建模步骤

使用实体-联系图建模包括四个阶段：定义实体、定义联系、定义属性和定义主键。

（1）标识和定义在建模问题范围内的实体；

（2）标识和定义实体之间的基本联系，其中有些联系可能是非确定的，需要在以后的阶段中改进；

（3）开发属性池，定义属性、建立属性的所有权、改善模型等；

（4）定义主键，以便唯一标识实体。

四个阶段的关系如图 2-34 所示。

图 2-34　数据建模步骤

【例 2.12】某汽车运输公司拥有多个车队，车队有车队号、车队名；车队的车辆都必须登记车牌照号、厂家、出厂日期；每个车队可以聘用若干司机，有聘用期；司机需登记司机编号、姓名、电话；司机可以驾驶多台车辆，需记录使用日期和公里数；每辆车也可被多个司机使用。要求：绘制出汽车运输管理系统的 E-R 图。

分析：

根据运输公司的内部结构描述可知，本系统的实体包括"车队"、"车辆"和"司机"；车队和司机之间为一对多的"聘用"关系，"聘用"包含属性"聘用期"；司机和车辆之间为多对多的"驾驶"关系，"驾驶"包含属性"公里数"和"使用日期"；车队的属性包括"车队号"和"车队名"，"车辆"的属性包括"车牌照号"、"厂家"和"出厂日期"，司机的属性包括"司机编号"、"姓名"和"电话"。

绘制汽车运输管理系统的 E-R 图，如图 2-35 所示。

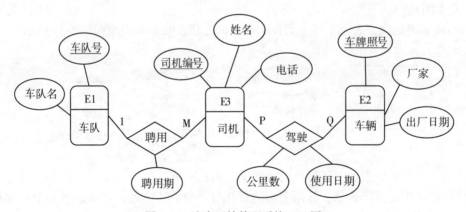

图 2-35　汽车运输管理系统 E-R 图

3. 实体-联系图属性说明

实体-联系图中的属性可以利用 2.4.2 节中介绍的数据字典的方法加以说明。在进行说明时，如果属性与数据流中的相关数据相同，则应引用数据流中的相应定义，而不应重新定义，这样可以避免因同一数据定义两次而出现多义性的现象。

【例 2.13】图 2-36 是大学教务管理系统中关于学生注册和选课的 E-R 图，描述了学生和课程等教学活动中的数据之间的关系。学生档案是有关学生情况的集合，课程档案是有关开设的课程情况集合，注册记录、选课单则分别是学生注册和选课情况的集合。

要求：给出 E-R 图中属性的定义说明。

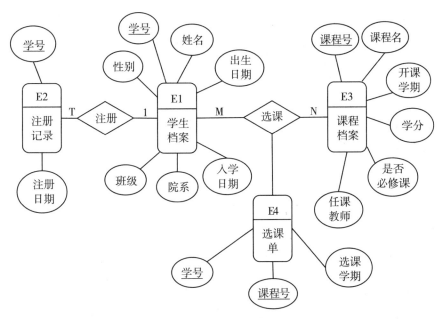

图 2-36　学生选课 E-R 图

在大学教务管理系统中，学生注册和选课 E-R 图中定义的属性说明如下：

E1：学生档案

　　（E1.01）学号＝D01.1

　　（E1.02）姓名＝1{"汉字"}20

　　（E1.03）性别＝["男" | "女"]

　　（E1.04）出生日期＝日期

　　（E1.05）入学日期＝日期

　　（E1.06）院系＝1{"汉字"}24

　　（E1.07）班级＝1{"汉字"}24

　　（E1.04.1）日期＝"0000".."9999"+"/"+"01".."12"+"/"+"01".."31"

E2：注册记录

　　（E2.01）学号＝E1.01

　　（E2.02）注册日期＝日期

E3：课程档案

　　（E3.01）课程号＝D02.2

　　（E3.02）课程名＝1{"汉字"}24

　　（E3.03）学分＝"1".."19"

　　（E3.04）开课学期＝["秋季" | "春季"]

　　（E3.05）任课教师＝姓名

　　（E3.06）是否必修课＝["是" | "否"]

E4：选课单

　　（E4.01）学号＝E1.01

（E4.02）课程号=E3.01

（E4.03）选课学期=D02.3

这些说明的主要作用是便于准确地描述系统中的元素特征，避免定义的二义性。

2.5.3 扩充实体-联系图

以实体、联系和属性等基本概念为基础的实体-联系图是基本实体-联系图。为了满足新的应用需求和表达更多的语义，实体-联系图历经了不少扩充。下面介绍一种通过引入分类概念和聚集概念而扩充的实-体联系图（Extended E-RD）。

1. 分类

实体实际上是具有某些共性的事物的表示，如果将这些事物再进一步细分，它们又可能还具有各自的特殊性。例如，对于大学里"学生"这个实体，具有所有学生的共性，如果进一步考虑各类学生的特殊性的话，则可以分为本科生和研究生，研究生又可以再进一步分为硕士生和博士生等。这是一种从一般到特殊的分类过程，这个过程称为特殊化。

如果把几个具有某些共性的实体概括成一个更一般的实体，则这种分类过程称为一般化。例如，硕士生和博士生可以概括为研究生，本科生和研究生可以概括为学生。

从一般到特殊，从特殊到一般，是人们认识事物的常用方法，因而在实体联系图中扩充这种分类概念是很有用的。

扩充了分类概念的扩充实体-联系图的例子如图 2-37 所示。在图 2-37 中，有 U 符号的线表示特殊化；圆圈中的 d 表示不相交特殊化，o 表示重叠特殊化；在必要的时候，可用双线表示全部特殊化，单线表示部分特殊化。其中，在职进修生既是教职工，又是学生，因此它有教职工和学生两个超实体，继承了它们的属性。

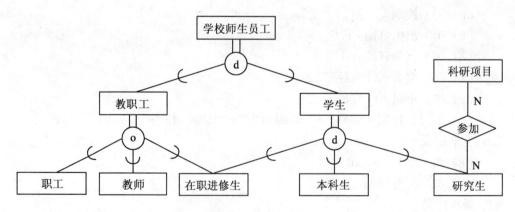

图 2-37　分类的应用

2. 聚集

在基本实体-联系图中，只有实体可以参与联系，联系不能参与联系。在扩充实体-联系图中，可以把联系与参与联系的实体组合成一个新的实体，这个新的实体称为参与联系的实体的聚集，它的属性就是参与联系的实体的属性和联系的属性的并。有了聚集这个抽象概念，联系也就可以参与联系了。聚集的应用例子参见图 2-38。

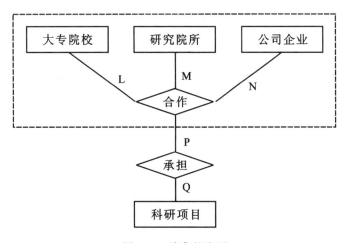

图 2-38 聚集的应用

2.6 行为建模

除了功能模型和数据模型以外，有时也需要建立系统的行为模型(或称为控制模型)。由于存在这样的一大类应用软件——它们是事件驱动的，而不是数据驱动的；产生控制信息，而不是报告或显示值；处理信息时非常关注时间和性能。这些应用软件在数据流建模以外，还需要使用控制建模。

行为建模方法对那些具有多种互相转换的状态的系统开发尤其重要。行为建模的方法主要有控制流图和状态图。

2.6.1 功能模型和行为模型之间的关系

在描述功能模型和行为模型之间的关系的图中，如图 2-39 所示，这两个模型之间通过两种方式连接：数据条件和处理激活。作用于功能模型的数据输入产生控制输出时，系统就

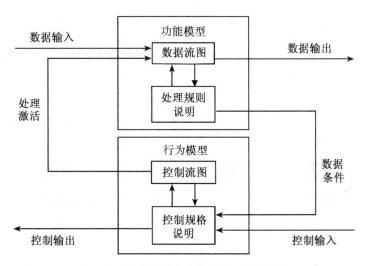

图 2-39 功能模型和行为模型之间的关系

会设置响应的数据条件。处理激活则是通过包含在控制规范说明中的处理激活信息实现的。

2.6.2　控制流图

在控制流图中主要表示"流入"和"流出"的各个加工的控制流向，以及相应的控制规范说明。有时作为一个事件流动的"事件流"，也可以直接"流入"到一个处理当中。为了清晰起见，控制流图中的数据流用细实线及箭头表示，控制流用虚线及箭头表示。

如图 2-40 所示，这是一个控制复印机工作的控制流图。在图 2-40 中，"进纸状态"和"开始/结束"事件流入了图中所示的粗的竖线，这就意味着这些事件将激活控制流图中的某个处理。比如，"开始/结束"事件对应的是"管理复印"处理当中的"激活/去活（或称为冷冻）"处理，"塞纸"事件会激活"完成问题诊断"的处理。值得注意的是，"复印错误"事件的控制流不会直接激活相应的处理，而是为相应的处理算法设置控制信息。

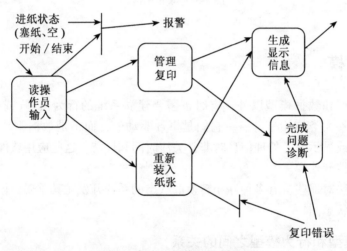

图 2-40　复印机操作的控制流图

2.6.3　状态转换图

状态转换图（State Transition Diagram，简称 STD），通常用来描述系统的状态和引发状态发生改变的事件，以此来表示系统的动态行为特征。因此，状态转换图提供了行为建模机制。

1. 基本图元

在状态转换图中，主要有状态、状态转换和事件三种图形元素（如图 2-41 所示）。

图 2-41　状态图基本图元

状态是任何可以被观察到的系统行为模式。一个状态代表系统的一种行为模式，状态规定了系统对事件的响应方式。在状态图中，定义的状态主要有：初态(初始状态)、终态(最终状态)和中间状态。在一张状态图中，只能有一个初态，而终态则可以有零至多个，用圆角矩形表示。

状态转换表示两个状态之间的变迁，由箭头表示。

事件是在某个特定时刻发生的事情，是引发系统转换状态的控制信息，用箭头线上的标记表示。标注的上边部分指出引起状态转换的事件，下边部分指出该事件将引起的动作。如果在箭头线上未标明事件，则表示在源状态的内部活动执行完之后自动触发转换。

2. 绘图步骤

状态转换图既可以表示系统循环运行的过程，也可以表示系统的单程生命期。当描绘循环过程时，通常不关心循环是怎样启动的。当描绘单程生命期时，需要标明初始状态和最终状态。

(1)描述循环过程：

【例2.14】图书管理系统判断一本书是否可借的条件是：图书馆库存的该图书的可借册数(n)大于预约该图书的读者数目(m)。用状态转换图来描述系统的可借与不可借的行为(如图2-42所示)。

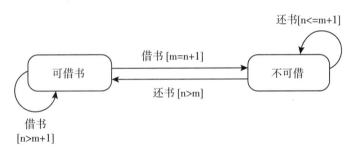

图 2-42　图书可借与不可借的状态转换图

(2)描述单程生命期：

【例2.15】顾客在ATM机上的操作流程如下：

顾客插入磁卡后，ATM机等待输入密码，若密码输入不正确，则再次输入；如密码输入不正确超过3次，则系统退出；若输入正确，则ATM机提供选择服务类型：若用户选择存款，则进入存款状态，存款结束后，可选择继续服务或者退出服务；若用户选择取款，则ATM机进入取款状态，取款结束后，也可选择继续服务或者退出服务。

要求：绘制出ATM机操作的状态转换图。

分析：根据ATM机的操作流程可知，初始状态开始于顾客"插入磁卡"事件，ATM机转入"等待输入密码"状态；当触发事件"密码输入正确"，ATM机转入"选择服务类型"状态；若事件为"选择存款"，则转入"存款"状态；若事件为"选择取款"，则转入"取款"状态；反向操作类似。若触发事件"选择退出服务"，则退出ATM机操作，即为ATM机的终态。若密码输入错误，则状态不变，若输入次数大于3次，则转入终态。

绘制ATM机操作的状态转换图，如图2-43所示。

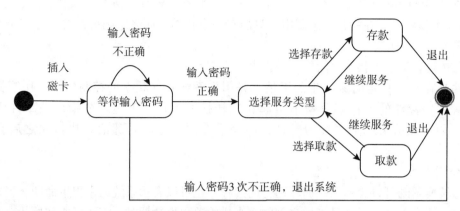

图 2-43　ATM 机操作的状态转换图

2.7　需求规格说明与验证

在结束需求分析时，需要完成需求规格说明书。在需求规格说明书提交之前，必须进行需求验证，分析需求规格说明的正确性和可行性。在验证过程中，若发现说明书中存在错误或缺陷，应及时地进行更正，重新进行相应部分的需求分析和需求建模，修改需求规格说明书，然后再进行验证。

本节详细介绍需求规格说明书的主要内容及验证软件需求的方法。

2.7.1　需求规格说明书的主要内容

需求规格说明书与需求定义覆盖的范围是相同的，需求定义是根据用户的需求描述编写的，内容包括目标产品的工作环境、预期功能等，其目的在于向开发人员解释其需求；而需求规格说明书是从开发人员的角度编写的，作为开发人员进行软件开发的基本出发点，其内容将更为系统、精确和全面。

下面给出一种国际上较为流行的需求规格说明书标准。读者可从中进一步了解需求规格说明书的内涵，并在实际的软件开发过程中，加工成适合自己使用的格式。

1. 引言

1.1　编写目的

说明编写这份软件需求说明书的目的，指出预期的读者范围。

1.2　范围

说明：

待开发的软件系统的名称；

说明软件将做什么，如果需要的话，还要说明软件产品不做什么；

描述所有相关的利益、目的及最终目标。

1.3　定义

列出本文件中用到的专门术语的定义和缩写词的原词组。

1.4　参考资料

列出用得着的参考资料，如：

本项目的经核准的计划任务书或合同、上级机关的批文；

属于本项目的其他已发表的文件；

本文件中各处引用的文件、资料，包括所要用到的软件开发标准。列出这些文件资料的标题、文件编号、发表日期和出版单位，说明能够得到这些文件资料的来源。

2. 项目概述

2.1　产品描述

叙述该项软件开发的意图、应用目标、作用范围以及其他应向读者说明的有关该软件开发的背景材料。解释被开发软件与其他有关软件之间的关系。如果本软件产品是一项独立的软件，而且全部内容自含，则说明这一点。

如果所定义的产品是一个更大的系统的一个组成部分，则应说明本产品与该系统中其他各组成部分之间的关系，为此可使用一张方框图来说明该系统的组成和本产品同其他各部分的联系和接口。

2.2　产品功能

本条是为将要完成的软件功能提供一个摘要。例如，对于一个记账程序来说，需求说明可以用这几个部分来描述：客房账目维护、客房财务报表和发票制作，不必把功能所要求的大量的细节描写出来。

2.3　用户特点

列出本软件的最终用户的特点，充分说明操作人员、维护人员的教育水平和技术专长，以及本软件的预期使用频度，这些是软件设计工作的重要约束。

2.4　一般约束

本条对设计系统时限制开发者选择的其他一些项作一般性描述，而这些项将限定开发者在设计系统时的任选项。这些包括：管理方针、硬件的限制、与其他应用间的接口、并行操作、审查功能、控制功能、所需的高级语言、通信协议、应用的临界点以及安全和保密方面的考虑。

2.5　假设和依据

本条列出影响需求说明中陈述的需求的每一个因素。这些因素不是软件的设计约束，但是它们的改变可能影响到需求说明中的需求。例如：假定一个特定的操作系统是在被软件产品指定的硬件上使用的，然而，事实上这个操作系统是不可能使用的，于是，需求说明就要进行相应的改变。

3. 具体需求

3.1　功能需求

3.1.1　功能需求1

对于每一类功能或者有时对于每一个功能，需要具体描述其输入、加工和输出的需求。由四个部分组成：

A. 引言

描述的是功能要达到的目标、所采用的方法和技术，还应清楚说明功能意图的由来和背景。

B. 输入

详细描述该功能的所有输入数据，如：输入源、数量、度量单位、时间设定、有效输入范围(包括精度和公差)。

操作员控制细节的需求,其中有名字、操作员活动的描述、控制台或操作员的位置。例如:当打印检查时,要求操作员进行格式调整。

指明引用接口说明或接口控制文件的参考资料。

C. 加工

定义输入数据、中间参数,以获得预期输出结果的全部操作。它包括如下说明:

输入数据的有效性检查;

操作的顺序,包括事件的时间设定;

响应,例如,溢出、通信故障、错误处理等;

受操作影响的参数;

降级运行的要求;

用于把系统输入变换成相应输出的任何方法(方程式、数学算法、逻辑操作等);

输出数据的有效性检查。

D. 输出

详细描述该功能的所有输出数据,例如:输出目的地、数量、度量单位、时间关系、有效输出的范围(包括精度和公差)、非法值的处理、出错信息、有关接口说明或接口控制文件的参考资料。

3.1.2 功能需求2

……

3.1.n 功能需求n

3.2 外部接口需求

3.2.1 用户接口

提供用户使用软件产品时的接口需求。例如,如果系统的用户通过显示终端进行操作,就必须指定如下要求:

对屏幕格式的要求;

报表或菜单的页面打印格式和内容;

输入输出的相对时间;

程序功能键的可用性。

3.2.2 硬件接口

要指出软件产品和系统硬部件之间每一个接口的逻辑特点。还可能包括如下事宜:支撑什么样的设备,如何支撑这些设备,有何约定。

3.2.3 软件接口

在此要指定需使用的其他软件产品(例如,数据管理系统、操作系统或数学软件包),以及同其他应用系统之间的接口。对每一个所需的软件产品,要提供如下内容:

名字;

助记符;

规格说明号;

版本号;

来源。

对于每一个接口,这部分应说明与软件产品相关的接口软件的目的,并根据信息的内容和格式定义接口,但不必详细描述任何已有完整文件的接口,只要引用定义该接口的文件即可。

3.2.4 通信接口

指定各种通信接口，如局部网络的协议等。

3.3 性能需求

从整体来说，本条应具体说明软件或人与软件交互的静态或动态数值需求。

静态数值需求可能包括：支持的终端数、支持并行操作的用户数、处理的文卷和记录数、表和文卷的大小。

动态数值需求可能包括：欲处理的事务和任务的数量、在正常情况下和峰值工作条件下一定时间周期中处理的数据总量。

所有这些需求都必须用可以度量的术语来叙述。例如，95%的事务必须在小于 1 秒的时间内处理完，否则操作员将不等待处理的完成。

3.4 设计约束

设计约束受其他标准和硬件限制等方面的影响。

3.4.1 其他标准的约束

本项将指定由现有的标准或规则派生的要求。例如：

报表格式；

数据命名；

财务处理；

审计追踪，等等。

3.4.2 硬件的限制

本项包括在各种硬件约束下运行的软件要求，例如，应该包括：

硬件配置的特点(接口数，指令系统等)；

内存储器和辅助存储器的容量。

3.5 属性

在软件的需求之中有若干个属性，以下指出其中的几个(注意：对这些不应理解为是一个完整的清单)：

3.5.1 可用性

可以指定一些因素，如检查点、恢复和再启动等，以保证整个系统有一个确定的可用性级别。

3.5.2 安全性

安全性指的是保护软件的要素，以防止各种非法的访问、使用、修改、破坏或者泄密。这个领域的具体需求必须包括：

①利用可靠的密码技术；

②掌握特定的记录或历史数据集；

③给不同的模块分配不同的功能；

④限定一个程序中某些区域的通信；

⑤计算临界值。

3.5.3 可移植性

规定把软件从一种环境移植到另一种环境所要求的用户程序，用户接口兼容方面的约束等。

3.5.4 警告

指定所需属性十分重要，它使得人们能用规定的方法去进行客观的验证。

3.6 其他需求

根据软件和用户组织的特性等，如数据库需求、用户要求的一些常规或者特殊的操作、场合适应性需求。

4. 附录

对一个实际的需求规格说明来说，若有必要应该编写附录。附录中可能包括：

①输入输出格式样本，成本分析研究的描述或用户调查结果；

②有助于理解需求说明的背景信息；

③软件所解决问题的描述；

④用户历史、背景、经历和操作特点；

⑤交叉访问表，按先后次序进行编排，使一些不完全的软件需求得以完善；

⑥特殊的装配指令用于编码和媒体，以满足安全、输出、初始装入或其他要求。

当包括附录时，需求说明必须明确地说明附录是不是需求要考虑的部分。

2.7.2 软件需求的验证

需求分析阶段的工作成果是开发软件系统的重要基础，软件系统开发中有很大一部分错误来源于错误的需求。为了提高软件质量，提高软件系统开发的成功率，降低软件开发的成本，必须严格验证系统需求的正确性。

一般来说，验证的角度不同，验证的方法也不同。按重要性列出衡量需求规格说明书的方法如下：

1. 正确性

需求规格说明书中的系统信息、功能、行为描述必须与用户对目标软件系统的期望完全吻合，确保能够满足用户需求、解决用户问题。

2. 无歧义性

对于最终用户、分析人员、设计人员和测试人员来说，需求规格说明书中的任何语义信息必须是唯一的、无歧义的。尽量做到无歧义性的一种有效措施是，在需求规格说明书中使用标准化的术语，对二义性的术语进行明确的、统一的解释说明。

3. 完备性

需求规格说明书不能遗漏任何用户需求，必须包含用户需要的所有功能、行为和性能约束。一份完备的需求规格说明书应该对所有可能的功能、行为和性能约束都进行了完整、准确的描述。

4. 一致性

需求规格说明书的各部分之间不能相互矛盾。比如一些专业术语使用方面的冲突、功能和行为描述方面的冲突，需求优先级方面的冲突以及时序方面的冲突。

5. 可行性

可行性验证是指根据现有的软硬件技术水平和系统的开发预算及进度安排，对需求的可行性进行验证，以保证所有的需求都能实现。可行性验证主要包括以下三方面的内容：一是验证《软件需求规格说明》中定义的需求对软件的设计、实现、运行和维护而言是否可行；二是验证《软件需求规格说明》中规定的模型、算法和数值方法对于要解决的问题而言是否合适，他们是否能够在给定的约束条件下实现；三是验证约束性需求中所规定的质量属性是个别地还是成组地可以达到。

6. 可跟踪性

可跟踪性是指需求的出处应该被清晰地记录，每一项功能都能够追溯到要求它的需求，每一项需求都能追溯到用户的要求。可跟踪性验证主要包括以下三方面的内容：一是验证每个需求项是否都具有唯一性并且被唯一标识，以便被后续开发文档引用；二是验证在需求项定义描述中是否都明确地注明了该项需求源于上一阶段中哪个文档，包含该文档中哪些有关需求和设计约束；三是验证是否可以从上一阶段的文档中找到需求定义中的相应内容。

7. 可调节性

可调节性是指需求的变更不会对其他系统带来较大的影响。可调节性验证主要包括以下三方面的内容：一是验证需求项是否被组织成可以允许修改的结构（例如采用列表形式）；二是验证每个特有的需求是否被规定了多余一次，有没有冗余的说明（可以考虑采用交叉引用表避免重复）；三是验证是否有一套规则用来在余下的软件生命周期里对《软件需求规格说明》进行维护。

一般而言，需求验证是以用户代表、分析人员和系统设计人员共同参与的会议形式进行的。首先，分析人员要说明软件系统的总体目标、系统具体的主要功能、与环境的交互行为以及相关性能指标。然后，对需求模型进行确认，讨论需求模型及其说明书是否在上述的关键属性方面具备良好的品质，决定说明书能否构成良好的软件设计基础。经过协商，最终形成用户和开发人员均能接受的软件规格说明书。

2.8 本章小结

传统软件工程方法学使用结构化分析方法与技术，完成用户需求分析，导出需求规格说明书，该过程是发现、精化、协商、规格说明和确认的过程。需求分析的第一步是了解用户环境、需要解决的问题和对目标系统的基本需求；精化阶段是对发现阶段得到的信息进行扩展和提炼，由一系列建模和求精任务构成；协商过程主要解决一些过高的目标需求或者相互冲突的需求，使系统相关方均能达到一定的满意度；规格说明是采用自然语言和图形化模型来描述的需求定义，是需求分析人员完成的最终工作产品，它将作为软件开发工程师后续工作的基础，它描述了目标系统的功能和性能及其相关约束；在确认阶段对需求分析的工作产品进行质量评估，确认需求的正确性、无歧义性、完备性、一致性、可行性、可跟踪性和可测试性。

习 题

（1）为什么要进行需求分析，对软件系统来说，常见的需求有哪些？

（2）怎样与用户有效地沟通，以获取用户的真实需求？

（3）试考察某一学生成绩管理系统，对其进行尽可能详细地功能建模和数据建模。

（4）当需求必须从三五个不同的用户中提取时，可能会发生什么问题？

（5）在航空机票预订系统中，旅客（身份证号，姓名，性别，联系方式）通过系统预订机票（订票编号，身份证号，机票价格，航班号，起飞地点，抵达地点，起飞时间，抵达时间)；航空公司(公司编号，公司名，地址)负责提供机票和航班(航班号，航程，起飞地点，抵达地点，起飞时间，抵达时间)。

请用实体-联系图描述本系统的数据对象。

(6)银行计算机储蓄系统的工作过程大致如下：储户填写的存款单或者取款单由业务员输入系统，如果是存款，则系统记录存款人姓名、住址(或电话号码)、身份证号码、存款类型、存款日期、到期日期、利率及密码(可选)等信息，并打印出存单给储户；如果是取款而且存款时留有密码，则系统首先核对储户密码，若密码正确或存款时未留密码，则系统计算利息并打印出利息清单给储户。

请根据以上功能绘制出分层的数据流图，并用实体-联系图描绘系统中的数据对象。

(7)某学校计算机教材购销系统有以下功能：

学生买书，首先填写购书单，计算机根据各班学生用书表及售书登记表审查有效性，若有效，计算机根据教材库存表进一步判断书库是否有书，若有书，计算机把领书单返回给学生，学生凭领书单到书库领书。对脱销的教材，系统用缺书单的形式通知书库，新书购进库后，也由书库将进书通知返回给系统。

请就以上系统功能画出分层的 DFD 图，并用实体-联系图描绘系统中的实体。

第3章　结构化软件设计与实现

【学习目的与要求】　软件设计阶段包括软件概要设计、详细设计两个内容，是继需求分析之后的又一个重要环节。本章主要介绍软件设计的基本概念和原则、概要设计和详细设计的任务和工具以及程序设计语言的选择和软件编码准则，重点介绍了结构化设计方法和面向数据结构的设计方法。本章学习目的：要求理解软件设计的基本概念和原理；掌握概要设计的原则、过程、软件体系结构风格、结构化设计方法以及采用的图形工具；掌握详细设计的基本方法；熟练应用面向数据结构的设计方法；掌握界面设计的原则和设计方法；了解如何选择编程语言以及正确的编码风格。

3.1　软件设计的基本概念和原则

经过需求分析阶段，项目开发者对系统的需求有了完整、准确、具体的理解和描述，知道了系统"做什么"，但是还不知道系统应该"怎么做"。软件设计的工作就是回答如何实现这些需求、系统应该"怎么做"的问题。

系统应该"怎么做"包含着"概括地说，系统应该如何做"的概要设计和"具体地说，系统应该如何做"的详细设计。其目的是通过设计给出目标系统的完整描述，以便在编码阶段完成计算机程序代码的实现。

目前软件设计的主要方法有结构化方法、面向数据结构的设计方法和面向对象的设计方法。无论采用何种具体的软件设计方法，模块化、抽象与求精、信息隐蔽、体系结构、设计模式、重构、功能独立等有关原理都是设计的基础，为"程序正确性"提供了必要的框架。

3.1.1　模块化

在计算机领域，模块化的概念一直被推崇使用至今，如软件体系结构就体现了模块化的设计思想，也就是说，把软件划分为独立命名和编址的构件，每个构件称为一个模块，这些构件集成到一起可以满足问题的需求。

有人提出"模块化是唯一的能使程序获得智能化管理的属性"。完全由一个模块构成的程序，其控制路径错综复杂、引用的跨度、变量的数量和整体的复杂度都使得它难于理解。为此，通过对人类解决问题的过程和规律，可以得到如下结论：

设函数 $C(x)$ 定义问题 x 的复杂程度，函数 $E(x)$ 确定解决问题 x 需要的工作量（按时间计）。对于两个问题 P1 和 P2，如果

$$C(P1)>C(P2)$$

则 $E(P1)>E(P2)$，因为解决一个复杂问题总比解决一个简单问题耗费多。根据人数解决一般问题的经验，另一个有趣的规律是：

$$C(P1+P2)>C(P1)+C(P2)$$

计算机科学与技术专业规划教材

也就是说，如是一个问题由 P1 的 P2 两个问题组合而成，那么它的复杂程度大于分别考虑每个问题时的复杂程度之和。

综上所述，得到下面的不等式：

$$E(P1+P2)>E(P1)+E(P2)$$

这个不等式导致"各个击破"的结论——把复杂的问题分解成许多容易解决的问题，原来的复杂问题也就容易解决了。这就是模块化的根据。

由上面的不等式似乎还能得出下述结论：如果无限地分割软件，最后为了开发软件而需要的工作量也就小得可以忽略了。然而却忽略了另外一个因素，这就是模块间接口对开发工作量的影响。参看图 3-1，当模块数目增加时每个模块的规模将减小，开发单个模块需要的成本工作量确实减少了。但是，随着模块数目增加，设计模块间接口所需的工作量也将增加。综合这两个因素，得出了图中的总成本曲线。每个程序都相应地有一个最适当的模块数目 M，使得系统的开发成本最小。

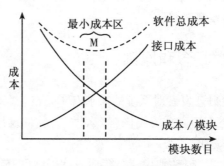

图 3-1   模块化和软件成本

虽然目前还不能精确地预测出 M 的数值，但是在考虑模块化方案的时候，总成本曲线确实是有用的指南。本章讲述的设计原理和设计原则，可以在一定程度上帮助确定合适的模块数目。

3.1.2   抽象

抽象是在现实世界中一定事物、状态或过程之间总存在着某些相似的方面（共性）。把这些相似的方面集中和概括起来，暂时忽略它们之间的差异，这就是抽象。抽象是人类处理问题的基本方法之一，由于人类思维能力的限制，如果每次面临的因素太多，是不可能做出精确思维的。处理复杂系统的唯一有效的方法是用层次的方式构造和分析它。一个复杂的动态系统首先可以用一些高级的抽象概念构造和理解，这些高级概念又可以用一些较低级的概念构造和理解，以此类推，直到最低层次实现模块中的具体元素。

这种层次的思维和解题方式必须反映在定义动态系统的程序结构之中，每级的一个概念将以某种方式对应于程序的一组成分。

当考虑对任何问题的模块化解法时，可以提出许多抽象的层次，软件工程过程的每一步都是对软件解法的抽象层次的逐步精化。在抽象的最高层次使用问题环境的语言，以概括的方式叙述问题的解法。在较低抽象层次采用更过程化的方法，把面向问题的术语和面向实现的术语结合起来叙述问题的解法。最后，在最低的抽象层次用可以直接实现的方式叙述问题的解法，从而达到了抽象的具体实现。

模块化是抽象概念的一种表现形式。在软件开发的过程中，用自顶向下、由抽象到具体的方式分配控制，简化了软件的设计和实现，提高了软件的可理解性和可测试性，也使软件更容易维护。

3.1.3　求精

逐步求精是由 Niklaus Wirth 最先提出的一种自顶向下的设计策略。通过连续精化层次结构的程序细节来实现程序的开发，层次结构的开发将通过逐步分解功能的宏观陈述最终形成程序设计语言的语句。

求精实际上是细化过程。从在高抽象级别定义的功能陈述（或信息描述）开始，也就是说，该陈述仅仅概念性地描述了功能或信息，但是并没有提供功能的内部工作情况或信息的内部结构。求精要求设计者细化原始陈述，随着每个后续求精（细化）步骤的完成而提供越来越多的细节。

抽象与求精是一对互补的概念。抽象使得设计者能够说明过程和数据，同时却忽略低层细节。事实上，可以把抽象看作一种通过忽略多余的细节同时强调有关的细节，而实现逐步求精的方法。求精则帮助设计者在设计过程中提示出低层细节。这两个概念都有助于设计者在设计演化过程中创造出完整的设计模型。

3.1.4　信息隐藏

模块化的概念会让每一个软件设计师面对一个问题，就是如何分解一个软件系统以求获得最好的模块化组合？信息隐藏原则建议每个模块应该对其他所有模块都隐藏自己的设计决策。也就是说，模块应该详细说明且精心设计以求在某个模块中包含的信息不被不需要这些信息的其他模块访问。

信息隐藏意味着通过定义一系列独立的模块可以得到有效的模块化，模块间只交流实现系统功能所必需的那些信息。这里隐藏和抽象有着密切的联系，抽象有助于定义组成软件的过程实体，隐藏则定义并施加了对试题内部过程细节和使用的局部数据结构的访问限制。

如果在测试期间和以后的软件维护期间需要修改软件，那么使用信息隐藏原理作为模块化系统设计的标准会带来极大好处。因为绝大多数数据和过程对于软件的其他部分而言是隐藏的（也就是"看"不见的），在修改期间由于疏忽而引入的错误就很少可能传播到软件的其他部分。

3.1.5　体系结构

简单地说，软件体系结构就是程序构件（模块）的结构和组织、构件间的交互形式以及这些构件所用的数据结构。然后在更广泛的意义上，构件可以被推广，用于指代主要的系统元素及其元素间的交互。软件设计的目标之一就是导出系统的体系结构图，该图作为一个框架，将指导更为详细的设计活动。

3.1.6　设计模式

设计模式（design pattern）是一套被反复使用且为多数人知晓的经过分类编目的及代码设计经验的总结。使用设计模式的目的是可重用代码、让代码更容易被他人理解和保证代码可靠性。设计模式使代码编制真正工程化,是软件工程的基石,如同构筑高楼大厦的一块块砖石一样。

每个设计模式的目的都是提供一个描述,以使得设计人员能够确定模式是否适合当前的工作;模式是否能够复用,增加可维护性;模式是否能够用于指导开发一个类似但是功能或结构不同的模式。

3.1.7 重构

重构是一种重要的软件设计活动其本质是重新组织代码的技术。在软件工程学里,重构代码一词通常是指在不改变代码的外部行为情况下而修改源代码,有时非正式地称为"清理干净"。在极限编程或其他敏捷方法学中,重构常常是软件开发循环的一部分:开发者轮流增加新的测试和功能,并重构代码来增进内部的清晰性和一致性。自动化的单元测试保证了重构不至于让代码停止工作。

重构既不修正错误,又不增加新的功能性。反而它是用于提高代码的可读性或者改变代码内部结构与设计,同时移除死代码,使其在将来更容易被维护。重构代码可以是结构层面抑或是语意层面,不同的重构手段施行时,可能是结构的调整或是语意的转换,但前提是不影响代码在转换前后的行为。特别是在现有的程序结构下,给一个程序增加一个新的行为可能会非常困难,因此开发人员可能先重构这部分代码,使加入新的行为变得容易。

3.1.8 功能独立性

功能独立的概念是模块化、抽象、求精和信息隐藏等概念的直接结果,也是完成有效的模块设计的基本标准。

开发具有专一功能而且和其他模块之间没有过多的相互作用的模块,可以实现功能独立。换句话说,希望这样设计软件结构,使得每个模块完成一个相对独立的特定子功能,并且和其他模块之间的关系很简单。

功能独立很重要的原因主要有两条:(1)具有有效模块化的软件比较容易开发出来。这是由于功能被分隔而且接口被简化,当许多人分工合作开发同一个软件时,这个优点尤其重要;(2)独立的模块比较容易测试和维护。这是因为相对说来,修改设计和程序需要的工作量比较小,错误传播范围小,需要扩充功能时能够"插入"模块。总之,模块独立是设计的关键,而设计又是决定软件质量的关键环节。

独立性可以由两个定性标准来度量,这两个标准分别称为内聚和耦合。耦合衡量不同模块彼此间互相依赖(连接)的紧密程度;内聚衡量一个模块内部各个元素彼此结合的紧密程度。

1. 耦合

耦合是对一个软件结构内不同模块之间彼此联系程度一种定性度量。耦合强弱取决于模块间接口的复杂程度,进入或访问一个模块的点,以及通过接口的数据。

耦合共有七种类型:

(1)非直接耦合(no direct coupling):模块之间无直接联系。

(2)数据耦合(data coupling):当操作需要传递较长的数据参数时就会发生这种耦合。随着模块之间通信"带宽"的增长以及接口复杂性的增加,测试和维护就会越来越困难。

(3)标记耦合(stamp coupling):当模块(类)A被声明为模块(类)B中某个操作中的一个

参数类型时，会发生此种类型的耦合。由于模块(类)A 现在作为模块(类)B 的一部分，所以修改系统就会变得更为复杂。

(4)控制耦合(control coupling)：当模块 A 调用模块 B，并且向 B 传送了一个控制标记时，就会发生此种耦合。接着，控制标记将会指引 B 中的逻辑流程。此种形式耦合的主要问题在于 B 中的一个不相关变更，往往能够导致 A 所传递控制标记的意义也必须发生变更。如果忽略这个问题，就会引起错误。

(5)外部耦合(external coupling)：当一个模块和基础设施构件(操作系统功能、数据库管理系统等)进行通信和协作时会发生这种耦合。尽管这种类型的耦合有时是必要的，但是在一个系统中应当尽量将此种耦合限制在少量的模块中。

(6)公用耦合(common coupling)：当多个模块都要使用同一个全局变量时发生此种耦合。尽管有时候这样做是必要的，如设立一个在整个应用系统中都可以使用的缺省值，但是当这种耦合发生变更时，可导致不可指控的错误蔓延和不可预见的副作用。

(7)内容耦合(content coupling)：当一个模块使用另一个模块中的数据或控制信息时，就发生了内容耦合。这违反了基本设计概念当中的信息隐蔽原则。

软件必须进行内部和外部的通信，因此，耦合是必然存在的。然而，在耦合不可避免的情况下，设计人员应该尽力降低耦合度，并且要充分理解高耦合度可能导致的后果。

2. 内聚

内聚标志一个模块内各个元素彼此结合的紧密程度，它是信息隐藏和局部化概念的自然扩展。简单地说，理想内聚的模块只做一件事情。

他们有七种情形：

(1)偶然内聚(coincident cohesion)：模块内各成分之间没有结构关系，只是程序员常常为了缩短程序长度而编写成一个程序模块。

(2)逻辑内聚(logical cohesion)：模块内各成分之间在逻辑上有相互联系。

(3)时间内聚(temporal cohesion)：模块内各成分之间，不仅在逻辑上而且在时间上也有相互关系。

(4)过程内聚(procedure cohesion)：模块内的各成分是在同一个特定次序被执行。

(5)通信内聚(communicational cohesion)：模块内的所有成分均集中于一个数据结构的某个区域内。

(6)顺序内聚(sequential cohesion)：模块内各成分，一个成分的输出恰是另一个成分的输入，且在同一数据结构上进行加工处理。

(7)功能内聚(functional cohesion)：模块内各成分都是完成该模块的单一功能所不可缺少的部分。

设计时应该力求做到高内聚，通常中等程度的内聚也是可以采用的，而且效果和高内聚相差不多；但是，低内聚效果差，不要使用。

内聚和耦合是密切相关的，模块内的高内聚往往意味着模块间的松耦合。内聚和耦合都是进行模块化设计的有力工具，但是实践表明内聚更重要，应该把更多注意力集中到提高模块的内聚程度上。

在偶然内聚的模块中，各种元素之间没有实质性联系，很可能在一种应用场合需要修改这个模块，在另一种应用场合又不允许这种修改，从而陷入困境。事实上，偶然内聚的模块出现修改错误的概率比其他类型的模块高得多。

计算机科学与技术专业规划教材

在逻辑内聚的模块中，不同功能混在一起，合用部分程序代码，即使局部功能的修改有时也会影响全局。因此，这类模块的修改也比较困难。

时间关系在一定程度上反映了程序的某些实质，所以时间内聚比逻辑内聚好一些。

耦合和内聚的概念是 Constantine，Yourdon，Myers 和 Stevens 等人提出来的。按照他们的观点，如果给上述七种内聚的优劣评分，将得到如下结果：

功能内聚	10分	时间内聚	3分
顺序内聚	9分	逻辑内聚	1分
通信内聚	7分	巧合内聚	0分
过程内聚	5分		

事实上，没有必要精确内聚的级别。重要的是设计时力争做到高内聚，并且能够辨认出低内聚的模块，有能力通过修改设计提高模块的内聚程度，降价模块间的耦合程度，从而获得较高的模块独立性。

任何一种程序设计语言的数据类型的种类总是有限的，要使任一个语言结构简单又能满足复杂程序的各种需求，则该语言应当具有从简单数据类型构造抽象数据类型的能力。例如 Modula 语言和 Simula 语言均具有这种构造能力，从而也引出了面向对象程序设计的方法。

3.2 概要设计

软件的设计阶段通常可以划分为两个子阶段：概要设计和详细设计。概要设计的主要任务是回答"系统总体上应该如何做？"，即将分析模型映射为具体的软件结构。详细设计则将概要设计的结果具体化。概要设计通常也称为总体设计。概要设计主要采用结构化设计方法、面向对象的设计方法等。

3.2.1 概要设计的任务和过程

系统分析员采用面向数据建模、面向功能建模或面向对象建模等方法得到各种分析模型及相应的规格说明文档并征得用户方的确认之后，软件开发的下一阶段就是进行概要设计。概要设计目就是将分析模型转换到设计模型（见图 3-2），转换过程和步骤主要包括：体系结构设计、数据结构设计、接口设计及过程设计等。

1. 体系结构设计

体系结构设计定义了软件的主要结构元素之间的联系、可用于实现系统需求的体系结构类型以及影响体系结构实现方式的约束。体系结构可以从需求规格说明、分析模型和分析模型中定义的子系统的交互导出。

2. 数据结构设计

数据结构设计的任务是从分析阶段得到的数据模型和数据字典出发，设计出数据结构。目前大多数应用软件要使用数据库技术，所以数据库的分析设计也是软件设计的重要内容。由于数据库设计是较大的主题，也是独立的课程，本书只对其做简要的介绍，详细内容请参照有关书籍。

3. 接口设计

接口设计的任务是要描述系统内部、系统与系统之间以及系统与用户之间如何通信。接口包含了数据流和控制流等消息，因此，数据流图和控制流图是接口设计的基础。

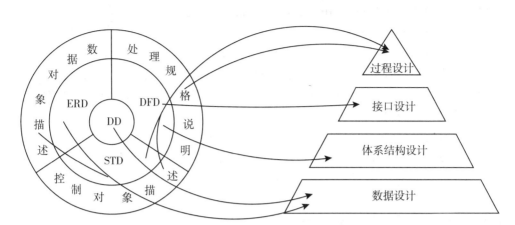

图 3-2 传统的结构化分析模型到设计模型的转换示意图

4. 过程设计

过程设计是从分析阶段得到的过程规格说明、控制规格说明和状态转换图出发，得到系统中各个功能的过程化描述。

3.2.2 概要设计的原则

人们在开发计算机软件的长期实践中积累了丰富的经验，总结这些经验得出了一些设计原则。这些设计原则虽然不像前面的基本原理那样普遍适用，但是在许多场合仍然能给人们有益的启示，下面介绍几条常用的设计原则：

1. 改进软件结构提高模块独立性

设计出软件的初步结构以后，应该审查分析这个结构，通过模块分解或合并，力求降低耦合提高内聚。例如，多个模块共有的一个子功能可以独立成一个模块，为这些模块调用；有时可以通过分解或合并模块以减少控制信息的传递及对全程数据的引用，并且降低接口的复杂程度。

2. 模块规模应该适中

经验表明，一个模块的规模不应过大，最好能写在一页纸内(通常不超过60行语句)。有人从心理学角度研究得知，当一个模块包含的语句数越过30以后，模块的可理解程度迅速下降。

过大的模块往往是由于分解不充分所造成的，因此，可以通过进一步的分解来缩小模块规模，但是进一步分解必须符合问题结构。一般说来，分解后不应该降低模块独立性。

过小的模块使得模块数目过多，从而使系统接口复杂。因此，当只有一个模块调用这个模块时，通常可以把它合并到上级模块中去而不必单独存在。

3. 深度、宽度、扇出和扇入都应适当

深度表示软件结构中控制的层数，它往往能粗略地标志一个系统的大小和复杂程度。深度和程序长度之间应该有粗略的对应关系，当然这个对应关系是在一定范围内变化的。如果层数过多则应该考虑是否有许多管理模块过分简单，能否适当合并。

宽度是软件结构内同一个层次上的模块总数的最大值。一般说来，宽度越大系统越复杂。对宽度影响最大的因素是模块的扇出。

扇出是一个模块直接控制（调用）的模块数目，扇出过大意味着模块过分复杂，需要控制和协调过多的下级模块。经验表明，一个设计得好的典型系统的平均扇出通常是 3 或 4（扇出的上限通常是 5~9）。如扇出太大一般是因为缺乏中间层次，应该适当增加中间层次的控制模块。扇出太小时可以把下级模块进一步分解成若干子功能模块，或者合并到它的上级模块中去。当然分解模块或合并模块必须符合问题结构，不能违背模块独立原理。

一个模块的扇入表明有多少个上级模块直接调用它，扇入越大则共享该模块的上级模块数目越多。这是有好处的，但是不能违背模块独立原理而单纯追求高扇入。

观察大量软件系统后发现，设计得很好的软件结构通常顶层扇出比较高，中层扇出较少，底层扇入到公共的实用模块中去（底层模块有高扇入）。软件的总体结构形成一个水滴状。

4. 模块的作用域应该在控制域之内

模块的作用域定义为受该模块内一个判定影响的所有模块的集合。模块的控制域是这个模块本身以及所有直接或间接从属于它的模块的集合。例如，在图 3-3 中模块 A 的控制域是 A、B、C、D、E、F 等模块的集合。

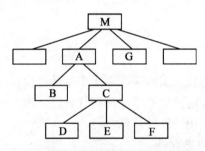

图 3-3 模块的作用域和控制域

在一个设计得很好的系统中，所有受判定影响的模块应该都从属于做出判定的那个模块，最好局限于做出判定的那个模块本身及它的直属下级模块。例如，如果图 3-3 中模块 A 做出的判定只影响模块 B，那么是符合这条规则的。但是，如果模块 A 做出的判定同时影响模块 G 中的处理过程，又会有什么坏处呢？首先，这样的结构使得软件难以理解。其次，为了使得 A 中的判定能影响 G 中的处理过程，通常需要在 A 中给一个标记设置状态以指示判定的结果，并且应该把这个标记传递给 A 和 G 的公共上级模块 M，再由 M 把它传给 G。这个标记是控制信息而不是数据，因此将使模块间出现控制耦合。

怎样修改软件结构才能使作用域是控制域的子集呢？一个方法是把做判定的点往上移。例如，把判定从模块 A 中移到模块 M 中。另一个方法是把那些在作用域内但不在控制域内的模块移到控制域内。例如，把模块 G 移到模块 A 的下面，成为神经质直属下级模块。

到底采用哪种方法改进软件结构，需要根据具体问题统筹考虑。一方面应该考虑哪种方法更现实，另一方面应该使软件结构能最好地问题原来的结构。

5. 力争降低模块接口的复杂程度

模块接口复杂是软件发生错误的一个主要原因。应该仔细设计模块接口，使得信息传递简单并且和模块的功能一致。

例如，求一元次方程的根的模块 QUAD-ROOT(TBL，X)，其中用数组 TBL 传送方程的系数，用数组 X 回送求得的根。这种传递信息的方法不利于这个模块的理解，不仅在维护期间容易引起混淆，在开发期间也可能发生错误。下面这种接口可能是比较简单的：

QUAD_ROOT（A，B，C，ROOT1，ROOT2），其中，A、B、C 是方程的系数，ROOT1和 ROOT2 是算出的两个根。

接口复杂或不一致（即看起来传递的数据之间没有联系），是紧耦合或低内聚的征兆，应该重新分析这个模块的独立性。

6. 设计单入口单出口的模块

这条启发式规则警告软件工程师不要使模块间出现内容耦合。当从顶部进入模块并且从底部退出来时，软件是比较容易理解的，因此也是比较容易维护的。

7. 模块功能应该可以预测

模块的功能应该能够预测，但也要防止模块功能过分局限。

如果一个模块可以当作一个黑盒子，也就是说，只要输入的数据相同就产生同样的输出，这个模块的功能就是可以预测的。带有内部"存储器"的模块的功能可能是不可预测的，因为它的输出可能取决于内部存储器（例如某个标记）的状态。由于内部存储器对于上级模块而言是不可见的，所以这样的模块既不易理解又难于测试和维护。

如果一个模块只完成一个单独的子功能，则呈现高内聚；但是，如果一个模块任意限制局部数据结构的大小，过分限制在控制流中可以做出的选择或者外部接口的模式，那么这种模块的功能就过分局限，使用范围也就过分狭窄了。在使用过程中将不可避免地需要修改功能过分局限的模块，以提高模块的灵活性，扩大它的使用范围。但是，在使用现场修改软件的代价是很高的。

8. 各个设计步骤不一定严格按照顺序进行

每个设计步骤都应该有相应的设计文档，它们是进行后续的详细设计、编程和测试等的依据。

9. 需要对设计文档进行严格的技术方面和管理方面的复审

对设计文档进行严格复审可以保证设计的质量，为后续阶段奠定良好的基础。

3.2.3 常见的软件体系结构

软件系统的体系结构就是为组成系统的所有构件建立一个结构。描述一种体系结构时应包括：一组构件（如：数据库、计算模块）完成系统需要的某种功能；一组连接器，它们能使构件间实现通信、合作和协调；一组约束，定义构件如何集成为一个系统；语义模型，它能使设计师通过分析系统的构成成分的性质来理解系统的整体性质。

对软件体系结构风格的研究和实践促进了对设计的复用，一些经过实践证实的解决方案也可以可靠地用于解决新的问题。体系结构风格的不变部分使不同的系统可以共享同一个实现代码。只要系统是使用常用的、规范的方法来组织，就可使别的设计者很容易地理解系统的体系结构。例如，如果某人把系统描述为"客户/服务器"模式，则不必给出设计细节，我们立刻就会明白系统是如何组织和工作的。下面是 Garlan 和 Shaw 对通用体系结构风格的分类：

（1）数据流风格：批处理序列；管道/过滤器。

（2）调用/返回风格：主程序/子程序；面向对象风格；层次结构。

（3）独立构件风格：进程通讯；事件系统。

计算机科学与技术专业规划教材

（4）虚拟机风格：解释器；基于规则的系统。

（5）仓库风格：数据库系统；超文本系统；黑板系统。

下面是几种经典的体系结构风格：

1. 以数据为中心的体系结构

数据（如文件或数据库）存储在这种体系结构的中心位置，其他构件会经常访问该数据中心，并对存储在此位置的数据进行增加、删除和更新。如图 3-4 所示的一个典型的以数据为中心的体系结构，其中各个客户端软件访问数据中心。在某些情况下，中心的数据是被动的，也就是说，客户软件独立于数据的任何变化或其他客户软件的动作而访问数据。该体系结构的一个变种是将该数据中心变换成一个"黑板"，当用户感兴趣的数据发生变化后，它将通知客户软件。

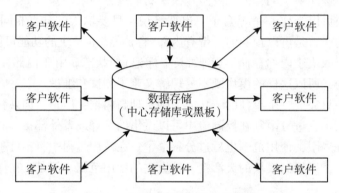

图 3-4　以数据为中心的体系结构

以数据为中心的体系结构提升了系统的可集成性，也就是说，现有的构件便于修改，新的构件也可以方便地集成到系统中来，无需考虑其他的客户。

2. 数据流体系结构

当输入数据需要经过一系列的计算和变换形成输出数据时，可以使用这种体系结构。管道和过滤器结构拥有一组被称为过滤器的构件，这些构件通过管道连接，管道将数据从一个构件传输到下一个构件。每个过滤器独立于其上游和下游的构件工作，过滤器的设计要针对某种形式的数据输入，并且产生某种特定形式的数据输出，过滤器不需了解与之相邻的其他过滤器的具体工作。如果数据流退化成单线的变换，则称为批处理序列（如图 3-5 所示）。

管道/过滤器风格的软件体系结构的优点：

（1）软构件具有良好的隐蔽性和高内聚、低耦合的特点；

（2）支持软件重用。重复提供适合在两个过滤器之间传送的数据，任何两个过滤器都可被连接起来；

（3）系统维护和性能增强简单；

（4）支持并行执行。每个过滤器是作为一个单独的任务完成，因此可与其他任务并行执行。

管道/过滤器风格的主要缺点：

（1）通常导致进程成为批处理的结构。这是因为虽然过滤器可增量式地处理数据，但它们是独立的，所以设计者必须将每个过滤器看成一个完整的从输入到输出的转换。

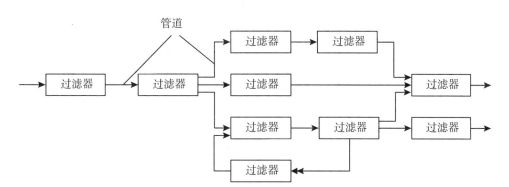

图 3-5　数据流体系结构

（2）不适合处理交互的应用。当需要增量地显示改变时，这个问题尤为严重。

（3）因为在数据传输上没有通用的标准，每个过滤器都增加了解析和合成数据的工作，这样就导致了系统性能下降，并增加了编写过滤器的复杂性。

3. 调用和返回体系结构

该系统结构风格能够让系统架构师设计出一个相对易于修改和扩展的程序结构，有两种具体类型：

（1）主程序/子程序体系结构。这种传统的程序结构将功能分解为一个控制层次，其中主程序调用一组程序构件，这些程序构件又去调用别的程序构件，如图 3-6 所示。

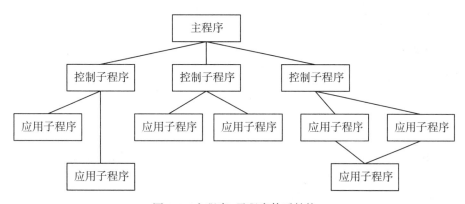

图 3-6　主程序/子程序体系结构

（2）远程过程调用体系结构。主程序/子程序体系结构的构件分布在网络的多台计算机上。

4. 面向对象体系结构

这种风格建立在数据抽象和面向对象的基础上，数据的表示方法和它们的相应操作封装在一个抽象数据类型或对象中。如图 3-7 所示，这种风格的构件是对象，或者说是抽象数据类型的实例。对象是一种被称作管理者的构件，因为它负责保持资源的完整性。对象是通过函数和过程的调用来交互的。

面向对象的系统有许多早已为人所知的优点：

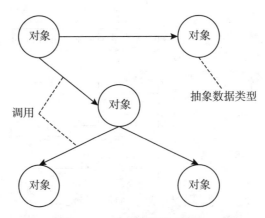

图 3-7　面向对象的体系结构

（1）因为对象对其他对象隐藏它的表示，所以可以改变一个对象的表示，而不影响其他的对象。

（2）设计者可将一些数据存取操作的问题分解成一些交互的代理程序的集合。

但是，面向对象的系统也存在着某些问题：

（1）为了使一个对象和另一个对象通过过程调用等进行交互，必须知道对象的标识。只要一个对象的标识改变了，就必须修改所有其他明确调用它的对象。

（2）必须修改所有显式调用它的其他对象，并消除由此带来的一些副作用。例如，如果A使用了对象B，C也使用了对象B，那么，C对B的使用所造成的对A的影响可能是料想不到的。

5. 层次体系结构

层次体系结构的基本结构如图3-8所示，其中定义了一系列不同的层次，每个层次各自完成操作，这些操作不断接近机器的指令集。在最外层，构件完成人机界面的操作；在最内层，构件完成与操作系统的连接；中间层则提供各种实用的程序服务和应用软件功能。

这种风格支持基于可增加抽象层的设计，即允许将一个复杂问题分解成一个增量步骤序列的实现。由于每一层最多只影响两层，同时只要给相邻层提供相同的接口，允许每层用不同的方法实现，同样为软件重用提供了强大的支持。

以上列举的体系结构仅仅是众多可用的软件体系结构中的一小部分，一旦需求分析揭示了待构建系统的特征和约束，就可以选择最适合这些特征和约束的体系结构或者几种体系结构的组合。在很多情况下，会有多种体系结构是适合的，需要对可选的体系结构进行设计和评估。例如，在多数管理信息系统中，层次体系结构可以和以数据为中心的体系结构结合起来。

3.2.4　体系结构设计

在设计体系结构时，软件必须放在所处的环境中进行开发，也就是说，设计应该定义与软件交互的外部实体(人、设备、其他系统)和交互的特性。一般在需求分析阶段可以获得这些信息。一旦建立了软件的环境模型，并且描述出了所有的外部软件接口，那么设计人员

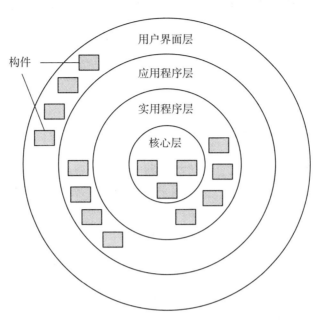

图 3-8 层次体系结构

就可以通过定义和求精实现体系结构的构件来描述系统的结构。

在体系结构设计时，软件架构师用体系结构环境图（architectural context diagram，ACD）对软件与外部实体交互方式进行建模。图 3-9 给出了体系结构环境图的通用结构。

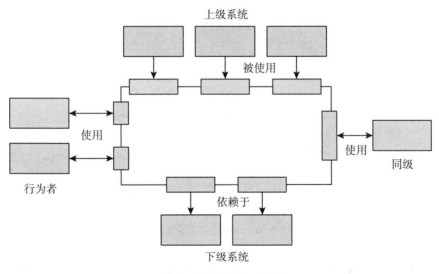

图 3-9 体系结构环境图

与目标系统交互的系统可以表示为：

上级系统：把目标系统作为某些高层处理方案的一部分。

下级系统：被目标系统使用，并为了完成目标系统的功能提供必要的数据和处理。

计算机科学与技术专业规划教材

同级系统：和目标系统在对等的地位上相互作用。例如，信息要么由目标系统和同级系统产生，要么被目标系统和同级系统消耗。

行为者：是指那些通过产生和消耗必不可少的处理所需的信息，实现与目标系统交互的实体(人、设备)。

每个外部实体都通过某个接口与系统进行通信。作为体系结构设计的一部分，必须说明图 3-9 中每个接口的细节。目标系统所有的流入和流出数据必须在这个阶段表示出来。

3.2.5　数据库的概念结构设计

数据结构设计的任务是从需求分析阶段得到的分析模型(数据流图)出发，设计出相应的数据结构，一般采用 E-R 图方法。由于目前大多数应用软件要使用数据库技术，因此本节以数据库概念结构设计为例进行数据结构的设计。

基于 E-R 图方法的概念结构设计就是利用需求分析阶段得到数据流图模型和数据字典，对收集到的数据根据应用问题抽取所关心的共同特征进行分类、组织(聚集)和概括，形成实体、实体的属性和标识实体的码，确定实体之间的联系类型(1∶1，1∶n，m∶n)，设计分 E-R 图，然后综合成一个系统的综合 E-R 图，以确定系统的全局信息结构，作为在详细设计阶段数据库设计的基础。具体做法如下：

(1)根据系统的具体情况，在多层的数据流图中选择一个适当层次的数据流图，作为设计分 E-R 图的出发点，让这组图中每一部分对应一个局部应用。由于高层的数据流图只能反映系统的概貌，而中层的数据流图能较好地反映系统中各局部应用的子系统组成，因此以中层数据流图作为设计分 E-R 图的依据(见图 3-10)。

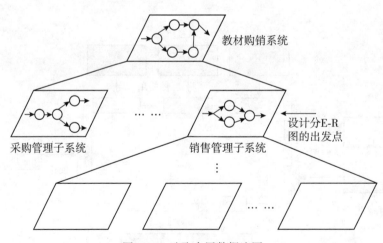

图 3-10　选取中层数据流图

(2)选择好局部应用之后，就要对每个局部应用逐一设计分 E-R 图，亦称局部 E-R 图(见图 3-11)。局部应用涉及的数据都已经收集在数据字典中了，现在就是要将这些数据从数据字典中抽取出来，参照数据流图，设计局部应用中的实体、实体的属性和标识实体的码，确定实体之间的联系及其类型。例如，在数据字典中，"学生"、"教材"和"出版社"等都是若干属性有意义的聚合，就体现了这种划分。可以先从这些内容出发定义 E-R 图，然后再进行必要的调整。为了简化 E-R 图的处置，现实世界的事物能作为属性对待的，尽量作为属性对待。

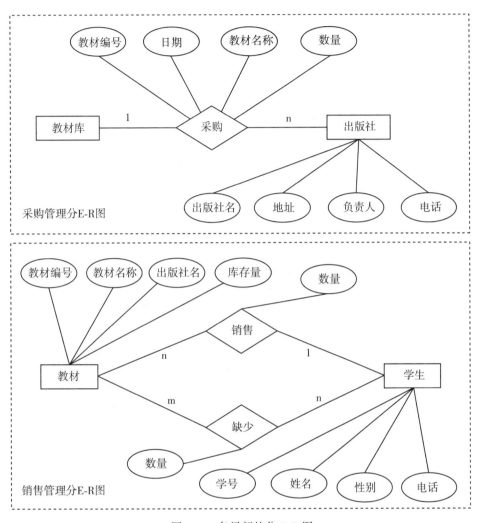

图 3-11　各局部的分 E-R 图

（3）将所有的分 E-R 图综合成一个系统的综合 E-R 图（见图 3-12），形成全局信息结构。

一般说来，视图集成可以有两种方式：多个分 E-R 图一次集成方式和逐步累加集成的方式（见图 3-13）。第一种方式比较复杂，做起来难度较大。第二种方式每次只集成两个分 E-R 图，可以降低复杂度。

无论采用哪种方式，每次集成局部 E-R 图时都需要分两步走。

（1）合并。解决各分 E-R 图之间的冲突，将各分 E-R 图合并起来生成初步 E-R 图。各分 E-R 图之间的冲突主要有三类：属性冲突、命名冲突和结构冲突。

（2）修改和重构。消除不必要的冗余，生成基本 E-R 图。所谓冗余的数据是指可由基本数据导出的数据，消除冗余主要采用分析方法，即以数据字典和数据流图为依据，根据数据字典中关于数据项之间逻辑关系的说明来消除冗余。还可以用规范化理论来消除冗余。

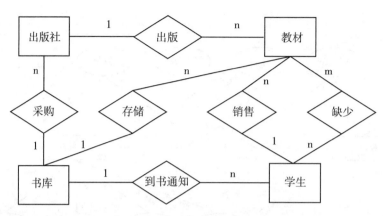

图 3-12　综合 E-R 图

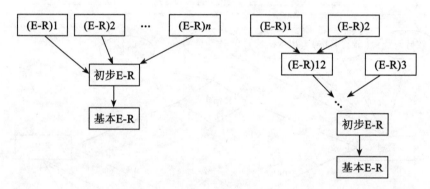

图 3-13　两种集成方式

3.2.6　概要设计中常用的图形工具

1. 层次图和 HIPO 图

层次通常被用来描绘软件的层次结构。在层次图中一个矩形代表一个模块，框之间的连线表示调用关系(位于上方的矩形框所代表的模块调用位于下方的矩形框所代表的模块)。图 3-14 是层次图的一个例子，最顶层的矩形框代表教材购销系统的主控模块，它调用下层模块以完成正文加工的全部功能；第二层的每个模块控制完成教材购销的一个主要功能，例如，"事务处理"模块通过调用它的下属模块，可以完成三种处理功能中的任何一种。在自顶向下逐步求精设计软件的过程中，使用层次图比较方便。

HIPO 图是美国 IBM 公司发明的"层次图加输入/处理/输出图"的英文缩写。为了使 HIPO 图具有可追踪性，在 H 图(即层次图)里除了顶层的方框之外，每个方框都加了编号。编号方法与本书第 3 章中介绍的数据流图的编号方法相同，例如，把图 3-10 加了编号之后得到图 3-15。

在 H 图中的每个方框都应该有一张图形来描绘它们的处理过程，这个图形就是 IPO 图。

IPO 图使用的基本符号既少又简单，因此很容易学会使用这种图形工具。它的基本形式是在左边的框中列出有关的输入数据，在中间的框内列出主要的处理，在右边的框内列出产

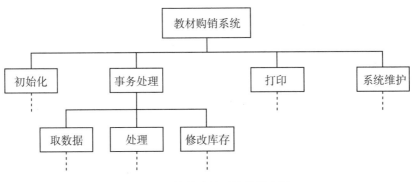

图 3-14 教材购销系统的层次图

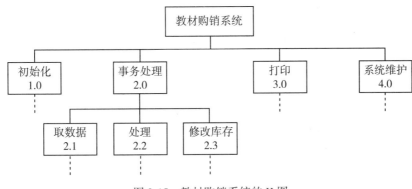

图 3-15 教材购销系统的 H 图

生的输出数据。处理框中列出处理的次序暗示了执行的顺序，但是用这些基本符号还不足以精确描述执行处理的详细情况。在 IPO 图中还用类似向量符号的粗大箭头清楚地指出数据通信的情况。图 3-16 是一个主文件更新的例子，通过这个例子不难了解 IPO 图的用法。

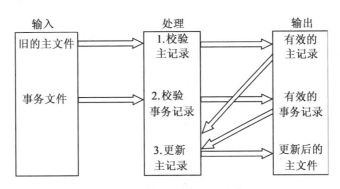

图 3-16 IPO 图的一个例子

在使用一种改进的 IPO 图(也称为 IPO 表)里，这种图中包含了某些附加的信息，在软件设计过程中将比原始的 IPO 图更有用。如图 3-17 所示，改进的 IPO 图中包含的附加信息主要有系统名称、图的作者、完成的日期、本图描述的模块的名字、模块在层次图中的编号、调用本模块的模块清单、本模块调用的模块的清单、注释以及本模块使用的局部数据元素等。

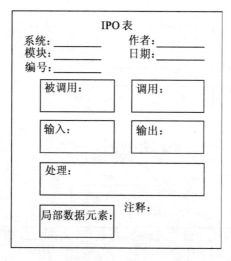

图 3-17　改进后的 IPO 图

2. 结构图

结构图（structured charts，简称 SC）是准确表达程序结构的图形表示方法，它能清楚地反映出程序中各模块间的层次关系和联系。与数据流图反映数据流的情况不同，结构图反映的是程序中控制流的情况。图 3-18 为大学教材购销系统的结构图。

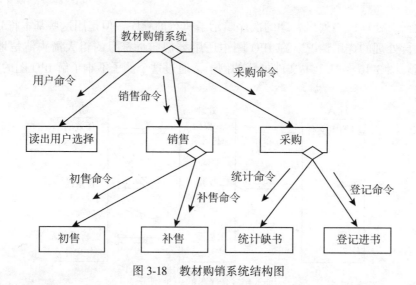

图 3-18　教材购销系统结构图

结构图中的主要成分有：

（1）模块。以矩形框表示，框中标有模块的名字。对于已定义（或者已开发）的模块，则可以用双纵边矩形框表示，如图 3-19 所示。

（2）模块间的调用关系。两个模块，一上一下，以箭头相联，上面的模块是调用模块，

登记售书　　　　　　　　打印领书单

图 3-19　模块的表示

箭头指向的模块是被调用模块，如图 3-20 中，模块 A 调用模块 B。在一般情况下，箭头表示的连线可以用直线代替。

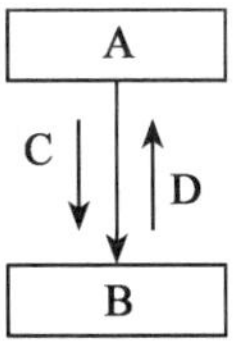

图 3-20　模块的调用关系及信息传递关系的表示

(3)模块间的通讯。模块间的通讯用表示调用关系的长箭头旁边的短箭头表示，短箭头的方向和名字分别表示调用模块和被调用模块之间信息的传递方向和内容。如图 3-20 中，首先模块 A 将信息 C 传给模块 B，经模块 B 加工处理后的信息 D 再传回给 A。

(4)辅助控制符号。当模块 A 有条件的调用模块 B 时，在箭头的起点标以菱形。模块 A 反复地调用模块 D 时，另加一环状箭头。如图 3-21 所示。

在结构图中条件调用所依赖的条件以及循环调用的循环控制条件通常无需注明。

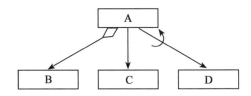

图 3-21　条件调用和循环调用的表示

一般说来，结构图中可能出现以下四种类型的模块：

①传入模块：图 3-22(a)从下属模块取得数据，经过某些处理，再将其传送给上级模块。

②传出模块：图 3-22(b)从上级模块取得数据，进行某些处理，传送给下属模块。

③变换模块：图 3-22(c)从上级模块取来数据，进行特定处理后，送回原上级模块。

④协调模块：图 3-22(d)对其下属模块进行控制和管理的模块。

值得注意的是，结构图着重反映的是模块间的隶属关系，即模块间的调用关系和层次关系。它和程序流程图(常称为程序框图)有着本质的差别。程序流程图着重表达的是程序执行的顺序以及执行顺序所依赖的条件。结构图则着眼于软件系统的总体结构，它并不涉及模块内部的细节，只考虑模块的作用，以及它和上、下级模块的关系。而程序流程图则用来表达执行程序的具体算法。

没有学过软件开发技术的人，一般习惯于使用流程图编写程序，往往在模块还未作划

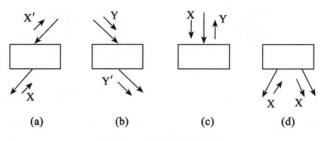

图 3-22 四种模块类型

分、程序结构的层次尚未确定以前，便急于用流程图表达他们对程序的构想。这就像造一栋大楼，在尚未决定建筑面积和楼屋有多少时，就已经开始砌砖了。这显然是行不通的。

3.3 结构化设计方法

结构化设计方法(也称为基于数据流的设计方法)，是进行概要设计(总体设计)的主要方法，它与结构化分析方法衔接起来使用，以结构化分析方法得到的数据流图为基础，通过映射把数据流图变换成软件的模块结构。结构化设计方法尤其适用于变换型结构和事务型结构的目标系统。

3.3.1 数据流的类型

面向数据流的设计方法把信息流映射成软件结构，信息流的类型决定了映射的方法。典型的信息流有下述两种类型。

1. 变换流

根据基本系统模型，信息通常以"外部世界"的形式进入软件系统，经过处理以后再以"外部世界"的形式离开系统。

变换型系统结构图由输入、变换中心、输出三部分组成(如图 3-23 所示)。信息沿输入通路进入系统，同时由外部形式变换成内部形式，进入系统的信息通过变换中心，经加工处

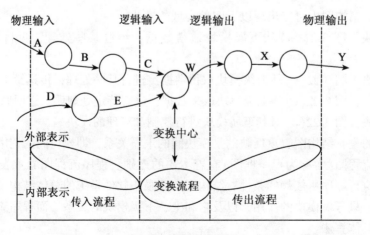

图 3-23 变换流问题

理以后再沿输出通路变换成外部形式离开软件系统。当数据流图具有这些特征时，这种信息流就叫做变换流。

2. 事务流

基本系统模型意味着变换流，因此，原则上所有信息流都可以归结为这一类。但是，当数据流图具有和图 3-24 类似的形状时，这种数据流是"以事务为中心的"。也就是说，数据沿输入通路到达一个处理 T，这个处理根据输入数据的类型在若干个动作序列中选出一个来执行。

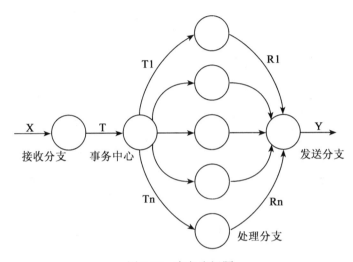

图 3-24 事务流问题

这类数据流应该划为一类特殊的数据流，称为事务流。其特点是：接受一项事务，根据事务处理的特点和性质选择分派一个适当的处理单元，然后给出结果。图 3-24 中处理 T 称为事务中心，它完成下述任务：

(1)接收输入数据(输入数据又称为事务)；

(2)分析每个事务以确定它的类型；

(3)根据事务类型选取一条活动通路。

3.3.2 变换分析

变换分析是一系列设计步骤的总称，经过这些步骤把具有变换流特点的数据流图按预先确定的模式映射成软件结构。

变换型问题数据流图基本形态及其对应的基本结构图分别如图 3-25(a)和图 3-25(b)所示。

根据图 3-23 表示的基本映射关系所得到的图 3-25 所示变换型问题的结构图如图 3-26 所示。

一旦确定了软件结构就可以把它作为一个整体来复查，从而能够评价和精化软件结构。在这个时期进行修改只需要很少的附加工作，但是却能够对软件的质量特别是软件的可维护性产生深远的影响。

仔细体验上述设计途径和"写程序"的差别，如果程序代码是对软件的唯一描述，那么

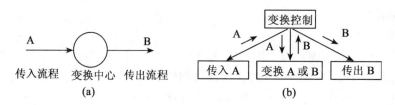

图 3-25　基本变换型问题数据流图及其结构图

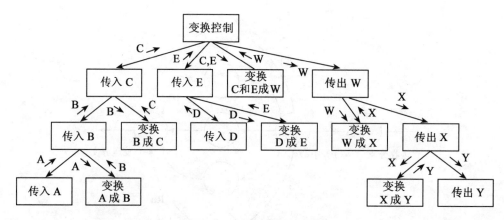

图 3-26　变换型问题结构图

软件开发人员将很难站在全局的高度来评价和精化软件，而且事实上也不能做到"既见树木又见森林"。

3.3.3　事务分析

虽然在任何情况下都可以使用变换分析方法设计软件结构，但是在数据流具有明显的事务特点时，也就是有一个明显的"发射中心"（事务中心）时，还是以采用事务分析方法为宜。

事务分析的设计步骤和变换分析的设计步骤大部分相同或类似，主要差别仅在于由数据流图到软件结构的映射方法不同。

由事务流映射成的软件结构包括一个接收分支和一个发送分支。映射出接收分支结构的方法和变换分析映射出输入结构的方法很相像，即从事务中心的边界开始，把沿着接收流通路的处理映射成模块。发送分支的结构包含一个调度模块，它控制下层的所有活动模块；然后把数据流图中的每个活动流通路映射成它的流特征相对应的结构。图 3-27 说明了上述映射过程。

对于一个大系统，常常把变换分析和事务分析应用到同一个数据流图的不同部分，由此得到的子结构形成"构件"，可以利用它们构造完整的软件结构。

一般说来，如果数据流不具有显著的事务特点，最好使用变换分析；反之，如果具有明显的事务中心，则应该采用事务分析技术。但是，机械地遵循变换分析或事务分析的映射规则，很可能会得到一些不必要的控制模块，如果它们确实用处不大，那么可以而且应该把它们合并。反之，如果一个控制模块功能过分复杂，则应该分解为两个或多个控制模块，或者增加中间层次的控制模块。

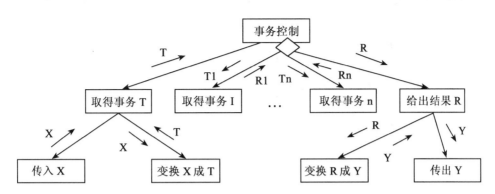

图 3-27 事务型问题结构图

3.3.4 设计过程和原则

1. 设计过程

结构化设计的步骤如下(见图 3-28):

(1)评审和细化数据流图;

(2)确定数据流图的类型;

(3)把数据流图映射到软件模块结构,设计出模块结构的上层;

(4)基于数据流图逐步分解高层模块,设计中下层模块;

(5)对模块结构进行优化,得到更为合理的软件结构;

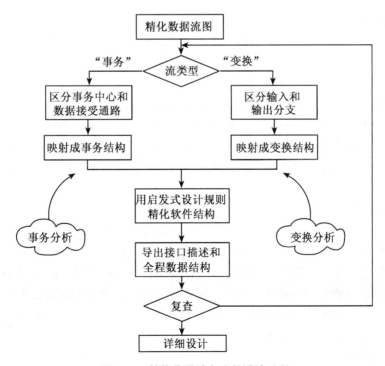

图 3-28 结构化设计方法的设计过程

（6）描述模块接口。

2. 设计原则

结构化设计应遵循如下原则：

（1）使每个模块执行一个功能（坚持功能性内聚）；

（2）每个模块用过程语句（或函数方式等）调用其他模块；

（3）模块间传送的参数作数据用；

（4）模块间共用的信息（如参数等）尽量少。

（5）设计优化应该力求做到在有效的模块化的前提下使用最少量的模块，以及在能够满足信息要求的前提下使用最简单的数据结构。

3.4 详细设计

详细设计并不是直接用计算机程序设计语言编程，而是要细化概要设计的有关结果，做出软件的详细规格说明（相当于工程施工图纸）。为了保证软件质量，软件详细规格说明既要正确，又要清晰易读，便于编码实现和验证。详细设计主要采用面向数据结构的设计方法和面向对象的设计方法等。

3.4.1 详细设计的目标与任务

详细设计的目标是在概要设计的基础上具体地设计目标系统的实现过程，得出新系统的详细规格。同时，要求设计出的规格简明易懂，便于下一阶段用某种程序设计语言在计算机上实现。

依据详细设计的目标，详细设计的主要任务如下：

1. 数据结构的设计

对于处理过程中涉及的概念性数据类型进行确切的定义，可采用本章 3.4 节面向数据结构的设计方法。

2. 数据库逻辑结构设计和物理设计

数据库逻辑结构设计包括：E-R 图向关系模型的转换、数据模型的优化、设计用户子模式等。数据库物理设计包括：确定数据库的物理结构（存取方法和存储结构）和对物理结构进行评价。评价的重点是时间和空间效率，如果评价结果满足原设计要求，则可进入到物理实施阶段，否则，就需要重新设计或修改物理结构，有时甚至要返回逻辑设计阶段修改数据模型。

3. 过程设计

过程设计应该在数据结构设计、体系结构设计和数据库物理设计完成之后进行，它的任务不是具体地编写程序，而是要描述每个处理过程的详细"蓝图"。在软件的生命周期中，测试软件、诊断程序错误、修改和改进程序等都必须首先读懂程序。因此，过程设计的目标不仅仅是要求模块功能实现的逻辑上正确，同时要求处理过程尽可能简明易懂。

过程设计的工具主要有：程序流程图、盒图、PAD 图、判定表、判定树等，这些工具将在下节 3.4.2 中描述。

4. 信息编码设计

信息编码是指将某些数据项的值用某一代号来表示，以提高数据的处理效率。在进行信息编码设计时，要求编码具有下述特点：

(1)实用性：代码要尽可能反映编码对象的特点，特别是要符合用户业务系统的要求，方便使用；

(2)唯一性：一个代码只反映一个编码对象；

(3)灵活性：代码应该能适应编码对象不断发展的需要，方便修改；

(4)简洁性：代码结构应尽量简单，位数要尽量少；

(5)一致性：代码格式要统一规划；

(6)稳定性：代码不宜频繁变动。

5. 测试用例的设计

测试用例包括输入数据和预期结果等内容。由于进行详细设计的软件人员对具体过程的要求最清楚，因而由他们设计测试用例是最合适。测试用例的设计方法详见本书的第 7 章。

6. 其他设计

根据软件系统的具体要求，还可能进行网络系统的设计、输入/输出格式设计、人机界面设计、系统配置设计等。

7. 编写"详细设计说明书"

编写"详细设计说明书"是详细设计阶段最重要的任务，要根据软件项目的规模和系统的实际要求，按照"详细设计说明书"编写的规范，编写出能准确、详细描述具体实现的文档。"详细设计说明书"的评审是必须的，如果评审不通过，要再次进行详细设计，直到满足要求为止。

软件经过详细设计阶段之后，将形成一系列的程序规格说明。这些规格说明就像建筑物设计的施工图纸，决定了最终程序代码的质量。因此，如何高质量地完成详细设计是提高软件质量的关键。

3.4.2　过程设计的常用工具

描述程序处理过程的工具称为过程设计的工具，它们可以分为图形、表格和语言三类。无论是哪类工具，都要求它们能提供对设计的无歧义的描述，能指明控制流程、处理功能、数据组织以及其他方面的实现细节，从而在编码阶段能把对设计的描述翻译成程序代码。过程设计的工具主要有如下几种：

1. 程序流程图

程序流程图又称为程序框图，以描述程序控制的流动情况为目的，表示程序中的操作顺序。程序流程图包括以下内容：

(1)指明实际处理操作的处理符号，它包括根据逻辑条件确定要执行的路径的符号；

(2)指明控制流的流线符号；

(3)其他便于读、写程序流程图的特殊符号。

图 3-29 中列出了程序流程图中使用的各种符号。

从 20 世纪 40 年代末到 70 年代中期，程序流程图一直是过程设计的主要工具。它的主要优点是对控制流程的描绘很直观，便于初学者掌握。由于程序流程图历史悠久，为最广泛的人所熟悉，尽管它有种种缺点，许多人建议停止使用它，但至今仍在广泛使用着。不过总的趋势是越来越多的人不再使用程序流程图了。

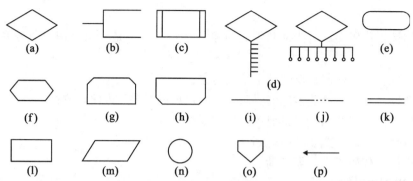

(a)选择(分支)；(b)注释；(c)预定义的处理；(d)多分支；(e)开始或停止；
(f)准备；(g)循环上界限；(h)循环下界限；(i)虚线；(j)省略符；(k)并行方式；
(l)处理；(m)输入/输出；(n)连接；(o)换页连接；(p)控制流

图 3-29 程序流程图中使用的各种符号

程序流程图的主要缺点如下：

(1)程序流程图本质上不是逐步求精的好工具，它诱使程序员过早地考虑程序的控制流程，而不去考虑程序的全局结构。

(2)程序流程图中用箭头代表控制流，因此程序员不受任何约束，可以完全不顾结构程序设计的精神，随意转移控制。

(3)程序流程图不易表示数据结构。

(4)详细的微观程序流程图——每个符号对应于源程序的一行代码，对于提高大型系统的可理解性作用甚微。

2. 盒图(N-S 图)

出于要有一种不允许违背结构程序设计精神的图形工具的考虑，Nassu 和 Shneiderman 提出了一种符合结构化程序设计原则的图形描述工具，称为盒图，又称为 N-S 图。在 N-S 图中，为了表示五种基本控制结构，规定了五种图形构件：①顺序型；②选择型；③WHILE 重复型；④UNTIL 重复型；⑤多分支选择型。N-S 图有下述特点：

(1)功能域(即某特定控制结构的作用域)有明确的规定，并且可以很直观地从 N-S 图上看出来。

(2)不可能任意转移控制。

(3)很容易确定局部和全程数据的作用域。

(4)很容易表现嵌套关系，也可以表示模块的层次结构。

图 3-30 给出了结构化控制结构的 N-S 图表示，也给出了调用子程序的 N-S 图表示方法。

N-S 图没有箭头，因此不允许随意转移控制。坚持使用 N-S 图作为详细设计的工具，可以培养程序员使用结构化的方式思考问题和解决问题的习惯。

3. PAD 图

PAD 是问题分析图(Problem Analysis Diagram)的英文缩写，是从程序流程图演化而来的。它设置了五种基本控制结构的图形元素，用这些基本图形元素把程序的过程控制结构表示成二维树，并允许递归使用。PAD 图自 1973 年由日本日立公司发明以后，由于将这种二维树图翻译成程序代码比较容易，并且用它设计的程序一定是结构化的程序，因此得到一定程度的推广。将这种二维树图翻译成程序代码比较容易。图 3-31 给出 PAD 图的基本符号。

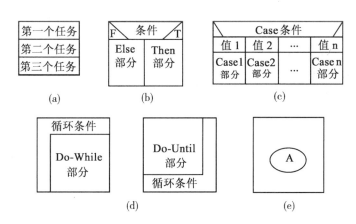

(a) 顺序；(b) 分支(选择)；(c) 多分支；(d) 循环；(e)调用子程序

图 3-30 N-S 图的基本符号

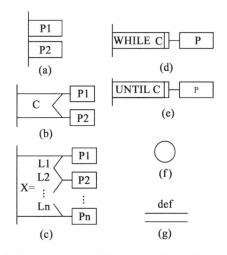

(a)顺序；(b)分支(选择)；(c)多分支；(d)当型循环；(e)直到型循环；

(f)语句标号；(g)定义

图 3-31 PAD 图的基本符号

PAD 图的主要优点如下：

(1)依据 PAD 图所设计出来的程序必然是结构化程序。

(2)PAD 图所描绘的程序结构十分清晰。图中最左面的竖线是程序的主线，即第一层结构。随着程序层次的增加，PAD 图逐渐向右延伸，每增加一个层次，图形向右扩展一条竖线。PAD 图中竖线的总条数就是程序的层次数。

(3)用 PAD 图表现程序逻辑，易读、易懂、易记。PAD 图是二维树形结构的图形，程序从图中最左竖线上端的结点开始执行，自上而下，从左向右顺序执行，遍历所有结点。

(4)容易将 PAD 图转换成高级语言源程序，这种转换可用软件工具自动完成，从而可省去人工编码的工作，有利于提高软件可靠性和软件生产率。

(5)既可用于表示程序逻辑，也可用于描绘数据结构。

(6)PAD 图的符号支持自顶向下、逐步求精方法的使用。开始时设计者可以定义一个抽象的程序，随着设计工作的深入而使用 def 符号逐步增加细节，直至完成详细设计，如图

3-31所示。

（7）PAD图是面向高级程序设计语言的，为 FORTRAN，COBOL 和 PASCAL 等每种常用的高级程序设计语言都提供了一整套相应的图形符号。由于每种控制语句都有一个图形符号与之对应，显然将 PAD 图转换成与之对应的高级语言程序比较容易。

4. 判定表

当算法中包含多重嵌套的条件选择时，用程序流程图、N-S 图、PAD 图或后面即将介绍的过程设计语言（PDL）都不易清楚地描述。然而判定表却能够清晰地表示复杂的条件组合与应做的动作之间的对应关系。

一张判定表由四部分组成：左上部开出所有条件，左下部是所有可能做的动作，右上部是表示各种条件组合的一个矩阵，右下部是和每种条件组合相对应的动作。判定表右半部的每一列实质上是一条规则，规定了与特定的条件组合相对应的动作。

例如，教材购销系统中，在系统登录的部分，判定用户名和密码是否准确，用户名存在且密码正确，系统则提示登录成功；用户名存在而密码错误，系统则提示密码错误，从而登录不成功；用户名不存在，系统则提示用户名不存在，从而登录不成功。用语言表达显得啰嗦，如果用表 3-1 所示的判定表形式表示，则简单明了。

表 3-1　　　　　　　　　　　　教材购销系统登录功能判定表

		1	2	3
条件	用户名是否存在？	Y	Y	N
	密码是否正确？	Y	N	—
操作	系统提示	登录成功	密码错误	用户名不存在

5. 判定树

判定树以图形方式描述某种逻辑关系，它结构简单，易读易懂。它是先从问题定义的文字描述中分清哪些是判定的条件，哪些是判定的结论，再根据描述材料中的连接词找出判定条件之间的从属关系、并列关系、选择关系，通过这些关系构造成判定树。

例如上面的判定表，若用判定树来表示就很清晰，如图 3-32 所示。

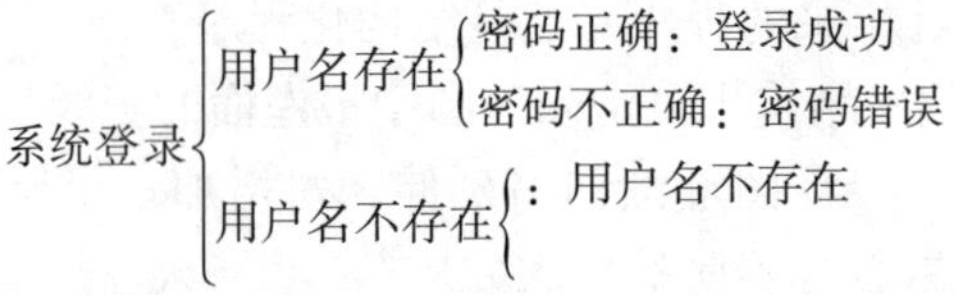

$$
\text{系统登录}\begin{cases}\text{用户名存在}\begin{cases}\text{密码正确：登录成功}\\\text{密码不正确：密码错误}\end{cases}\\\text{用户名不存在}\begin{cases}\text{：用户名不存在}\end{cases}\end{cases}
$$

图 3-32　教材购销系统的判定树

判定表虽然能清晰地表示复杂的条件组合与应做的动作之间的对应关系，但其含义却不是一眼就能看出来的，初次接触这种工具的人要理解它需要有一个简短的学习过程。此外，当数据元素的值多于两个时，判定表的简洁程度也将下降。

判定树是判定表的变种，也能清晰地表示复杂的条件组合与应做的动作之间的对应关系。判定树的优点在于，它的形式简单到不需任何说明，一眼就可以看出其含义，因此易于掌握和使用。它的缺点是结果的不唯一，当选择不同的判定条件作为树的根结点时，就得到不同的判定表。多年来判定树一直受到人们的重视，是一种比较常用的系统分析和设计的工具。

6. 过程设计语言(PDL)

PDL 也称为伪码，这是一个笼统的名称，现在有许多种不同的过程设计语言在使用。它是用正文形式表示数据和处理过程的设计工具。

下面给出用伪码编写的向量初始化的源码：

```
procedure Pre-process(X, m, minsup)
Begin
  {for each xi∈X //X 为初始元向量集合
if | xi * t | <minsup * m then
    delete xi from X
else
    L1. Y1 = xi    L1. count = | xi * t |    L1. contain = Ixi
  }// Ixi 为向量中包含的项目的集合
End
```

PDL 具有严格的关键字外部语法，用于定义控制结构和数据结构；另一方面，PDL 表示实际操作和条件的内部语法通常又是灵活自由的，以便可以适应各种工程项目的需要。因此，一般说来 PDL 是一种："混杂"语言，它使用一种语言(通常是某种自然语言)的词汇，同时却使用加一种语言(某种结构化的程序设计语言)的语法。

PDL 应该具有下述特点：

(1)关键字的固定语法，它提供了结构化控制结构、数据说明和模块化的特点。为了使结构清晰和可读性好，通常在所有可能嵌套使用的控制结构的头和尾都有关键字，例如，if…if(或 endif)等。

(2)自然语言的自由语法，它描述处理特点。

(3)数据说明的手段。应该既包括简单的数据结构(例如纯量和数组)，又包括复杂的数据结构(例如，链表或层次的数据结构)。

(4)模块定义和调用的技术，应该提供各种接口描述模式。

PDL 作为一种设计工具有如下一些优点：

(1)可以作为注释直接插在源程序中间。这样做能使维护人员在修改程序代码的同时也相应地修改 PDL 注释，因此有助于保持文档和程序的一致性，提高了文档的质量。

(2)可以使用变通的正文编辑程序或文字处理系统，很方便地完成 PDL 的书写和编辑工作。

(3)已经有自动处理程序存在，而且可以自动由 PDL 生成程序代码。

PDL 的缺点是不如图形工具形象直观，描述复杂的条件组合与动作间的对应关系时，不如判定表清晰简单。

3.4.3　数据库逻辑结构设计和物理设计

1. 数据库逻辑结构设计

数据库逻辑结构设计的任务是把概念模型(E-R 图)转换成所选用的具体的 DBMS 所支持的数据模型。数据库逻辑结构设计的步骤如下：

计算机科学与技术专业规划教材

（1）E-R 图向关系模型的转换。在关系数据库中，数据是以表为单位实现存储的。因此数据库的逻辑结构设计首先应确定数据库中的诸多数据表。可以按以下规则从 E-R 模型中映射出数据表。

①每一个实体映射为一个数据表。实体的属性就是表中的字段，实体的主键就是数据表的主键。

②实体间的联系则有以下不同的情况：

每一个 1∶1 联系可以映射为一个独立的数据表，也可以与跟它相连的任意一端或两段的实体合并为数据表。合并方法是将其中的一个数据表的全部字段加入到另一个数据表中，然后去掉意义相同的字段。

每一个 1∶n 联系可以转换为一个独立的数据表。但更多的情况是与 n 端对应的实体合并组成一个数据表，组合数据表的字段中应含有 1 端实体的主键。

每一个 m∶n 联系映射为一个数据表。与该联系相连的各实体的主键以及联系本身的属性均映射为数据表的字段，且各实体的主键组合起来作为数据表的主键或主键的一部分。

③三个或三个以上实体间的一个多元联系也映射为一个数据表。与该联系相连的各实体的主键以及联系本身的属性均映射为数据表的字段，且各实体的主键组合起来作为数据表的主键或主键的一部分。（见图 3-33）。

④具有相同主键的数据表可合并。

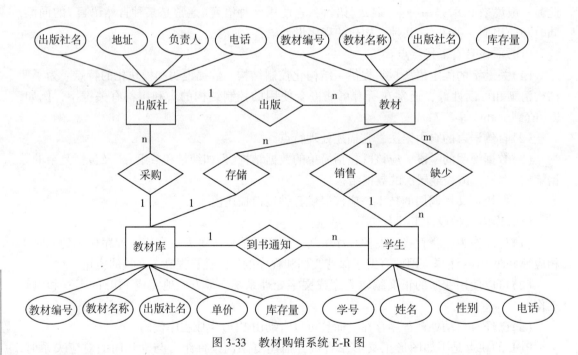

图 3-33　教材购销系统 E-R 图

例如：教材购销系统涉及有教材、学生、教材库、出版社四个实体：

教材：教材编号、教材名称、出版社名、库存量

学生：学号、姓名、性别、电话

教材库：教材编号、教材名称、出版社名、单价、库存量

出版社：出版社名、地址、负责人、电话

一个出版社可以出版多本教材，一个教材库可以采购多个出版社的教材，一个教材库可以存储多本教材，一个学生可以被销售多本教材，多个学生可以缺少多本教材，一个教材库可以通知多个学生。

如图3-33给出教材购销系统的E-R图。

根据E-R图向关系模型的转换方法，可以得到如下10张表：

实体表：教材(教材编号、教材名称、出版社名、库存量)

实体表：学生(学号、姓名、性别、电话)

实体表：教材库(教材编号、教材名称、出版社名、单价、库存量)

实体表：出版社(出版社名、地址、负责人、电话)

联系表：采购(教材编号、教材名称、日期、数量)

联系表：出版(教材编号、教材名称、出版社名、数量)

联系表：存储(教材编号、教材名称、库存量)

联系表：销售(教材编号、教材名称、学号、日期、数量)

联系表：缺少(教材编号、教材名称、学号、日期、数量)

联系表：到书通知(教材编号、教材名称、学号)

(2)对数据表进行优化

从E-R模型映射的数据表是建立在用户需求基础上的，实际上同一种模型可能有不同的数据表组合，为了是数据库逻辑结构更加合理，在设计过程中一般还需按照关系数据规范化的原理进行优化处理，以消除或减少数据表中的不合理现象，如，数据冗余和数据更新。

通常按照属性间的依赖情况区分规范化的程度。满足最低要求的是第一范式，在第一范式中再进一步满足一些要求的为第二范式，其余依次类推。下面给出第一、第二和第三范式的定义。

①第一范式(1NF)：数据表的每一字段都是不可分割的基本数据项，同一字段中不能有多个值，即实体中的某个属性不能有多个值或者不能有重复的属性。

②第二范式：满足第一范式条件，且每个非关键字属性都由整个关键字决定。即，要求实体的属性完全依赖于主关键字。

③第三范式：满足第二范式条件，且要求一个数据库表中不包含已在其他表中已包含的非主关键字信息。

显然通过提高数据表范式级别可以降低数据表的数据冗余，并可减少由次造成的数据更新异常。

(3)设计用户子模式

将概念模型转换为全局逻辑模型后，还应该根据局部应用需求，结合具体数据库管理系统(Database Management System，DBMS)的特点，设计用户的外模式。定义数据库全局模式主要是从系统的时间效率、空间效率、易维护等角度出发。由于用户外模式与模式是相对独立的，因此在定义用户外模式时可以注重考虑用户的习惯与方便。

①使用更符合用户习惯的别名。

②可以对不同级别的用户定义不同的视图(view)，以保证系统的安全性。

③简化用户对系统的使用。可以将复杂查询定义为视图，用户每次只对定义好的视图进行查询，大大简化了用户的使用。

计算机科学与技术专业规划教材

2. 数据库物理设计

对一个给定的逻辑数据模型求取与应用需要相适应的物理结构的过程称为数据库物理设计。这种物理结构主要指数据库在物理设备上的存储结构和存取方法。对于关系数据库系统，数据的存储结构与存取方法由 DBMS 决定并自动实现。

（1）关系模式存取方法选择有以下三种：

①索引存取方法的选择。就是根据应用要求确定对关系的哪些属性列建立索引、哪些属性列建立组合索引、哪些索引要设计为唯一索引等。

②聚簇存取方法的选择。为了提高某个属性（或属性组）的查询速度，把这个或这些属性（称为聚簇码）上具有相同值的元组集中存放在连续的物理块称为聚簇。聚簇功能可以大大提高按聚簇码进行查询的效率。

③HASH 存取方法的选择。有些数据库管理系统提供了 HASH 存取方法，选择 HASH 存取方法的规则如下：

如果一个关系的属性主要出现在等连接条件中或主要出现在相等比较选择条件中，而且满足下列两个条件之一，则此关系可以选择 HASH 存取方法。

a. 如果一个关系的大小可预知，而且不变；

b. 如果关系的大小动态改变，而且数据库管理系统提供了动态 HASH 存取方法。

（2）确定数据库的存储结构。确定数据库物理结构主要指确定数据的存放位置和存储结构，包括确定关系、索引、聚簇、日志、备份等的存储安排和存储结构，确定系统配置等。

①确定数据的存放位置。为了提高系统性能，应该根据应用情况将数据的易变部分与稳定部分、经常存取部分和存取频率较低部分分开存放。例如，目前许多计算机都有多个磁盘，因此可以将表和索引放在不同的磁盘上，在查询时，由于两个磁盘驱动器并行工作，可以提高物理 I/O 读写的效率．也可以将比较大的表分放在两个磁盘上，以加快存取速度，这在多用户环境下特别有效。

②确定系统配置。系统配置变量很多，例如：同时使用数据库的用户数，同时打开的数据库对象数，内存分配参数，缓冲区分配参数（使用的缓冲区长度，个数），存储分配参数，物理块的大小，物理块装填因子，时间片大小，数据库的大小，锁的数目等。这些参数值影响存取时间和存储空间的分配，在物理设计时就要根据应用环境确定这些参数值，以使系统性能最佳。

在物理设计时对系统配置变量的调整只是初步的，在系统运行时还要根据系统实际运行情况做进一步的调整，以期切实改进系统性能。

（3）评价物理结构。评价物理数据库的方法完全依赖于所选用的 DBMS，主要是从定量估算各种方案的存储空间、存取时间和维护代价入手，对估算结果进行权衡、比较，选择出一个较优的合理的物理结构。如果该结构不符合用户需求，则需要修改设计。

3.4.4 人机界面设计

人机界面（用户界面）设计是详细设计的一个重要组成部分。人机界面是人与计算机之间的交流媒介，作为交互式应用软件的门面，它在现实中扮演着越来越重要的角色。友好高效的人机界面不仅是实现软件功能所必需的接口，而且会直接影响用户对软件产品的评价，从而影响软件产品的竞争力和寿命。因此，必须对人机界面设计给以足够重视。

1. 人机界面风格

在计算机出现的不足半个世纪的时间里，人机界面风格经历了巨大的变化。以下从几个不同的角度来观察和总结人机界面发生的变化及发展趋势。

（1）就人机界面的具体形式而言，过去经历了批处理、联机终端（命令接口）、菜单等多通道——多媒体人机界面和虚拟现实系统。

（2）就人机界面中信息载体类型而言，经历了以文本为主的字符人机界面（CUI）、以二维图形为主的图形人机界面（GUI）和多媒体人机界面，计算机与用户之间的通信带宽不断提高。

（3）就计算机输出信息的形式而言，经历了以符号为主的字符命令语言、以视觉感知为主的图形人机界面、兼顾听觉感知的多媒体人机界面和综合运用多种感观（包括触觉等）的虚拟现实系统。

2. 人机界面设计原则

多年来，人们积累了丰富的人机界面设计方面的经验，再结合认知心理学等学科的理论，形成了人机界面设计中的一些原则。Theo Mandel 在其关于界面设计的著作中创造了三条"黄金规则"：用户掌控系统、减轻用户的记忆负担、保持界面一致。这些原则对界面设计起着重要的指导作用。

（1）用户掌控系统。不要强迫用户执行不必要的或不希望的动作。例如：如果在字处理软件中选择拼写检查，则软件将进入到拼写检查模式。如果用户希望在这种情形下进行一些文本编辑，则没有理由强迫用户停留在拼写检查模式，用户应该能够不需要任何动作就进入和退出该模式。

提供灵活多样的交互。不同的用户有着不同的交互喜好，应该提供可供选择的交互方式。软件可能允许用户通过键盘命令、鼠标操作、手写输入笔或者语音输入等方式进行交互。但是动作并非要受控于每一种交互机制之下。例如：考虑使用键盘命令来完成复杂的绘图任务是有一定难度的。

允许用户交互被中断和撤销。即使当陷入到一系列动作之中时，用户也能够中断动作序列去做其他某些事情。应该能让用户撤销任何交互动作。

可以考虑让用户定制界面，方便交互。例如：在 QQ 空间中有着多种可供选择的功能区域，如果全部放置于用户的界面上，就会显得繁杂、凌乱。提供了界面定制的功能，用户就可以根据自己的喜好，定制自己喜欢的界面。

使用户与内部技术细节隔离。人机界面应该能够将用户移入到应用的虚拟世界中，用户不应该知道应用内部的实现细节相关的计算机技术，不应该让用户在应用的内部层次上进行交互。

响应时间的低可变性也有助于用户建立相对稳定的交互节奏，便于用户控制运行时间，避免系统响应时间过长造成用户的焦虑和沮丧。

适当地提示错误消息可以提高交互式系统的质量。

（2）减轻用户的记忆负担。在用户与系统交互式，要求用户记住的东西越多，出错的可能性越大。因此，一个精心设计的人机界面不会加重用户的记忆负担。只要可能，系统应该记住有关的信息，并且随时都能提供交互场景来帮助用户。

减少对短期记忆的要求。当用户陷于复杂的任务时，短期记忆的要求将会加大。界面的设计应尽量不要求记住过去的动作或结果。可行的解决办法是通过提供可视的提示，使得用户能够识别过去的动作，而不是必须记住他们。

建立有意义的缺省值。初始的缺省值集合应该对一般的用户有意义，但因为每个用户的偏好不同，应该允许用户可以重新定义初始缺省值。

定义直观的快捷方式。当使用助记符来完成系统的功能时，助记符应该以容易记忆的方式被联系到相关动作。例如，使用被激活任务的第一个字母。

界面的视觉布局应该基于真实世界。例如，一个账单支付系统应该使用支票簿和支票登记簿来指导用户的账单支付过程。这使得用户有着一种接近真实场景的体验，而不用记住复杂难懂的交互序列。

以渐进的方式展示信息。界面应该以层次化的方式进行组织，即关于某任务、对象或某行为的信息应该首先在高抽象层次上呈现。更多的细节应该在用户用鼠标点击表明兴趣后再展示。

（3）保持界面一致。用户应该可以用一致的方式展示和获取信息，这意味着：从始至终按照统一的设计标准来组织可视信息的屏幕显示；输入输出机制在整个应用中得到一致地使用；从任务到任务的导航机制要一致地定义和实现。

如果过去用户所使用的系统的交互模型已经建立起了用户期望，除非有不得已的理由，否则不要轻易改变它。一个特殊的交互序列一旦已经成为了事实上的标准，则用户在遇到的每个应用中都会如此期望，如使用 Ctrl+C 来表示拷贝操作，如果改变了将有可能导致混淆。

推行人机界面设计标准，将给设计者和用户带来便利。对于设计者来说，因为大家都按照统一的标准进行设计，每次为新的系统设计界面的时候可以重用原有的模块和对象，这将大大提高界面的生产率和质量。而对用户来说，一旦掌握了某个系统的界面，在学习新的系统时就会感到亲切自然，直观易懂。目前最通用的界面标准是 Windows 系统。

3. 人机界面设计过程

人机界面的设计包含以下几个步骤：

（1）确定需要界面交互的任务的目标和含义，将任务设计的结果作为输入，设计成一组逻辑模块，然后加上存取机制，把这些模块组织成界面结构（窗口、菜单、对话框、图标、按钮、输入框等，用实体-联系图等模型表示）；

（2）将每一模块映射为一系列特定动作，描述这些动作将来在界面上执行的顺序（用流程图、控制流图等表示）；

（3）指明上述各动作序列中每个动作在界面上执行时，界面呈现的形式（用状态图等表示）；

（4）定义控制机制，即便于用户修改系统状态的一些设置和操作，说明控制机制怎样作用于系统状态（用状态图等表示）；

（5）简要说明用户应怎样根据界面上反映出的信息解释系统的状态（设计文档）；

（6）一旦设计模型被创建，它就被实现成一个原型，必须对其进行评估，并由用户进行检查，然后根据用户的意见进行修改。

3.5　面向数据结构的设计方法

在完成了软件概要设计之后，可以使用面向数据结构的方法来设计每个模块的过程。一般来说输入数据、内部存储的数据（数据库或文件）以及输出数据都有特定的结构，这种数据结构既影响程序的结构又影响程序的处理过程，比如：重复出现的数据通常由具有循环控制结构的程序来处理、选择数据要用带有分支控制结构的程序来处理。面向数据结构的设计方法就是从目标系统的输入、输出数据结构入手，导出程序框架结构。

本节主要介绍 Jackson 方法和 Warnier 方法两个最著名的两个面向数据结构的设计方法。

3.5.1　Jackson 方法

1975 年，M. A. Jackson 提出了一类至今仍广泛使用的软件开发方法。Jackson 方法把问题分解为三种基本结构形式：顺序、选择和重复。三种数据结构可以进行组合，形成复杂的结构体系。这一方法从目标系统的输入、输出数据结构入手，导出程序框架结构，再补充其他细节，就可得到完整的程序结构图。这一方法对输入、输出数据结构明确的中小型系统特别有效，如商业应用中的文件表格处理。该方法也可与其他方法结合，用于模块的详细设计。

1. Jackson 图

虽然程序中实际使用的数据结构各类繁多，但是它们的数据元素彼此间的逻辑关系却只有顺序、选择和重复三类，因此，逻辑数据结构也只有这三类。

（1）顺序结构。顺序结构的数据由一个或多个数据元素组成，每个元素按确定次序出现一次。图 3-34 是表示顺序结构的 Jackson 图的一个例子。

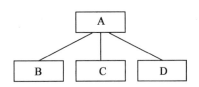

图 3-34　顺序结构的 Jackson 图

（2）选择结构。选择结构的数据包含两个或多个数据元素，每次使用这个数据时按一定条件从这些数据元素中选择一个。图 3-35 是表示三个中选一个结构的 Jackson 图。

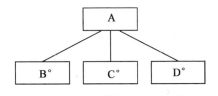

图 3-35　选择结构的 Jackson 图

（3）循环结构。循环结构的数据，根据使用时的条件由一个数据元素出现零次或多次构成，图 3-36 是表示循环结构的 Jackson 图。

Jackson 图有下述优点：

①便于表示层次结构，而且是对结构进行自顶向下分解的有力工具；

②形象直观可读性好；

③既能表示数据结构也能表示程序结构（因为结构程序设计也只使用上述三种基本结构）。

图 3-36　循环结构的 Jackson 图

2. 改进的 Jackson 图

用这种 Jackson 图的图形工具表示选择或重复结构时，选择条件或循环结束条件不能直接在图上表示出来，影响了图的表达能力，也不易直接把图翻译成程序，框间连线为斜线，不易在行式打印机上输出。为了解决上述问题，建议使用图 3-37 中给出的改进的 Jackson 图。

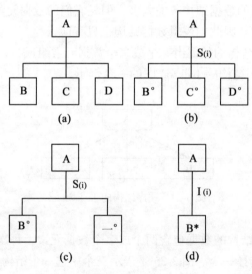

图 3-37　改进的 Jackson 图

虽然 Jackson 图和描绘软件结构的层次图形式相当类似，但是含义却很不相同：层次图中的一个方框通常代表一个模块；Jackson 图即使在描绘程序结构时，一个方框也并不代表一个模块，通常一个方框只代表几个语句。层次图表现的是调用关系，也就是说，一个方框中包括的操作仅仅由它下层框中的那些操作组成。

3. Jackson 设计方法

Jackson 设计方法基本上由下述五步骤组成：

(1) 分析并确定输入数据和输出数据的逻辑结构，并用 Jackson 图描绘这些数据结构。

(2) 找出输入数据结构和输出数据结构中有对应关系的数据单元。所谓有对应关系是指有直接的因果关系，在程序中可以同时处理的数据单元(对于重复出现的数据单元必须重复的次序和次数都相同才可能有对应关系)。

(3) 用下述三条规则从描绘数据结构的 Jackson 图导出描绘程序结构的 Jackson 图。

规则一：为每对有对应关系的数据单元，按照它们在数据结构图中层次在程序结构图的相应层次画一个处理框(注意,如果这对数据单元在输入数据结构和输出数据结构中所处的层次不同,则和它们对应的处理框在程序结构图中所处的层次与它们之中在数据结构图中层次低的那个对应)。

规则二:根据输入数据结构中剩余的每个数据单元所处的层次,在程序结构图的相应层次分别为它们画上对应的处理框。

规则三:根据输出数据结构中剩余的每个数据单元所处的层次,在程序结构图的相应层次分别为它们画上对应的处理框。

总之,描绘程序结构的 Jackson 图应该综合输入数据结构和输出数据结构的层次关系而导出来。在导出程序结构图的过程中,由于改进的 Jackson 图规定在构成顺序结构的元素中不能有重复出现或选择出现的元素,因此可能需要增加中间层次的处理框。

(4)列出所有操作和条件(包括分支条件和循环结束条件),并且把它们分配到程序结构图的适当位置。

(5)用伪码表示程序。Jackson 方法中使用的伪码和 Jackson 图是完全对应的,下面是和三种基本结构对应的伪码。和图 3-37(a)所示的顺序结构对应的伪码,其中 seq 和 end 是关键字;

```
A seq
    B
    C
    D
A end
```

和图 3-37(b)、图 3-37(c)所示的选择结构对应的伪码,其中 select、or 和 end 是关键字,condl、cond2 和 cond3 分别是执行 B、C 或 D 的条件:

```
A select cond1
    B
A or cond2
    C
A or cond3
    D
A end
```

和图 3-37(d)所示重复结构对应的伪码,其中 iter、until、while 和 end 是关键字(重复结构有 until 和 while 两种形式),cond 是条件:

```
A iter until(或 while)cond
    B
A end
```

下面结合一个具体例子进一步说明 Jackson 结构程序设计方法。

【例3.1】 一个教材购销系统,教材库里存放有多种教材书籍,每种教材的购入和售出都有相应的记录(包括教材编号、教材名称、数量、入/出库操作类型)存于教材记录表中。学校每学期根据教材记录表打印一张学期报表,报表的每行列出某种教材本学期变化的数量,以便根据报表及时向出版社采购教材。有关表格示例如下:

教材编号	教材名称	数量	操作类型
0130	高等数学	1000	入
0131	数据结构	400	出
0130	高等数学	500	出

教材编号	教材名称	变化量
0130	高等数学	+500
0131	数据结构	−400

对于这个简单例子而言，输入和输出数据的结构很容易确定。图 3-38 是用 Jackson 图描绘的输入/输出数据结构。

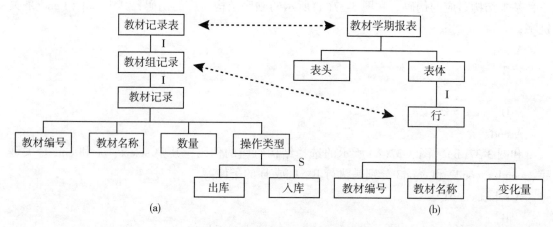

图 3-38　描绘的输入/输出数据结构

确定了输入/输出数据结构之后，下一步是分析确定在输入数据结构和输出数据结构中有对应关系的数据单元。在这个例子中，输出数据总是通过对输入数据的处理而得到的，因此在输入/输出数据结构最高层次的两个单元(在这个例子中是"教材记录表"和"教材学期报表")总是有对应关系的。这一对单元将和程序结构图中最顶层的方框(代表程序)相对应，也就是说经过程序的处理由购书信息表得到补售教材表。因为每处理输入数据中一个"教材组记录"之后，就可以得到输出数据中一个"行"，它们都是重复出现的数据单元，而且出现次序和重复次数都完全相同，因此，"教材组记录"和"行"也是一对有对应关系的单元。

下面依次考察输入数据结构中余下的每个数据单元看是否还有其他有对应关系的单元。"教材记录"不可能和"教材编号"对应，和输出数据结构中其他数据单元也不能对应。单个数量并不能决定一个记录中包含的变化量，因此也没有对应关系。通过类似的考察发现，输入数据结构中余下的任何一个单元在输出数据结构中都找不到对应的单元，也就是说，在这个例子中输入/输出数据结构中只有上述两对有对应关系的单元。在图 3-38 中用一对虚线箭头把有对应关系的数据单元连接起来，以突出表明这种对应关系。

Jackson 程序设计方法的第三步是从数据结构图导出程序结构图。按照前面已经讲述过的规则，这个步骤的大致过程如下。

首先，在描绘程序结构的 Jackson 图的最顶层画一个处理框"生成教材学期报表"，它与"教材记录表"和"教材学期报表"这对最顶层的数据单元相对应。但是接下来还不能立即画与另一对数据单元("教材组记录"和"行")相对应的处理框，因为在输出数据结构中"行"的上层还有"表头"和"表体"两个数据单元，在程序结构图的第二层应该有与这两个单元对应的处理框——"生成表头"和"生成表体"。因此，在程序结构图的第三层才是与"教材组信息"和"行"相对应的处理框——"由教材组记录生成表行"。在程序结构图的第四层似乎应该是和"教材记录"、"教材编号"、"教材名称"、"变化量"等数据单元对应的处理框"处理教材记录"、"生成教材编号"、"生成教材名称"、"生成变化量"，这四个处理是顺序执行的。但是，"教材记录"是重复出现的数据单元，因此，"处理教材记录"也应该是重复执行的处理。改进的 Jackson 图规定顺序执行的处理中不允许混有重复执行或选择执行的处理，所以在"处理教材记录"这个处理框上面又增加了一个处理框"处理教材组记录"。最后得到的程序结构图为图 3-39。

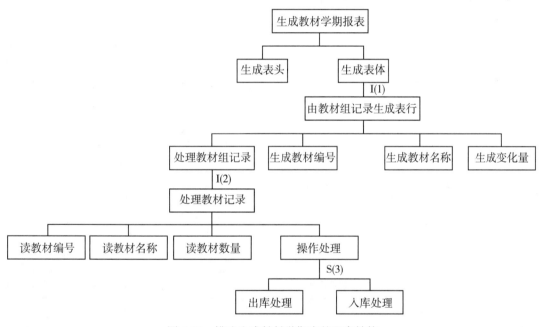

图 3-39　描述生成教材学期表的程序结构

Jackson 程序设计方法的第四步是列出所有操作和条件，并且把它们分配到程序结构图的适当位置。首先，列出生成教材学期报表需要的全部操作和条件如下：

1) 输入教材记录库文件名
2) 打开教材记录库文件名
3) 对教材记录库文件按教材编号索引
4) 创建报表文件
5) 生成表头字符串至报表文件
6) 送交换符至报表文件
7) 变化量 change = 0

8）ID 置为当前教材记录的编号

9）读教材记录库文件的编号至 ID

10）读教材记录库文件的教材名称至 name

11）读教材记录库文件的教材数量至 data

12）change＝change－data

13）change＝change＋data

14）指向教材记录库文件的下一条记录

15）生成教材编号 ID 字符串至报表文件

16）生成教材名称 name 字符串至报表文件

17）生成变化量 change 串至报表文件

18）关闭教材记录库文件

19）关闭报表文件

I（1）教材记录库文件未到文件尾

I（2）当前教材记录的编号不等于 ID

S（3）当前教材记录的操作类型是出库

在上面的操作表中，ID 是保存教材编号的变量，name 是保存教材名称的变量，change 是保存教材数量变化量的变量。

经过简单分析不难把这些操作和条件分配到程序结构图的适当位置，结果为图 3-40。

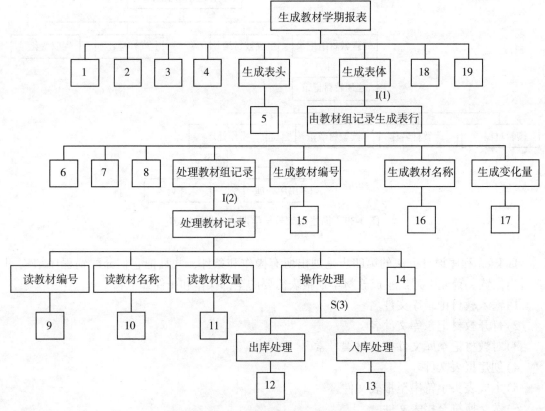

图 3-40　把操作和条件分配到程序结构图的适当位置

Jackson 方法的最后一步是用伪码表示程序处理过程。因为 Jackson 使用的伪码和 Jackson 图之间存在简单的对应关系，所以从图 3-40 很容易得出下面的伪码：

生成教材学期报表 seq
输入教材记录库文件名
打开教材记录库文件
对构建记录库文件按教材编号索引
创建报表文件
生成表头 seq
生成表头字符串至报表文件
生成表头 end
生成表体 iter while 教材记录文件未到文件尾
由教材组记录生成表行 seq
　送换行符至报表文件
　Change：=0
　ID 置为当前教材记录的编号
　处理教材记录 while 当前教材记录的编号不等于 ID
　读教材记录库文件的编号至 ID
　读教材记录库文件的教材名称至 name
　读教材记录库文件的教材数量至 data
　操作处理 while 当前教材记录的操作类型是出库
　　出库处理 seq
　　　Change：=change−data
　　出库处理 end
　操作处理 while 当前教材记录的操作类型是入库
　　入库处理 seq
　　　Change：=change+data
　　入库处理 end
　操作处理 end
　指向教材记录库文件的下一条记录
　生成教材编号 seq
　　生成教材编号 ID 字符串至报表文件
　生成教材编号 end
　生成教材名称 seq
　　生成教材名称 name 字符串至报表文件
　生成教材名称 end
　生成变化量 seq
　　生成变化量 change 串至报表文件
　生成变化量 end
由教材组记录生成表行 end
关闭教材记录库文件

计算机科学与技术专业规划教材

关闭报表文件

生成教材学期报表 end

以上简单介绍了由英国人 M. Jackson 提出的结构程序设计方法。这个方法在设计比较简单的数据处理系统时特别方便，当设计比较复杂的程序时常常遇到输入数据可能有错、条件不能预先测试、数据结构冲突等问题。

3.5.2　Warnier 方法

Warnier 程序设计方法另一种面向数据结构的设计方法，又称为逻辑地构造程序的方法，简称 LCP（Logical Construction of Programs）方法，1974 年由 J. D. Warnier 提出。Warnier 方法的原理和 Jackson 方法类似，也是从数据结构出发设计程序。它们之间的差别有三点：一是它们使用的图形工具不同，分别使用 Warnier 图和 Jackson 图；另一个差别是使用的伪码不同；最主要的差别是在构造程序框架时，Warnier 方法仅考虑输入数据结构，而 Jackson 方法不仅考虑输入数据结构，而且还考虑输出数据结构。

1. Warnier 图

Warnier 图又称为 Warnier-Orr 图，同 Jackson 图一样也可用来表示数据结构和程序结构。其外形紧凑，书写方便，是一种较为通用的表达工具。Warnier 图中使用的主要符号与说明如表 3-2 所示。

表 3-2　　　　　　　　　　Warnier 图的主要符号与说明

符号	含义	说明	意义
|	表示层次组织	（1 次）	顺序结构
⊕	表示"或"（or）	（n 次）	循环结构
⊕-	表示"非"	（0 或 1 次）	选择结构

例如某教材购销系统中需要设计一个购书系统。系统的输入文件有两种记录，一种是头记录，记载学生的学号、姓名；另一种是购书事务记录，记载教材编号、教材名称、购买数量等。该系统的主要功能是根据上述的输入文件，产生订书单。根据系统的设计可以用 Warnier 图来描述系统的输入和输出数据结构，注意的是其图形中次数的说明。如图 3-41 所示某教材购销系统中输入数据结构的 Warnier 图和如图 3-42 所示某教材购销系统中输出数据结构的 Warnier 图。

2. Warnier 设计方法

Warnier 设计方法基本上由下述四个步骤组成：

（1）分析和确定问题的输入和输出的数据结构，并用 Warnier 图来表示；

（2）从数据结构（特别是输入数据结构）导出程序的处理结构，用 Warnier 图表示；

（3）将程序结构改用程序流程图表示；

（4）根据上一步得到的程序流程图，写出程序的详细过程性描述。

在第四步中，主要是：

①自上而下给流程图每一个处理框统一编号；

②列出每个处理框所需要的指令，加上处理框的序号，并将指令分类；

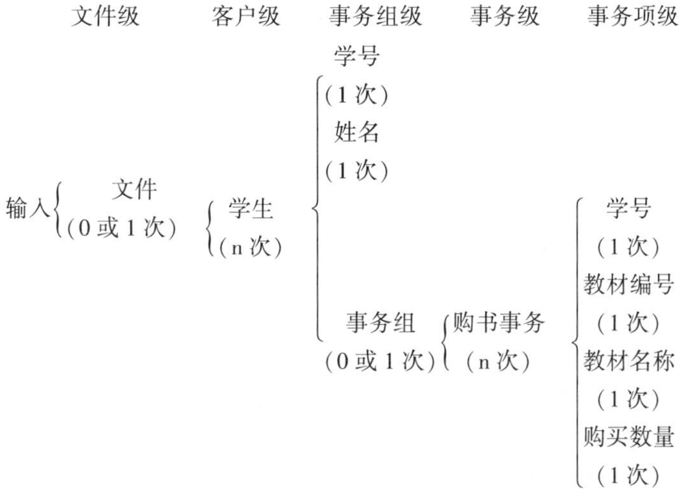

文件级　客户级　事务组级　事务级　事务项级

```
                              学号
                              (1次)
                              姓名
                              (1次)
          文件      学生                          学号
输入 {                {                           (1次)
        (0或1次)   (n次)                          教材编号
                                                 (1次)
                        事务组      购书事务       教材名称
                      (0或1次)    (n次)           (1次)
                                                 购买数量
                                                 (1次)
```

图 3-41 某教材购销系统中输入数据结构

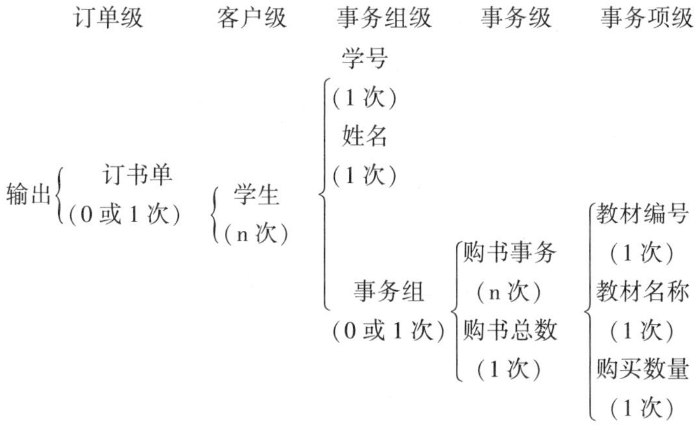

订单级　客户级　事务组级　事务级　事务项级

```
                              学号
                              (1次)
                              姓名
          订书单     学生       (1次)
输出 {                {                           教材编号
        (0或1次)   (n次)                          (1次)
                        事务组      购书事务       教材名称
                      (0或1次)    (n次)           (1次)
                                 购书总数          购买数量
                                 (1次)            (1次)
```

图 3-42 某教材购销系统中输出数据结构

③将上述分类的指令全部按处理框的序号重新排序，序号相同的则基本按"输入/处理/输出"的顺序排列，从而得到了程序的详细的过程描述。

3.6 编码

作为软件开发的一个步骤，软件编码就是选择某种程序设计语言，按照编程规范，将详细设计的结果变换成用某种程序设计语言编写的可在计算机上编译执行的具体代码。编码质量与设计人员使用的可安装在计算机中的程序设计语言，和设计人员的编码风格密切相关。目前，各种各样的程序设计语言有成千上万种，不同语言有着不同的特点及其适用范围，选择适当的程序设计语言进行编码，有助于进行高质量的编码活动。

3.6.1 选择程序设计语言

软件编码要产生在实际计算机上可执行的代码，因此，选择程序设计语言既要考虑其是

计算机科学与技术专业规划教材

否能满足需求分析和设计阶段所产生模型的需要，又要考虑语言本身的特性以及要求的软硬件环境。选择合适的程序设计语言，可以有效地减少编码的工作量，编写出易读、易测试、易维护的代码。对于编制程序过程有如下要求：

（1）编写的源程序易于代码的翻译；

（2）源程序或代码易于移植；

（3）为提高生产率、减少差错、提高质量，尽量利用代码生成工具；

（4）编写的程序易于维护；

（5）使用高效的编程环境；

程序设计语言是实现将软件设计转化到实际执行代码的基本工具。程序设计语言自身的特性将不可避免地影响到设计人员的思维方式和解决问题的方式，影响到程序设计的质量和设计风格。尽管程序设计语言种类繁多，但按影响设计方法的表现形式上看可以分为两类：面向计算机的汇编语言和面向设计人员的高级语言。

汇编语言也称面向机器的语言，它依赖于计算机的硬件结构，不同的计算机有不同的汇编语言。汇编语言的指令系统随机器而异，生产效率低，难学难用，容易出错，难以维护。但运行效率高，易于与系统接口，在一些实时应用场合和底层控制过程的小规模程序设计中仍在使用，在复杂软件开发中较少使用。

高级语言是当前使用最广泛的语言，高级程序设计语言中使用的符号与人们通常使用的概念和符号较接近，一般不依赖单一类型的计算机，一条语句的作用顶得上多条汇编指令，通用性强，易于移植。因此，开发复杂的软件系统，均选用高级程序设计语言作为编码的主要设计工具。

选择程序设计语言有以下标准：

（1）选用的程序设计语言应该有理想的模块化机制，具有较好的可读性控制结构和数据结构，能减少程序错误，结构清晰；

（2）选用的程序设计语言所对应的开发环境能够尽可能多的自动发现程序中的错误，便于测试和调试，提高软件的可靠性；

（3）选用的程序设计语言有良好的机制，具有符号表达的一致性和语义上的一致性，表达方式简洁、语法简单、便于记忆、易于学习掌握，以降低软件开发和维护成本；

（4）选用的程序设计语言能够满足应用领域功能和性能的要求；

（5）选用的程序设计语言能够满足描述程序模块算法复杂性的要求；

（6）选用的程序设计语言具有配套的软件工具，有利于提高软件开发的生产率；

（7）选用的程序设计语言有较好的移植性、兼容性和适应性；

（8）结合程序设计人员的知识水平和用户要求、标准化程度、系统开发规模、现有设计人员对语言的熟悉程度等因素进行选择。

如果与其他标准不发生矛盾时，应该选择开发人员熟悉的并在以前的项目中成功应用过的语言。当一种语言不能满足要求时，可选用一种语言为主，其他几种语言为辅，进行混合编程，满足软件设计的总目标。

高级语言中又可按其特性分为过程性语言和非过程性语言，过程性语言需要描述算法实现的细节，而非过程性语言不需规定具体实现的细节。一般传统的程序设计语言（如标准 C 和标准 PASCAL 等）属于过程性语言，现代的高级语言有些是非过程性语言（如数据库管理系统中的国际标准 SQL 语言等），有些高级语言具有以上两种特性。

不同的应用领域需要有与之相适应的语言的特性，科学计算需要使用计算能力强，运算速度快的高级语言，如多种传统的 C、Pascal 等语言；商业管理和一般的信息管理需要具有较强的数据管理和多种查询能力的高级语言，如各种数据库管理语言；而实时处理和控制需要具有处理速度快，有能方便的与系统进行接口的程序设计语言，如汇编语言、C 语言等；智能系统和知识表达系统需要使用具有表达较强逻辑推理能力的语言，如 Lisp、Prolog 等语言，根据具体应用领域的情况、用户要求、设计人员的背景、经验知识和应用环境的具体要求选用。因为对于设计人员来说，掌握一种新的设计工具是要花费一定的学习时间的，达到熟练程度才能灵活应用。

3.6.2　编码的准则

从软件工程的观点来看，系统分析和设计的目的，是将软件的定义转换成能在具体计算机上实现的形式。这种转化，必须通过软件编码才能实现。详细设计说明书是软件编码阶段的设计依据与基础。

作为软件开发的一个步骤，编码是软件设计的结果，因此，程序的质量主要取决于软件设计的质量。但是，程序设计语言的特性和编码途径也对程序的可靠性、可读性、可测试性和可维护性产生深远的影响。良好的编程风格意味着在不影响程序性能的前提下，通过有效编排和组织程序代码，可在一定程度上提高程序的可读性和可维护性，编码时可参考下面一组规则进行：

1. 保持简洁

使程序尽可能地保持简洁，避免不必要的动作或变量，避免模块冗余和重复，尽量不使用全局变量，避免晦涩难懂的复杂语句。

2. 模块化

把代码划分为高内聚、低耦合的功能块。通常可使用分治策略把复杂的长程序段分解为简易的短且定义良好的程序段。

3. 简单化

去掉过分复杂且不必要的成分，可通过下列措施达到该目的。如：采用更加简单有效的算法；在满足功能和性能的前提下，尽量使用简单的数据结构。

4. 结构化

把程序的各个构件组织成一个有效的系统。具体措施包括：按标准化的次序说明数据，按字母顺序说明对象名，使用读者明了的结构化程序部件，采用直截了当的算法，根据应用背景排列程序各部分，不随意为效率而牺牲程序的清晰度和可读性，让机器多做琐碎、繁琐的工作，如重复工作和库函数，用公用函数调用代替重复出现的表达式，检查参数传递情况，保证有效性，坚持使用统一缩进规则。

5. 文档化

尽量使程序能够自说明，具体措施包括：有效、适当地使用注释，保证注释有意义，说明性强。使用含义鲜明的变量名，协调使用程序块注释和程序行注释，始终坚持编制文档。

6. 格式化

尽量使程序布局合理、清晰。具体措施包括：有效地使用编程空间(水平和垂直方向)，以助于读者理解。适当地插入括号，使表达式的运算次序清晰直观，排除二义性。有效地使用空格符，以区别程序的不同意群，提高程序的可读性。

3.7　本章小结

软件设计的重要性在于好的设计才能保证高质量，软件设计阶段通常可以划分为两个子阶段：概要设计和详细设计。

概要设计的主要任务是回答"系统总体上应该如何做？"，即将分析模型映射为具体的软件结构，了解体系结构的种类及其设计方法。概要设计应该掌握这样一些原则：提高模块独立性；模块规模、深度、宽度、扇出和扇入都应适当适中；模块的作用域应该在控制域之内；降低模块接口的复杂程度。概要设计中可采用的图形工具有系统流程图、层次图、HIPO 图和结构图。

详细设计则将概要设计的结果具体化。详细设计是进行逻辑系统开发的最后阶段，其质量的好坏将直接影响到系统的编码实现，因此，详细设计除了保证正确性之外，还要考虑到将来编写程序时的可读性、易理解、易测试、易维护等方面的因素。合理地选择和使用详细设计的基本工具，深入理解和掌握其设计思想和方法对搞好软件开发是非常重要的。

软件编码的质量与软件的详细设计以及所选用的程序设计语言相关。良好的编码风格将极大的提高程序代码的可读性、可测试性、可维护性以及可靠性。

习　题

(1) 简述软件结构设计优化准则。

(2) 结构化程序设计方法的基本要点是什么？

(3) 软件详细设计的基本任务是什么？

(4) 简述变换分析设计的步骤。

(5) 详细设计主要使用哪些描述工具，各有何特点？

(6) 教材购销系统有如下功能：

销售功能：由学生提交购书单，经教材销售人员审核是有效购书单后，开发票、登记并返给学生领书单。

采购功能：如果是教材库存不足，则登记缺书，发缺书单给书库采购人员；一旦新书入库后，即发进书通知给教材销售人员。试根据要求画出该系统的数据流程图，并将其转换为软件结构图。

(7) 下列是直接选择排序算法：（描述语言：C++类模板）

```cpp
template <class Type> void SelectSort ( datalist<Type> & list )
{   //对表 list. Vector[0]到 list. Vector[n-1]进行排序，n 是表当前长度。
    for ( int i=0; i<list. Size-1; i++)
    {
        int k=i;
        //在 list. V[i]. key 到 list. V[n-1]. key 中找具有最小关键码的对象
        for ( int j=i+1;   j<list. Size;   j++)
        if ( list. V[j]. getKey ( )<list. V[k]. getKey ( ))k=j;
        //当前具最小关键码的对象
```

```
    if（k！=i）Swap（list.V[i]，list.V[k]）；　　//交换
  }
}
```

画出程序流程图。

（8）教材购销系统的采购子系统有如下功能：

①由出版社提供书目给采购人员；

②采购人员从学生订书单和库存量取得要订的书目；

③根据供书目录和订书书目产生订书文档留底；

④将订书信息（包括数目，数量等）反馈给出版社；

⑤将已有书目通知学生；

⑥对于需要订购的书目由采购人员确定进书情况，并把结果反馈给学生。

试根据要求画出该问题的数据流程图，并把其转换为软件结构图。

（9）画出下面由 PDL 写出的程序的 PAD 图

```
A
WHILE   a   DO
    B
    IF   b>0   THEN   C1   ELSE   C2   ENDIF
    CASE OF
        CASE   d1   THEN   D1
        CASE   d2   THEN   D2
        ELSE   D3
    END CASE
    E
END WHILE
F
```

第4章 面向对象的软件需求分析

【学习目的与要求】 软件需求分析是软件开发过程的第一步，它的产出是完整、正确并且可实现的需求说明，决定了待开发的软件系统"要做什么"以及"怎么做到"，是软件开发过程中最为重要的步骤。广义上来说，需求分析不仅要对用户需求进行分析，也包括了需求的获取、需求的规约和需求的验证过程，可以总结为需求开发过程。需求开发的任务是：首先从无到有获取软件系统的原始需求；然后在高层次目标需求的指导下，对模糊不清、零散、逻辑混杂，甚至前后矛盾的用户需求进行分析和综合，得到清晰一致并且可实现的系统需求；接下来把系统需求以文档的形式表现出来，形成需求规格说明书；最后对需求规格说明书进行验证，确保其高质量。本章主要介绍了软件需求开发过程中各个任务的概念和实施方法，重点是软件需求分析与建模过程。本章中使用 UML 作为建模工具，重点讲述了创建行为模型、功能模型和结构模型的方法。通过对本章的学习，要求掌握需求分析的概念；了解需求获取的方法与手段；掌握常用面向对象需求分析与建模的方法；能够撰写优质的需求规格说明文档。

4.1 软件需求与需求工程

根据 IEEE 的定义，软件需求是：

(1)用户解决问题或达到目标所需的条件或能力；

(2)系统或系统部件要满足合同、标准、规范或其他正式规定文档所需具有的条件或能力；

(3)反映上面所描述的条件或能力的文档说明。

上述定义分别从用户视角、软件系统视角和规约文档的视角对需求进行了描述，强调了需求来源于用户，需要被待开发系统所满足，并要求形成规范性文档。

软件需求可以被划分为三个层次，分别是目标需求、业务需求和系统需求。其中，目标需求是开发系统的战略出发点，描述了用户(组织)为什么要开发系统。通常目标需求是抽象的(比如：提升公司信息化水平，降低职工劳动强度，加快生产资源流动速度等)，来源于用户高层人员。

业务需求描述了系统能够帮助用户做什么，是用户对系统可完成任务的期望，通常来源于直接操作系统的用户。由于业务需求往往来源于众多用户，因此它通常具有模糊、零散、逻辑混杂，甚至前后矛盾的特点。

系统需求是经过需求人员在目标需求的指导下，对业务需求分析整理后的结果，它既是用户对软件系统行为的期望，又是开发人员映射系统任务的指导。良好的系统需求应该具备清晰、一致、可实现的特点。

系统需求可作为开发指导的明确需求，又可进一步划分为功能需求、非功能需求和约束与限制，其具体描述如下：

功能需求：系统应该为用户所提供的服务，以及系统行为的描述。

非功能需求：针对系统某特定功能所必须要达到的运行能力的描述。

约束与限制：由软件系统的应用领域所决定的特有要求的描述。

功能需求是系统要完成的任务主体，功能需求以外的需求，可以按是否技术相关进行划分：技术相关的则为非功能需求，技术无关的则为约束与限制。

需求各层次以及分类之间的关系如图4-1所示：

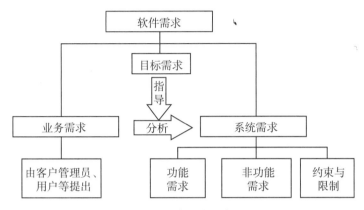

图4-1　需求层次及类型

软件需求开发作为软件开发过程的第一个步骤，是软件开发过程中的关键步骤。同时需求开发的产品(通常是软件需求规格说明书)是软件整体生命周期的指导性文档。因此不仅要在需求开发步骤中关注需求，同时，在软件设计、开发与维护过程中，都需要对需求进行管理和控制。结合上述特性，在现代软件工程中，需求问题被整体视为"软件需求工程"。软件需求工程包括两个主要任务，分别是软件需求开发和软件需求管理。

其中需求开发任务的活动包括：

1. 软件需求获取

确定待开发软件系统的范围，并从各种来源获取相关需求信息。

2. 软件需求分析与建模

对需求获取中所收集到的用户需求进行分析，消除需求中存在的矛盾和问题，并按照需求的类型对需求信息进行划分。根据软件需求信息建立软件系统的静态结构关系和信息连接关系，并确认非功能需求和约束条件及限制。

3. 软件需求规约

根据分析得到的需求信息和逻辑模型，选择某种合适的语言，将需求文档化，形成需求规格说明文档。

4. 软件需求验证

对需求规格说明书进行评审，确保需求信息的完整性、正确性。

上述任务的具体联系如图4-2所示：

软件需求管理任务的活动包括：

1. 需求基线管理

由于开发资源和需求间逻辑关系的限定，开发者需要将系统划分为多次迭代开发的过

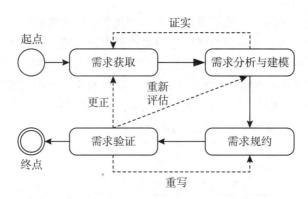

图 4-2　需求开发的各个任务及其关联

程。需求基线管理是指对待开发需求进行划分，确定每次迭代需要开发的需求，所划定的分界线被称为"基线"。

2. 需求跟踪

需求跟踪指的是针对某条需求条目，向上追溯其需求来源，平级寻找到与之相关的其他需求，向下可以查询到其相关软件资产(包括设计、代码、测试用例等)。

3. 需求变更控制

当需求发生变更时，对变更进行评估，对于可接受更改的需求，在需求跟踪的支持下对上下游资产进行修改，变更的实施进行管理。

上述任务的关系如图 4-3 所示：

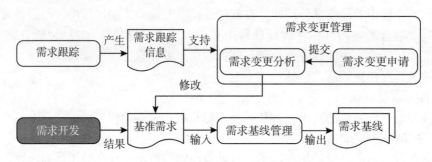

图 4-3　需求管理各任务及其关联

本章节主要讨论需求开发的任务，其中需求分析与建模的技术性最强，是需求开发中的重点和难点，是本章讲授的重点。

4.2　需求获取

需求获取任务顾名思义，就是要获取待开发系统的用户需求信息。软件需求的主要来源是待开发软件系统的用户，需求获取的最主要方法是与用户的直接沟通。高质量的需求获取不仅是由技术因素所决定，更依赖需求获取双方的良好沟通能力、合理的需求获取计划和需求获取方法的灵活应用。结合本章的学习重点，本节只重点介绍常用的需求获取方法。

常用的需求获取方法包括：

1. 用户访谈

用户访谈是最简单，但也是使用最广泛的需求获取方法，其优点在于直接有效、形式灵活，能够进行深入交流。

用户访谈的第一步是确定访谈对象。为了保证需求的完整性和正确性，需求人员需要对足够的用户进行访谈，然而软件系统通常用户众多，无法做到全覆盖式的访谈，因此只能选取部分用户代表作为访谈对象。在选择用户代表时，首先要按照某种标准对用户进行分类（岗位、年龄、使用系统的频度等）；然后从每个类型的用户中选择一到两名作为代表，并且确定这些代表必须是真正用户，而非代理人；最后要确定需求的决策者角色，以便解决可能存在的需求冲突。

开始正式访谈以前，需要进行计划，计划的内容包括：

(1)确定访谈时间和地点：通过事前沟通确定访谈的时间，预计的时长以及访谈的位置。通常单次访谈的时间应该控制在1到2个小时，访谈的地点应该避免在办公室等容易被打断的地方；

(2)确定好计划问题：访谈中应该避免"说说你对系统的要求"之类没有边界限制的问题，应该事件计划好必须要问的问题，然后在访谈过程中再根据访谈情况，提出一些即兴问题；

(3)提前将访谈计划发送给被访谈人：提前三天到一周左右，将访谈计划（包括计划问题）发送给被访谈人，以便被访谈人能够提前准备，做到心中有数，提高访谈的效率。

访谈过程中应该注意时间和节奏的把握。内容上，不遗漏计划问题，并穿插即兴问题；语言上，以简单句式为主，并要注意反馈，确保沟通中没有失真；访谈过程需要记录，可以辅以文字、语音、录像等记录手段。

访谈后，所获取的原始需求要及时分析总结，遇到原始需求存在矛盾或不清晰的情况，需要及时与决策人或用户代表进行沟通，解决问题。

2. 用户调查

对于一些用户数量庞大，或者有跨大地域用户群体的软件系统（比如公共投放型的软件），在选取用户代表进行访谈的同时，为了避免用户代表数量过少导致需求的片面性，往往还需要通过用户调查了解更多用户的需求。

用户调查也就是问卷调查，它的优点在于调查面广，能够获得更多用户的需求，是用户访谈技术的有效补充，能够克服用户访谈的片面性。

用户调查的时机可以在需求访谈之前或之后。对于用户类型划分明显的定制型系统，往往选取"先访谈，再调查"的方式，将调查作为访谈的补充；对于用户类型划分不明显的投放型软件系统，则往往选取"先调查，再访谈"的方式，先通过调查来获取市场的期望，再以此为指导选择合适的用户代表进行访谈。

在设计用户调查问卷时，需要遵循以下原则：(1)题目由易到难；(2)题目顺序按照逻辑相关性编排；(3)题目总数不宜过多，通常不超过3页；(4)问卷由封闭性（判断题）、半封闭性（选择题）题开始，开放性问题（问答题）安排在最后；(5)开放性问题尽量简短，并且可以附加在某些封闭或半封闭题后，给用户一定的提示。

在用户调查结束后，需要及时对回收的用户问卷进行分析与整理，首先需要剔除无效问卷，然后对回答问卷的用户进行分类，确定不同用户的不同需求。

计算机科学与技术专业规划教材

3. 文档研究

调查用户使用的文档报表等纸质介质也是常用的需求收集方法，尤其是对系统数据项的收集来说尤为有效。其优点在于能够直观地显示系统中信息流转的过程，详细地了解系统数据项的组成。在使用文档研究时，为了避免出现采用了过时文档的情况，需要注意文档的时效性。如果可能，最好使用用户真实使用过，填写了数据的文档作为文档研究的对象。

4. 通过场景/用例技术获取需求

严格来说，场景技术并不是直接获取用户需求的方法，而是一种需求获取的辅助工具。场景指的是用户为了实现某个目标与软件系统进行的一系列交互活动。在用户访谈中，场景技术是一种非常有效的辅助手段，尤其是当用户不能清晰总结其需求时，帮助用户描述出他们使用系统完成一个目标应该进行的操作步骤，即形成了一个场景。以某"在线答题系统"为例，其中"继续未完成练习"的场景自然语言描述如下：

学员姜某通过"在线答题系统"，进行"二级建造师考试"中"建设工程法规及相关知识"科目的模拟试卷18的练习，她昨天已经完成了该试卷的一部分题目，所以今天需要"继续未完成练习"。

她首先用自己的账号密码进行登录，然后选择"进入答题中心"，选择考试项目"二级建造师"，选择考试科目"建设工程法规及相关知识"，选择试题"模拟试卷18"，选择"在线练习"，最后选择"继续完成上次的练习"，然后开始从上次答题后退出的位置继续答题。

上述文字描述了一个典型的场景，用户通过对系统的一系列操作，完成自己需要实现的功能，开发人员可以通过抽取场景的构成元素，对上述场景进行初步归纳：

"继续未完成练习"场景

执行者：会员姜某

系统状态描述：姜某之前已经完成了某份试卷的部分试题

执行者目的：继续完成之前未完成的试卷

动作和事件：使用账号密码登录

　　　　　　选择进入答题中心

　　　　　　选择考试项目"二级建造师"

　　　　　　选择考试科目"建设工程法规及相关知识"

　　　　　　选择试题"模拟试卷18"

　　　　　　选择"在线练习"

　　　　　　选择"继续完成上次的练习"

　　　　　　继续答题

通过上述对自然语言描述的场景信息进行调整，可以让场景更加清晰，有助于后续需求分析建模过程。

通过场景技术，一方面，可以消除用户与需求人员的沟通障碍，让用户能够积极地参与到需求获取中来；另一方面，可以让需求人员初步对用户需求进行分析和总结，比较容易暴露需求中存在的问题，有助于进一步分析。

在面向对象阶段，在场景的基础上派生出了用例。用例是软件系统对外界请求所做出响应的描述，每个用例包含一个或多个场景。可以简单地将用例理解成是若干个相关场景的集合。

4.3　面向对象需求分析与建模

需求分析是需求开发过程的核心任务，是最困难也是技术性最强的任务。需求建模则是帮助需求人员认识需求、表示需求的手段，是需求分析中必不可少的辅助手段，所以需求分析步骤也被称为需求分析与建模。

需求分析的目的不是分析该软件系统如何实现用户的需求，而是对需求获取所得到的原始需求进行提炼和归纳，并在此过程中消除其中的矛盾，最终将需求串联成为整体，帮助后续开发设计人员理解需求。因此需求分析的主要任务是分析和综合原始需求，其中，分析是找出原始需求信息间的内在联系和可能的矛盾；综合则是去除非本质信息，找出解决矛盾的方法，并建立系统的逻辑模型。

4.3.1　需求建模的概念

需求建模是根据待开发软件系统的需求，使用某种建模方法建立起该系统的逻辑模型（需求模型）。考虑到需求最终要形成文本记录，所以需求模型要能够有准确描述需求的工具。同时需求模型要用于辅助开发人员检验需求的一致性、完全性、二义性等问题，所以需求模型还需要提供基本的建模步骤。

在20世纪五六十年代，软件刚刚出现，当时软件的特点是结构简单、规模小，主要用于解决科学计算问题。因此在此阶段，需求建模的关键在于选择合适的数据结构和算法；到了20世纪七八十年代，软件主要用于银行、证券等行业，用于解决数据处理相关问题，随着结构化分析与设计泛型的广泛使用，一批结构化需求建模的工具流行开来。此阶段的需求建模有两个关键：一是确定数据项，二是确定数据的流转过程，所对应的代表性建模工具分别为E-R图（Entity Relationship Diagram，实体-关联图）和DFD（Data Flow Diagram，数据流图）。

从20世纪90年代至今，软件系统所解决的问题越来越复杂，面向对象泛型成为软件开发的主流。面向对象泛型的出发点是让软件系统模拟人类习惯的思维方式，从而使开发软件的过程与人类的认知过程相统一，更适合开发规模大、复杂度高的软件系统。面向对象泛型从最初的OOP（面向对象编程）开始，逐步发展出OOA（面向对象的需求分析）、OOD（面向对象的设计）和OOT（面向对象的测试），形成了一整套软件开发方法。

早期面向对象需求分析建模工具包括OMT（对象建模技术）、OOSE（面向对象软件工程）等，其中还保留了一些结构化需求分析的特点。比如在OMT中，将需求模型划分为对象模型、动态模型和功能模型三个部分，其中对象模型使用类图描述；动态模型使用状态图和时序图描述；功能模型则采用结构化建模中的DFD进行描述。这些建模工具在UML产生后，逐步被其取代，本章将重点介绍基于UML的需求建模方法和过程。

统一建模语言UML（Unified Modeling Language）是一种用于描述、构造可视化和文档软件系统的图形语言，它是由面向对象方法领域的三位著名专家Grady Booch，James Rumbaugh和Ivar Jacobson提出的，该方法结合了Booch，OMT，和OOSE方法的优点，统一了符号体系，并从其他的方法和工程实践中吸收了许多经过实际检验的概念和技术，已成为国际软件界广泛承认的标准。UML是一种基于面向对象、定义良好、易于表达、功能强大且普遍实用的建模语言。它独立于过程，从需求分析、软件规范、结构设计、测试、到配置管理都提供了模型化和可视化的支持。UML 作为一种模型语言，为不同领域的用户提供了统一的交流标准——UML 图，最适于数据建模、业务建模、对象建模和组件建模，它使开发人员专注于建立产品的模型和结构，而不是选用什么程序语言和算法实现。当模型建立之后，模型可以被 UML 工具转化成指定的程序语言代码。

统一建模语言 UML 是用来描述模型的，它用模型来描述系统的结构、静态特征及动态特征，它从不同的视角为系统建模，形成了不同的视图（View）。每个视图代表完整系统描述中的一个对象，显示这个系统中的一个特定的方面，每个视图又由一组图构成。

用例视图（Use-case View）：描述系统应该具有的功能集，它从系统外部用户的角度出发，实现对系统的抽象表示。在用例视图中，角色（Actor）代表外部用户或其他系统，用例（Use-case）表示系统能够提供的功能，通过列举角色和用例，显示角色在每个用例中的参与情况。用例视图是其他视图的核心和基础，其他视图的构造和发展依赖于用例视图所描述的内容。用例视图用用例图来描述，有时也用活动图来进一步描述其中的用例。

逻辑视图（Logical View）：也称为设计视图（Design View），用来揭示系统功能的内部设计和协作情况。它利用静态结构和动态行为描述系统的功能，其中，静态结构描述类、对象及其关系等，主要用类图和对象图；动态行为主要描述对象之间发送消息时产生的动态协作、一致性和并发性等，主要用状态图、时序图、协作图和活动图。

进程视图（Process View）：用于展示系统的动态行为及其并发性，也称为行为模型视图。它用状态图、时序图、协作图、活动图、构件图和部署图来描述。

实现视图（Implementation View）：描述逻辑设计的对象是在哪个模块或组件中实现的，展示系统实现的结构和行为特征，包括实现模型和它们之间的依赖关系，也称组件视图，一般用构件图来描述。

部署视图（Deployment View）：显示系统的实现环境和组件被部署到物理结构中的映射。如：计算机、设备以及它们相互间的连接，哪个程序或对象在哪台计算机上的执行等。部署视图用部署图来描述。

这些视图能够在软件的需求分析和设计阶段起到表示和验证的作用。本章主要介绍需求分析与建模阶段使用到的用例图、类图和活动图。下一章软件设计会主要介绍包图、部署图和构件图的使用和建模方法。

需求分析与建模阶段使用主要使用的图形如表 4-1 所示。

表 4-1　　　　　　　　　　　　　　　**需求建模中使用的 UML 图**

图	作用	视角
活动图	描述业务过程	行为
用例图	描述用户和场景的关联	功能
类图	描述系统实体间的关联	结构

鉴于需求的复杂性，单一视角不足以描述其全貌，在 UML 需求建模中，使用三种图形分别从不同的视角对需求进行说明，结构建模使用类图，行为建模使用活动图，功能建模则使用用例图。在建模过程中，通常会先进行结构建模，然后进行行为建模，最后是功能建模，从实践情况来看，行为建模总是处于功能建模之前，而结构建模安排在行为功能建模之

前或之后均可。

4.3.2 结构建模的概念

由需求获取得到的原始用户需求中必然包含众多角色、概念、物体等实体描述，并且实体与实体之间存在错综复杂的关联。为了理解业务，需要解决的一个重要问题就是理清这些实体以及它们之间的关系。类图是用来描述实体、实体属性和实体间关联的工具，从用户需求中提取实体，用类图描述它们，并建立它们之间关联的过程——结构建模。

以某"在线考试系统"为例，有如下需求描述：

姜某是"在线考试系统"的会员，她准备在六月参考"二级建造师"考试科目中的"建设工程法规及相关知识"等多项考试项目，为了备考，她需要在系统中提交报名申请以开通在线题库。

每个考试科目由一到多个考试项目组成，每个考试项目有各自的价格。会员可以提交多次报名申请，但每次报名申请只能选择一个考试科目下的考试项目。

姜某首先要在考试科目中选择二级建造师，然后在考试项目中选择建设工程法规及相关知识以及其他需要报名的考试项目，最后选择报名，系统将自动生成包含报名信息的订单，并计算订单的总价格。

该需求描述了会员提交考试报名申请并生成订单的过程，要对该需求进行结构建模，需要确定需求中涉及的实体和关联，直观的方法是：

(1)勾画出需求描述中的所有名词(如描述中下画线所示的内容)；

(2)剔除其中具体和与系统无关的名词(如"姜某"、"六月"等名字过于具体，而"备考"与系统功能无关)；

(3)分辨其他名字的力度与组成关系，力度大的名词可以作为类的候选，力度小的名词可作为某个类的属性；

(4)绘制类以及可知属性，并建立类之间的关联(见图4.4)。

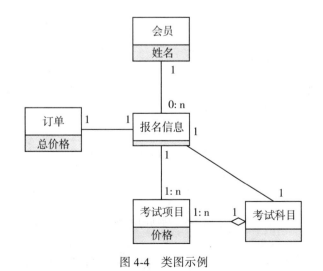

图 4-4　类图示例

在需求分析阶段，由于缺乏设计细节，因此不要求能够完整地绘制出每个类的具体属性。类图除了用于结构分析外，也用来指导系统的设计，一方面是在设计时能理清每个实体有哪些项目，另一方面是功能与功能之间的关系。

4.3.3 行为建模

行为建模是通过活动图对系统的业务流程进行描述的过程，所以也叫做业务流程分析。在需求获取任务所得到的原始需求中，无论是否运用了场景技术，都会有很多具体的业务事件存在，行为建模的任务就是把这些业务过程用活动图进行描述。

以某"在线答题系统"中的"报名开通题库"场景为例，其描述如下：

执行者：会员姜某

系统状态描述：姜某之前成功注册并已登录系统

执行者目的：开通特定题库的在线答题功能

动作和事件：会员提交报名申请

　　　　　　系统生成订单

　　　　　　管理员订单设定折扣

　　　　　　会员使用第三方支付付款

　　　　　　系统接收到第三方支付付款成功消息

　　　　　　系统为学员开通题库

根据上述场景，其行为模型如图4-5所示：

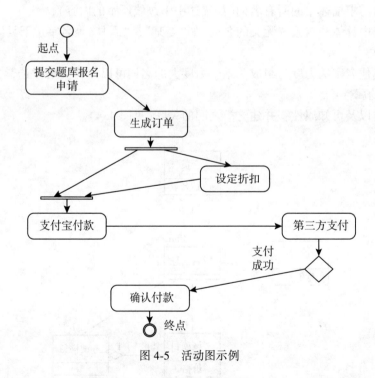

图4-5　活动图示例

图4-5虽然描述了给定场景中的所有业务步骤，但是却无法表现业务步骤与处理角色的关系，所以还需要使用泳道对角色进行说明，修改结果如图4-6所示：

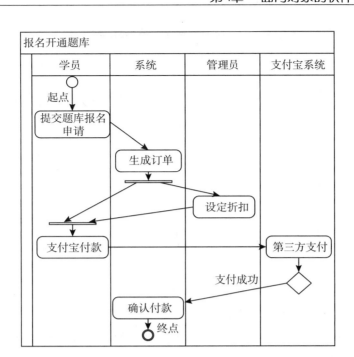

图 4-6　带泳道的活动图示例

如果有重要的数据需要标识，还可以为活动图添加对象流。带对象流的活动图不仅能够描述业务流程，同时还在一定程度上描述了数据的流向，部分继承了 DFD 的功能。添加了对象流的活动图如图 4-7 所示。

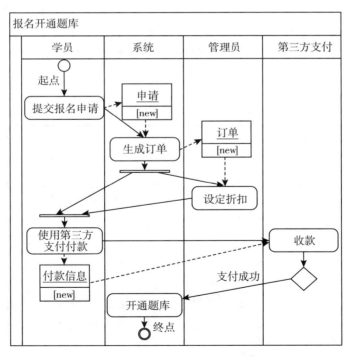

图 4-7　带对象流的活动图示例

在使用活动图对软件系统的行为进行建模时，需要注意：

（1）活动图需要保证业务活动的完整性，但不需要描述活动细节；

（2）活动图中不考虑元素的复用性；

（3）如果在活动图使用了并发的分叉点，则一定要有与之对应的汇合点；

（4）活动图应该尽量标明活动的执行角色；

（5）活动图可以适当采用对象，但如非必要，不需要描述"数据"和"文件"的组成。

除上述案例中所描述的活动图元素外，还有一些复杂元素，比如嵌套活动图、引脚、时间信号等，有兴趣的读者可以自行查阅相关资料。

4.3.4 功能建模

功能建模主要使用用例图标明系统的范围，即要标明系统提供哪些用例(功能)，同时还要注明使用用例的用户角色。根据行为建模中绘制的活动图，可以识别出系统用例。

首先，将活动图中的每个活动视为备选用例；

然后，识别活动是否为系统用例，原则包括：

（1）活动的使用者是否是系统内部角色；（2）活动是否使用本系统提供的服务；（3）活动是否是本系统提供的服务。

如果上述原则之一的答案为肯定，则可以判断该活动为系统用例。

最后，进行适当的合并，建立用例(参与者)之间的"包含"、"扩展"和"泛化"关系。

以上节中行为建模的案例"报名开通题库"为例。活动图中包含："提交报名申请"、"生成订单"、"设定折扣"、"使用第三方支付付款"、"开通题库"、"收款"六个活动，"会员"、"管理员"、"第三方支付"三个角色。其中"第三方支付"只为本系统提供服务，但并不使用本系统所提供的功能，对于"会员"和"管理员"等内部角色来说，"第三方支付"是不可见的。所以在功能建模中，不应该包含该外部角色，也不包括该角色所负责的活动。另外由于"提交报名申请"、"生成订单"、"设定折扣"等几个活动力度较小，所以可以归纳为由"报名开通题库"用例所包含。

最终总结的用例图如图4-8所示。

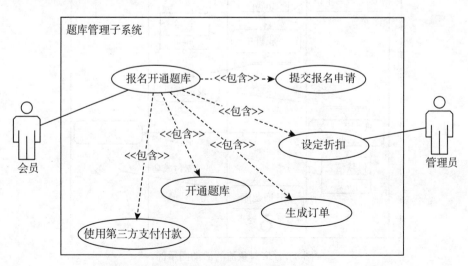

图4-8　用例图示例

在绘制用例图时，不仅需要绘图，还需要对每个用例进行详细说明。用例描述的核心是业务流程的步骤，可以包括完成用例的正常流、替代流及异常流叙述：

正常流是完成用例预设的"最佳"路径。如果存在正常路径的替代情况，不能使用 if-else 进行描述，必须使用独立的替代流来描述。异常流是描述用例无法正常完成的情况，有不同的结束点。

流程描述时需注意，每条叙述都必须是肯定句，并且不涉及太多细节。

表 4-2 是一个用例详细说明的模板。除了可以使用模板的方式对用例进行详细描述外，在实践操作中，也可以使用流程图、时序图等图形方式来进行描述。

表 4-2　　　　　　　　　　　　　　　　用例描述模板

用例编号	给用例的编号	名称	用例名称
执行者	执行的用户角色名称	优先级别	高□　中□　低□
描述	对用例的简短文字描述，重点是用例执行的目标		
前置条件	按条目列举本用例执行所需得前置条件		
正常流程	在正常情况下，本用例执行的过程步骤		
结束情况	正常情况下用例的结果		
替代流程	与正常流程不同但非错误的其他流程（可以有一到多个替代流程）		
异常流程	错误的流程（可以有一到多个错误流程）		
说明	对该用例的其他补充说明		

利用上述模板，对"报名开通题库"用例进行描述的结果如表 4-3 所示。

表 4-3　　　　　　　　　　　　　　　　报名开通题库用例描述

用例编号	UC-001	名称	报名开通题库
执行者	会员	优先级别	高☑　中□　低□
描述	会员购买所需的题库，以在线练习		
前置条件	1. 会员已注册并登录 2. 有可供购买的题库		
正常流程	1. 提出题库报名申请 2. 生产订单 3. 等待设定折扣 4. 使用第三方支付成功 5. 开通题库		
结束情况	1. 为会员开通其购买题库的在线练习权限		
备选流程	1. 提出题库报名申请 2. 生产订单 3. 用户在系统外部使用现金支付，管理员将折扣设定至总价 0 元 4. 用户使用第三方支付（但不发送支付信息，直接判定支付成功） 5. 开通题库		

计算机科学与技术专业规划教材

用例编号	UC-001	名称	报名开通题库
异常流程	1. 提出题库报名申请 2. 生产订单 3. 等待设定折扣 4. 第三方支付付款失败 5. 通知用户付款失败		
说明	用户必须在管理员确认报名，设置折扣后才能选择支付		

小结

鉴于需求的重要性和复杂性，结构建模、行为建模和功能建模分别从"物"、"事"和"人"三个方面对需求进行了描述。通过对需求的分析与建模，不仅消除了需求中可能存在的矛盾，同时让相关人员能够更清楚地理解需求，并提供用户与开发人员沟通的手段。

4.4 需求规约

通过需求分析与建模所获取到的需求，是软件开发的重要资产，必须以文档的形式将需求记录下来，供相关人员随时查阅。这个过程就是需求规约，所产生的需求文档就是需求规格说明书(Software Requirements Specification)。

需求规格说明书记录了经过分析后的所有软件需求，是整个软件生命周期中最重要的文档。需求规格说明书是软件设计的基础，为软件开发提供参照，是测试的依据，也是软件交付的证明，即使在软件维护阶段，依然离不开需求规格说明书的指导。在软件的整体生命周期中，需求规格说明无处不在，对软件开发具有绝对的影响。

良好的需求规格说明书应该具备以下特性：

1. 完整性

需求规格说明必须涵盖所有系统相关的需求，包括功能与非功能需求，以及约束与限制。需要注意的是只有用户才能确认需求说明完整与否，并且完整性存在角度问题，不同利益相关方所认可的完整性边界并不一定相同。

2. 不失真性

需求的不失真体现在两个方面：一是需求的正确性，要求每条需求能够准确地反映系统要达成的能力和要求，并且要避免因需求访谈对象较少而导致的片面性问题；另一方面是需求的无二义性，由于自然语言的不完备特点，同样的文字信息可能会因为阅读者的不同背景而产生不同的理解，所以在编写需求时要注意是否存在二义性，可以在文字描述的同时辅以图形甚至形式化的描述来避免二义性。

3. 划分优先级别

受限于开发的人力和资源，系统需求不可能全部并行开发，所以好的需求必然是划分了优先级别的需求。需求的优先级别主要来源于业务的重要程度，此外，技术上的依赖性、项目管理因素也可以对需求优先级别产生一定的影响。在划分需求优先级别的过程中，要注意到不仅要考虑需求的充分性，同时还要考虑需求的必要性，即要避免过度开发，"开发了不必要的需求"是众多软件项目失败的重要原因之一。

4. 早期技术介入

需求的主要来源是用户，然而作为软件开发的技术掌控者，开发者的意见同样是优质软件需求的组成部分。开发者的意见包括技术可实现性和可测试性两个方面，分别对应开发团队和测试团队，保证每条需求都是技术上可行的，并且有验证技术是否完成的标准。

为了实现上述特性，需要选择合适的语言对需求进行描述。通常来说，需求可以用自然语言、图形化语言（UML 等）和形式化语言进行描述。自然语言易于编写和阅读，但不严谨，并且存在歧义；图形化语言则有较强的可视性和聚焦性，但需要理解特定的语法知识，而且表达能力有限；形式化语言的特点是严谨、精确、可计算，但要求要很强的数学功底才能使用，并且表达能力较弱。

对于绝大多数软件项目来说，最适合的需求描述风格是以自然语言为主，辅以图形化模型，少量重点内容使用形式化规格描述。对于基于 UML 的面向对象需求开发来说，需求规格说明书中除了需要记录建模所得到的类图、活动图和用例图外，还需要用自然语言对这些图形进行说明，形成优质的说明文档。

作为软件开发过程中的重要文档，需求规格说明书的使用频率高、使用者广，所以还需要具备如下性质：

1. 可获取性

需要的利益相关方随时都可以获得最新版本的需求规格说明书，这需要依靠文档管理工具来解决；

2. 可获知性

需求规格说明书应该具有良好的结构编排，阅读者能方便、正确地从文档中获得其所需的信息；

3. 持续更新性

最新的需求变化必须及时反映到需求规格说明书中，应该有专人负责其及时更新；

4. 易更新性

需求规格说明书中应该确保信息被分门别类地归纳好，内容发生改变时能够及时更新。

为了实现上述优秀性质，在编制需求规格说明时，往往采用需求规格说明模板进行辅助。常用的模板有原 Rational 公司的统一软件开发过程（Rational Unified Process，RUP）模板、咨询商 Atlantic System Guild 公司提供的 Volere 模板、ISO 需求模板，以及基于 ISO 版的我国国家标准版需求规格说明书模板，目前最新的国标版需求规格说明书是 2006 版，其目录结构如下：

GB/T 8567-2006 7.11 软件需求规格说明（SRS）

1. 范围
    1.1 标识（标识号、缩略词语、版本号等完整性标识）
    1.2 系统概述（适用的系统和软件的用途）
    1.3 文档概述（本文档的用途和内容）
    1.4 基线（本说明书的设计基线）
2. 引用文件
3. 需求
    3.1 所需的状态和方式（软件运行的多种状态：空闲、准备就绪、活动等）

3.2 需求概述

    3.2.1 目标(系统的目标和范围)

    3.2.2 运行环境(软硬件环境)

    3.2.3 用户的特点

    3.2.4 关键点(关键功能、关键算法、关键技术等)

    3.2.5 约束条件(经费限制、开发期限等)

3.3 需求规格

    3.3.1 软件系统总体功能/对象结构(系统总体功能和结构,需求分析所得的模型记录于此小节)

    3.3.2 软件子系统功能/对象结构(每个子系统的功能和结构,需求分析所得的模型记录于此小节)

    3.3.3 描述约定(数学符号、度量单位等约定)

3.4 软件配置项能力需求(对每一条功能、性能、目标等内容的要求)

3.5 外部接口需求

    3.5.1 接口标识和接口图

3.6 内部接口需求

3.7 内部数据需求

3.8 适应性需求(数据有关的需求,如:依赖现场的经纬度)

3.9 保密性需求(防止潜在危险的需求)

3.10 保密性和私密性需求

3.11 环境需求(硬件和操作系统)

3.12 计算机资源需求

    3.12.1 计算机硬件需求

    3.12.2 计算机硬件资源利用需求

    3.12.3 计算机软件需求

    3.12.4 计算机通信需求

3.13 软件质量因素(功能性、可靠性、可维护性、可用性等可定性的高级软件质量需求)

3.14 设计和实现的约束

3.15 数据(输入、输出数据及数据管理能力方面的要求)

3.16 操作(常规操作、特殊操作的要求)

3.17 故障处理

3.18 算法说明

3.19 有关人员需求

3.20 有关培训需求

3.21 有关后勤需求

3.22 其他需求

3.23 包装需求

3.24 需求的优先次序和关键程度

4. 合格性规定(为第3章中每个需求所指定的验证方法)

5. 需求可追踪性

6. 尚未解决的问题

7. 注解

附录

需要注意的是可以根据软件项目的需要来修改模板，可以对模板结构进行剪裁或增加，切忌死记硬背和生搬硬套模板。同时，为了维护模板本身，修改模板需要进行记录。

4.5 需求验证

需求验证是需求开发的最后一项任务，验证的对象是需求规约中所产生的软件需求规格说明书，验证的目的是确保需求规格说明书具有上节中所描述的良好特性。绝大部分需求规格说明无法实现自动验证，需求验证主要依赖的手段是人工需求评审，要求待开发系统的各利益相关方从不同的角度对需求规格说明书文档做出评价，最终达成一致，为进一步的软件开发和测试提供足够的基础。

需求的检验形式可以是在需求开发团队的内部讨论，也可以是开发者与用户之间的沟通，但是正式的需求评审往往是以会议的形式展开的。依照正式化程度，在会议的组织者是否有会前准备会、是否有专职主持人、是否使用列举待检查需求项目的检查表等方面各有不同，表4-4列举了三种不同级别的需求评审会议的特点。

表4-4 需求评审会议的特点

	需求评审	小组评审	走查
组织者	QA 部门	项目经理	团队内部
主持人	专职主持人	需求作者	需求作者
会前会	有会前会议	简单会前会	无
检查表	规范的检查表	简单的检查表	无

无论是哪种级别的需求评审会议，其过程可以通过图4-9进行描述。

评审过程的输入是需求规约阶段产生的需求规格说明书。

规划是为了确定审核的内容和参与的人员，通常参与人员会从需求作者、用户代表、技术开发人员，项目负责人中进行选择；评审内容则会从待审核的需求规格说明书中抽取重要且总量合适的一部分。

总体会议的重点是明确评审要点，确认评审资料等，可以根据评审的正式化程度决定是否召开。

准备主要是确定参与会议的人员在会前积极准备，了解会议内容。

审查会议是评审的主体，对既定的评审内容进行讨论，审查类似于软件测试，目标是要尽可能地发现问题、暴露问题。

修改需求意味着一旦在审查会议中发现了需求问题，则需要进行修改，修改后的需要如有必要，可以进行重新评审。

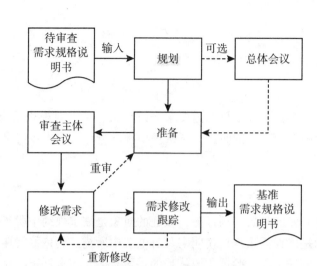

图 4-9　需求评审过程

需求修改跟踪是对需求修改的过程进行督促，确保评审会议所发现的问题能够落到实处。

通过评审过程，最终获得的是作为软件系统开发基准的需求规格说明书。

4.6　本章小结

面向对象分析是分析、确定问题域中的对象及对象间的关系，并建立问题域的对象模型。这个过程是通过用例分析、确定静态模型、动态模型和功能模型来实现，其目标是全面深入地理解问题域。使用 UML 的用例图、类图和活动图建立面向对象分析模型。介绍了需求规格说明书的结构和内容，并且提供了一个典型的软件需求规格说明（SRS）模板。最后，简单介绍了需求评审的主要流程。本章系统、全面地介绍了面向对象软件需求分析的方法和步骤。

习　题

(1) 什么是面向对象方法学？它有哪些优点？

(2) 面向对象开发方法与面向数据流的结构化方法有什么不同？

(3) 使用 UML 用例图、类图和活动图分别为那三个方面进行建模，在软件需求分析中的作用是什么？

(4) 需求规约说明书的作用是什么？

(5) 需求规约说明书主要包含哪些内容？

(6) 简述需求评审的过程。

第5章　面向对象的软件设计和实现

【学习目的与要求】　面向对象的软件设计与实现是开发现代软件的重要方法之一。在面向对象分析的基础上，已经建立了相应问题域的精确模型。以此为基础，面向对象设计则建立能够集成产品设计和制造信息的产品定义模型，并将用面向对象分析所创建的分析模型转变为将作为软件构造的蓝图的设计模型。本章主要讲述面向对象设计的基本概念，重点讲述系统设计、详细设计和面向对象的编码。通过本章学习，要求掌握面向对象设计与实现的基本概念；掌握面向对象设计与实现的方法；熟悉面向对象设计的建模，对问题域的精确模型(对象模型、动态模型和功能模型)进行子系统细化，完成面向对象设计与实现的全过程。

5.1　面向对象软件设计概述

面向对象的设计(Object-Oriented Design，OOD)主要是利用面向对象的技术将用面向对象分析所创建的分析模型转变为软件的设计模型。面向对象分析和设计本身是两个不同的开发阶段，但是其边界往往又比较模糊，而且从喷泉和其他递进开发模型中，往往会弱化它们之间的界限。一般而言，主要是模拟问题域和系统任务，而面向对象设计是面向对象分析的扩充，主要增加各种组成部分。从面向对象分析到面向对象设计是一个逐渐扩充模型的过程，也可以说面向对象设计是用面向对象观点建立求解域模型的过程。

UML综合了当时很多种已存在的面向对象的建模语言、方法和过程，其中包括Booch、OMT、Shlaer-Mellor、Fusion、OOSE和Coad-Yourdon等。其中Coad-Yourdon方法具有较好的面向对象设计特性。Coad-Yourdon的面向对象的设计模型由四个部分构成：问题域部分、人机交互部分、任务管理部分、数据管理部分。每一部分的设计都在对象层、属性层、服务层、关系层、包层五个层次上进行(见图5-1)。因此，每一部分的设计实际上都包括识别类及对象、定义属性、定义服务、识别关系、识别包五个部分的活动。

图 5-1　面向对象的设计模型

图5-2给出了从两个不同侧面观察面向对象设计模型的视角图。从一个侧面观察面向对象设计模型包括问题域这一核心部分及其外围部分(包括人机交互、任务管理和数据管理部分)，最后这些部分设计的目标是构件部署。从另一个侧面观察面向对象设计模型，该模型由类图、行为图和包图表示，通过这些面向对象概念描述详细说明，设计的最终形式表示为

构件部署图。

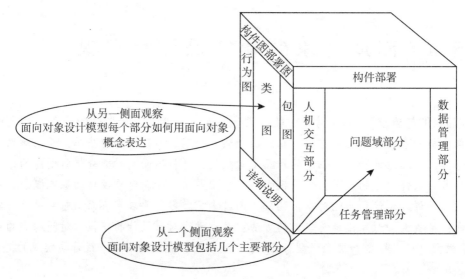

图 5-2　面向对象的设计模型

面向对象的软件开发是递增过程，不可能一次就能设计出一个完整的系统，所以在每个设计阶段的开始，需要对系统的设计进行规划。面向对象的软件设计过程分为软件体系结构设计和软件详细设计两个不同的过程。

5.2　软件体系结构的通用模式

软件体系结构设计过程注重较高层次的任务设计，其主要内容应包括以下活动：

第一，系统顶层架构选择：系统硬件与网络拓扑。

第二，通过面向对象分析建立起来的动态模型，设计多任务并发策略，也可以在任务子系统设计中。

第三，选择子系统部分，将一个系统分割为多个子系统，逐步解决，同时确保不同子系统之间的有效通信。

第四，子系统细化，对于部分子系统需要分层和分解，则可以进一步细化分解成更小的可管理的子系统模块，方便于进行详细设计。

第五，设计安全策略，以确认系统所需要的安全等级和系统安全对策。

第六，通信决策以确定机器、子系统和分层之间的通信协议和方法。

第七，选择编程语言、数据库和各类协议等，实际应用过程中，只是提供相应的选择内容，正式的决策往往会在详细设计阶段给定。

简单地讲，至今软件体系结构主要经历了流程处理系（单层）、两层、三层（或三层以上）、基于服务的结构等应用模式阶段。

1. 单层体系结构

系统拓扑的发展与系统应用是紧密联系的，最早期的结构为单机或者为一层体系结构模式。任何应用都在同一层次的计算机中完成，没有网络应用，所以称为单机版本，特点是简单易用，不适应于中大型应用。

2. 两层体系结构(C/S 结构)

在 C/S 体系结构的应用中，由客户应用程序和数据库服务器程序等两部分组成(也称为前台程序与后台程序)。运行数据库服务器程序的机器，称为应用服务器，一旦服务器程序被启动，就随时等待响应客户程序发来的请求。当需要对数据库中的数据进行任何操作时，客户程序就自动地寻找服务器程序，并向其发出请求，服务器程序根据预定的规则作出应答。

由于两层体系结构中，数据和程序需要在服务器与客户机之间传送，所以诞生了现代网络技术，提供足够的带宽连接以解决任何一台主机与客户机之间的数据传送问题。该模式下，通过在服务器端集中计算，并对访问者的权限、编号不准重复、必须有客户才能建立订单等这样的规则进行安全设定，提高了系统的安全性能，并有利于系统升级，同时在客户机中可以应用高级图像功能和 Windows 系统等现代人机友好界面，提高系统的易用性和可操作性。

尽管 C/S 体系结构得到了广泛的应用，但是用户界面、程序逻辑和数据表示等并没有被完全分隔开，随着用户业务需求的增长和 Internet/Intranet 的普及，基于 B/S(Browser/Server)方式的三层体系结构已经逐渐替代了基于 C/S(Client/Server)方式的二层体系结构。

3. 三层和多级体系结构

在基于 B/S 的三层体系结构中(如图 5-3 所示)，表示层、中间层、数据层被分割成三个相对独立的单元。

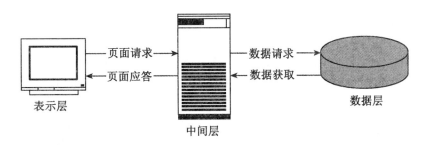

图 5-3　三层体系结构示意图

表示层(Browser)位于客户端，它负责由 Web 浏览器向网络上的 Web 服务器(即中间层)发出服务请求，把接受传来的运行结果显示在 Web 浏览器上。

中间层(WebServer)是用户服务和数据服务的逻辑桥梁。它负责接受远程或本地的用户请求，对用户身份和数据库存取权限进行验证，运用服务器脚本，借助于中间件把请求发送到数据库服务器(即数据层)，把数据库服务器返回的数据经过逻辑处理并转换成 HTML 或各种脚本传回客户端。

数据层(DBServer)位于最底层，它负责管理数据库，接受 Web 服务器对数据库操纵的请求，实现对数据库查询、修改、更新等功能及相关服务，并把结果数据提交给 Web 服务器。

在三层结构中，数据计算与业务处理集中在中间层，只有中间层才能实现正式的进程和逻辑规则。由于三层体系结构的应用程序将业务规则、数据访问、合法性校验等工作都在中间层进行处理，继承了两层体系结构中的大部分优点。相比单层和 C/S 两层结构，B/S 三层结构具有以下的独特优点：

（1）B/S 三层结构的三部分模块各自相对独立，其中一部分模块的改变不影响其他模块，系统改进变得非常容易。因为合法性校验、业务规则、逻辑处理等都放置于中间层，当业务发生变化时，只需更改中间层的某个组件，而客户端应用程序不需做任何处理，有的甚至不必修改中间层组件，只需要修改数据库中的某个存储过程就可以了，减少了程序设计的复杂性，缩短了系统开发的周期。

（2）B/S 三层结构的数据访问是通过中间层进行的，客户端不再与数据库直接建立数据连接，这样建立在数据库服务器上的连接数量将大大减少，因此客户端数量将不再受到限制。同时，中间层与数据库服务器之间的数据连接通过连接池进行连接数量的控制，动态分配与释放数据连接，因此数据连接的数量将远远小于客户端数量。

（3）B/S 三层结构将一些事务处理部分都转移到中间层中，客户端不再负责数据库的存取和复杂数据的计算等任务，而只负责显示部分，使客户端一下子"苗条"起来，变为瘦客户机，充分发挥了服务器的强大作用。

（4）B/S 三层结构的用户界面都统一在浏览器上，浏览器易于操作、界面友好，对于客户端而言，只需要浏览器软件即可，不需要在客户端安装任何其他软件，提高了系统的移植性，扩展了系统的使用环境，简化了软件的操作使用方式，方便了用户的使用。

因此，在系统设计中，根据具体应用的大小和应用开发环境，可以选择适合于具体应用的网络拓扑体系结构。基于 B/S 的三层体系结构易于开发、使用和维护，而且它采用开放的标准，通用性和跨平台性强，易于与其他系统对接，易于系统的移植。一般在中型应用环境，同时需要使用网络，特别是使用互联网环境的应用中，推荐使用 B/S 三层结构。

4. SOA 基于服务的软件体系结构

面向服务的体系结构（Service-Oriented Architecture，SOA）是 Gartner 于 20 世纪 90 年代中期提出的面向服务架构的概念。在分布式的环境中，SOA 将各种功能都以服务的形式提供给最终用户或者其他服务。SOA 是一个组件模型，它将应用程序的不同功能单元（成为服务）通过这些服务之间定义良好的接口和契约联系起来。接口是采用中立的方式进行定义的，它应该独立于实现服务的硬件平台、操作系统和编程语言。这使得组件在各种系统中的服务能够以一种通用的方式进行交互。

使用 SOA 作为软件构架的优势不仅体现在它是一个软件开发流程，而且还是一个业务开发流程。采用 SOA 的四个层次，可以实现从创建特定的软件服务到组件的业务模型全面转换到按需系统的过程。SOA 的四个层次包含不同的功能和使命。第一层创建单独的服务。第二层不仅可以创建服务，而且可以开始将业务功能集成到 SOA 中。其中涉及应用程序集成、信息集成、流程集成和整个系统集成。第三层将企业 IT 基础设施转换到 SOA 模型，而 SOA 的第四层集中于转换业务模型，以使之成为随需应变的模型。

SOA 伴随着无处不在的标准，为企业的现有资产或投资带来了更好的重用性。SOA 能够在最新的和现有的应用之上创建应用；SOA 能够使客户或服务消费者免予服务实现的改变所带来的影响；SOA 能够升级单个服务或服务消费者而无需重写整个应用，也无需保留已经不再适用于新需求的现有系统。总而言之，SOA 以借助现有的应用来组合产生新服务的敏捷方式，提供给企业更好的灵活性来组件应用程序和业务流程。

5.3　软件体系结构的表示

面向对象体系结构的表示目前多采用包图、部署图和构件图。

5.3.1　包图

在 UML 中，一般使用"包(package)"来组合相关的类。包是一个 UML 结构，它能够把诸如用例或类之类模型元件组织为组，通常有类包图和用例包图等。包被描述成文件夹，可以应用在任何一种 UML 图上。

在 Java 包和 C++命名空间等编程语言的角度来说，包能够很方便的映射到编程语言。那么在设计过程中，对包的命名应当简明扼要，具有描述性；对应用层的系统设计，包的组织也应该遵循分而治之的方法，尽量简化包图；包中的对象和类都应该有自己的意义，并且确定好包的连贯性；尽量在包上用版型注明架构层，这样方便设计组织到构架层次中；避免包间的循环依赖，因为包之间彼此紧密耦合，将来的维护和改进将变得困难；当一个包依赖于另一个包时，这意味着两个包的内容间存在着一个或多个的关系，因此包依赖应该反映内部关系。

在面向对象设计中，类包图的创建主要用于在逻辑上进行组织设计。进行类包图设计时，应把一个框架的所有类放置在相同的包中；一般把相同继承层次的类放在相同的包中；彼此间有聚合或组合关系的类通常放在相同的包中；彼此合作频繁的类，信息能够通过 UML 顺序图和 UML 协作图反映出来的类，通常放在相同的包中。对于继承母包的子包则应该放置在母包的下面，从而显示包间的继承关系。包间的依赖表明，从属的包的内容依赖于另一个包的内容，或结构上依赖于其他包的内容。因此，应该垂直地分层类包图，从而反映了架构的合理的层次布局，这种分层的顺序是以从上到下的方式描述的。

以高校竞赛信息推送平台系统为例，该系统的包图包含 Web 服务层和应用服务层两个包。如图 5-4 所示，Web 服务层包括控制包(面向教师、面向学生和面向竞赛信息管理)、安全服务包、视图包(面向教师 \ 面向学生和面向竞赛信息管理)和公共视图包。控制包和安全服务包两者之间、视图包和公共视图包两者之间存在依赖关系。应用服务层包括人员专业信息管理包和竞赛信息管理包。实现同一类业务流的控制类和视图包都会依赖于信息管理包。

当然，包图也不适用于显示水平分解的子系统，对于这样的应用一般以部署图作为补充。

5.3.2　部署图

部署图是用来描述系统如何部署、本系统与其他系统是怎样的关系的图，用于静态建模，主要表示运行时过程节点结构、构件实例及其对象结构。部署图包括两种基本模型元素：节点和节点间的连接。每个模型中，仅包含一个部署图。节点包括两种类型：处理器和设备。一个节点通常描述成一个立体的盒子，表示一个计算设备，一般是一个单独的硬件设备。例如，一台电脑，网络路由器，主机，传感器，或个人数字助理(PDA)。

部署图能够描述一个应用系统的主要部署结构，通过对各种硬件、在硬件中的软件以及各种连接协议的显示。部署图可以很好的描述系统是如何部署的。除此以外，部署图还能够

计算机科学与技术专业规划教材

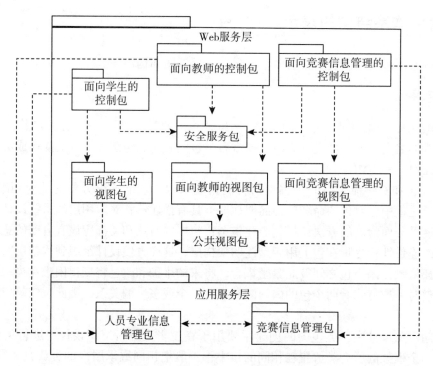

图 5-4　高校竞赛信息推送平台包图

平衡系统运行时的计算资源分布，可以通过连接描述组织的硬件网络结构或者是嵌入式系统等具有多种硬件和软件相关的系统运行模型。

　　配置图中包含节点和关系。节点是代表计算资源的物理元素，通常具有内存和处理能力。节点包括处理器和设备两种类型。另外，配置图中还可以包含组件，可将构件包含在节点服务号中，表示它们处在另一个节点上，并在同一个节点上执行。配置图中的关系包括关联关系和依赖关系；关联关系常用于节点之间，表示两者之间的通信方式；依赖关系常用于组件之间。

　　如图 5-5 所示，高校竞赛信息推送平台部署图包含四类设备：Web 客户端、终端服务器、应用服务器和信息服务器。Web 客户端和终端服务器之间使用 HTTP 连接，应用服务器和信息服务器之间应用 web 服务技术访问。

5.3.3　组件图

　　组件图（component diagram）又称为构件图，用于静态建模，是表示构件类型的组织以及各种构件之间依赖关系的图。构件图通过对构件间依赖关系的描述来估计对系统构件的修改给系统可能带来的影响。

　　构件是系统中实际存在的可更换部分，它实现特定的功能，符合一套接口标准并实现一组接口。构件代表系统中的一部分物理实施，包括软件代码（源代码、二进制代码或可执行代码）或其等价物（如脚本或命令文件）。每个构件可以单独实现一定的功能，为其他构件提供使用接口。

　　构件图的作用主要表现为两方面：第一，对源代码进行建模。将系统分为几个模块或者

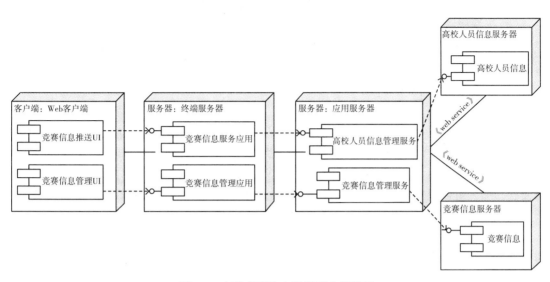

图 5-5　高校竞赛信息推送平台部署图

是子系统，进行处理。第二，对可执行文件之间相互关系进行建模。清晰的描述可执行文件之间的依赖关系。构件图和具体的实现编程语言有关，代表的是系统代码本身的结构。

5.4　面向对象的软件详细设计

详细设计也称为子系统设计，主要是在系统设计阶段完成子系统与层的设计之后，就应该在子系统设计中确定每个子系统和层中具体内容。

根据图 5-2 所示的面向对象的设计模型，详细设计是对问题域部分、人机交互部分、任务管理部分、数据管理部分等四个部分进行具体的设计。

5.4.1　问题域子系统设计

根据面向对象分析结果，按实现条件进行补充与调整就是问题域部分(或业务领域)要考虑的问题。在面向对象分析阶段只考虑问题域和系统责任，面向对象设计阶段则要考虑与具体实现有关的问题，需要对面向对象分析的结果进行补充与调整。问题域子系统设计可以使反映问题域本质的总体框架和组织结构长期稳定，而细节可变。将稳定部分(PDC，Problem Domain Component)与可变部分分开，会使系统从容地适应变化。而且这种设计有利于同一个分析用于不同的设计与实现，支持系统族和相似系统的分析设计及编程结果复用，使一个成功的系统具有超出其生存期的可扩展性。

问题域子系统设计继续运用面向对象分析的方法，使用面向对象分析的结果，并加以修改，进行补充与调整。具体实现包含以下几个方面内容：

(1)为复用设计与编程的类而增加结构，如果已存在一些可复用的类，而且这些类既有分析和设计时的定义，又有源程序，那么，复用这些类即可提高开发效率与质量。

(2)增加一般化类以建立共同协议。在设计过程中，一些具体类需要有一个公共的协议，这时可以引入一个一般化类来建立这协议。一般化类是将所有的具有相似协议的类组织在一起，提供通用的协议，例如提供创建、删除、复制等服务。

（3）按编程语言调整继承。面向对象设计需要考虑实现问题，例如如果所用语言不支持多继承，甚至不支持继承，那么需要把多继承调整为单继承，可以考虑采用关联、压平和取消泛化等处理方法。

（4）为编程方便可以细化对象的分类，增加底层成分。例如将几何图形分成多边形、椭圆、扇形等特殊类。

（5）决定关系的实现方式。在决定整体类中指出部分类时，是用部分的类直接作为整体对象的数据类型，还是用指针或对象标识定义构成整体对象的部分对象，这种方法称为聚合。而关联上在指出另一端对象的对象说明中设立指针，或设立双向指针。如果只在单向遍历关联，那么可以把关联实现为包含对象引用的属性。如果另一端多重性是 1，它就是一个指向其他对象的指针。如果多重性大于 1，它就是指向对象指针集合的指针。

（6）决定对象间的可访问性是对对象描述一个重要工作。如表 5-1 所示，从类 A 的对象到类 B 的对象有 4 种访问性。

表 5-1　　　　　　　　　　　　　对象间的可访问性

属性可见性	B 是 A 的一个属性（关联、聚合）	class A { …; B b;…}
参数可见性	B 的对象是 A 的一个方法的参数（依赖）	A. amethod(B b)　//间接地找到一个对象，并赋给 b。
局部声明可见性	B 的对象是在 A 的一个方法中声明的一个局部变量（依赖）	class A∷ amethod { …;　　B b;…}
全局可见性	B 的对象在某种程度上全局可见（依赖）	声明 B 的全局实例变量

（7）设计过程中还需要采取提高或降低系统的并发度包括增加或减少主动对象，合并通讯频繁的类，增加保存中间结果的属性或类等措施来提高性能。

（8）考虑对输入错误、来自中间件或其他软硬件错误的消息以及其他例外情况的处理。

（9）根据具体的编程实现语言，考虑其支持与不支持的属性类型，对不支持的类型进行调整。

（10）设计过程中，还需要构造或优化算法以及调整服务。

（11）设计过程中，采用的设计模式也是需要仔细考虑的。

（12）设计过程中，一般不把读写属性和创建对象的操作放在类中。包容器/集合类（如 JAVA 的 Vector、Hashtable），是已经预定义的类库的一部分，也不画在类图中。而包容器/集合类中方法（如 JAVA 的 find）也是不能放在类中。

5.4.2　人机交互子系统设计

把人机交互部分作为系统中一个独立的组成部分，进行分析和设计，可以利用其共性和工具进行设计，并且任何界面形式的改变，不需要改变业务领域类和控制处理类。

人机交互部分是面向对象设计模型的外围组成部分之一，是系统中负责人机交互的部分。其中所包含的对象（称作界面对象）构成了系统的人机界面。现今的系统大多采用图形方式的人机界面——形象、直观、易学、易用，远远胜于命令行方式的人机界面，是使软件系统赢得广大用户的关键因素之一，但开发工作量大、成本高。近20年出现了许多支持图形用户界面开发的软件系统，包括：窗口系统(例如 X Window，News，MS-Windows)、图形用户界面(GUI)(例如 OSF/Motif，Open Look)、可视化开发环境(例如 Visual C++，Visual Basic，Delphi)、移动端图形用户界面设计软件等等，它们统称界面支持系统。

　　人机交互部分既取决于需求，又与界面支持系统密切相关，其方法可采用原型法。人机界面的开发不仅是设计和实现问题，也包括分析问题——对人机交互需求的分析。人机界面的开发也不纯粹是软件问题，它还需要心理学、美学等许多其他学科的知识。

　　人机交互子系统设计的核心问题是人如何命令系统，以及系统如何向人提交信息。

1. 人机交互子系统的设计过程

　　(1)分析与系统交互的人——人员参与者。人对界面的需求，不仅在于人机交互的内容，而且在于他们对界面表现形式、风格等方面的爱好。前者是客观需求，对谁都一样；后者是主观需求，因人而异。

　　(2)从用例分析人机交互。图5-6给出了从用例中提取人机交互描述示例。

收款员 收款（use case）
输入开始本次收款的命令；
　　作好收款准备，应收款总数
　　置为0，输出提示信息；
for 顾客选购的每种商品 do
输入商品编号；
if 此种商品多于一件 then
　输入商品数量
end if；
　　检索商品名称及单价；
　　货架商品数减去售出数；
　　if 货架商品数低于下限 then
　　　通知供货员请求上货
　　end if；
　　计算本种商品总价并打印编号、
　　名称、数量、单价、总价；
　　总价累加到应收款总数；
end for；
　　打印应收款总数；
　　输入顾客交来的款数；
　　计算应找回的款数，
　　打印以上两个数目，
　　收款数计入账册。

(a) 一个use case的例子

收款员．收款（人机交互）
输入开始本次收款的命令；
　　　　输出提示信息；
for 顾客选购的每种商品
　　输入商品编号；
　　if 此种商品多于一件 then
　　　输入商品数量
　　end if；
　　打印商品编号、名称、数量、单价、总价；
end for；
　　打印应收款总数
输入顾客交来的款数
　　打印交款数及找回款数；

(b) 人机交互描述

图5-6　从用例中提取人机交互描述示例

　　以用例的构成可知，参与者的行为和系统行为按时序交替出现，左右分明，形成交叉排列的段落，每个段落至少含有一个输入语句或输出语句，有若干纯属参与者自身或系统自身的行为陈述。那么通过删除所有与输入、输出无关的语句和不再包含任何内容的控制语句与括号，剩下的就是对一个参与者(人)使用一项系统功能时的人机交互描述。

　　(3)人机交互的细化。主要包括输入和输出两方面，强调步骤的细化、设备的选择和信息表现形式的选择等三个方面。

(4)设计命令层次。使用一项独立的系统功能的命令一般称为基本命令；在执行一条基本命令的交互过程中所包含的具体输入步骤则称为命令步；如果一条命令是在另一条命令的引导下被选用的，则后者称作前者的高层命令。命令的组织措施一般有分解与组合两种模式。分解是将一条含有许多参数和选项的命令分解为若干命令步。组合是将基本命令组织成高层命令，从高层命令引向基本命令。

2. 人机交互子系统的设计方法

设计应该以窗口作为基本的类，以窗口的部件作为窗口的部分对象类，与窗口类形成整体-部分结构(聚合)，例如菜单、工作区、对话框等等。通过发现窗口与部件的共性，来定义较一般的窗口类和部件类，形成泛化关系。对于窗口或部件的静态特征尽量用属性表示，特别要注意表示界面对象的关联和聚合关系的属性，例如尺寸、位置、颜色、选项等。用服务表示窗口或部件的动态特征，并建立与系统内部其他对象之间的关联，界面对象服务往往要请求系统内部其他对象的服务(见图5-7)。

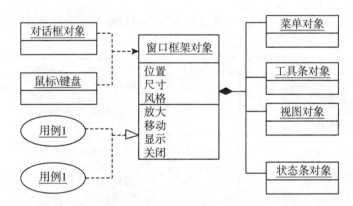

图5-7　人机交互子系统设计模型

5.4.3　任务管理子系统

虽然从概念上说，不同对象可以并发地工作。但是，在实际系统中，许多对象之间往往存在相互依赖关系。此外，在实际使用的硬件中，可能仅由一个处理器支持多个对象。因此，任务管理子系统设计的任务就是确定哪些对象是必须同时操作的对象，哪些是相互排斥的对象，定义和表示并发系统中的每个控制流。通过描述问题域固有的并发行为，可以隔离硬件、操作系统、网络的变化对整个系统的影响，表达实现所需的设计决策(见图5-8)。

1. 分析并发性

分析并发性是任务管理子系统设计的基础。面向对象分析建立起来的动态模型，是分析并发性的主要依据。彼此间不存在交互，或者它们同时接受事件，则这两个对象在本质上是并发的。通过检查各个对象的状态图及它们之间交换的事件，能够把若干个非并发的对象归并到一条控制线中。所谓控制线，是一条遍及状态图集合的路径，在这条路径上每次只有一个对象是活动的。在计算机系统中用任务(task)实现控制线，一般认为任务是进程(process)的别名，另外，通常也把多个任务的并发执行称为多任务。

2. 任务管理子系统的设计方法

设计方法包括以下三方面的工作。

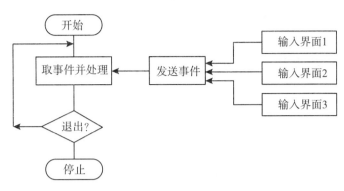

图 5-8 任务管理子系统模型

(1)需要识别每个控制流。在面向对象分析过程中定义的主动对象类的每个对象实例都是一个控制流,系统的并发需求和系统分布方案会要求多控制流,为提高性能将增设的控制流(例如,高优先控制流、低优先控制流和紧急控制流等),有时为实现方便会设立的控制流(例如,负责处理机之间通讯的控制流、时钟驱动的控制流等),以及实现并行计算的进程和线程流。此外,由于异常事件的发生,不能在程序的某个可预知的控制点进行处理,应该设立一个专门的控制流进行处理异常事件。

(2)对每个控制流进行审查去掉不必要的控制流。

(3)对必须的各控制流进行描述说明。对控制流命名,并进行简单说明。对设计部分的每个服务指定它属于哪个控制流,要保证每个服务属于一个控制流。定义各控制流的细节。若控制流由事件驱动,则要描述触发控制流的条件。若控制流由时钟驱动,则可能要描述触发之前所经历的时间间隔。描述控制流从那里取数据和往那里送数据之类的情况。最后,还要定义控制流的协调情况。

3. 任务的选择和调整策略

常见的任务有事件驱动型任务、时钟驱动型任务、优先任务、关键任务和协调任务等种类。在设计任务管理子系统的过程中,需要确定各类任务,并把任务分配给适当的硬件或软件去执行。需要进一步确定以下六类任务。

(1)确定事件驱动型任务。某些任务是由事件驱动的,这类任务可能主要完成通信工作。例如,设备、屏幕窗口、其他任务、子系统、另一个处理器或其他系统通信。事件通常是表明某些数据到达的信号。

(2)确定时钟驱动任务。某些任务每隔一定时间间隔就被触发以执行某些处理,例如,某些设备需要周期性地获得数据;某些人-机接口、子系统、任务、处理器或其他系统也可能需要周期性地通信。在这些场合往往需要使用时钟驱动型任务。

(3)确定优先任务。优先任务可以满足高优先级或低优先级的处理需求。

高优先级:某些服务具有很高的优先级,为了在严格限定的时间内完成这种服务,可能需要把这类服务分离成独立的任务。

低优先级:与高优先级相反,有些服务是低优先级的,属于低优先级处理(通常指那些背景处理)。设计时可能用额外的任务把这样的处理分离出来。

(4)确定关键任务。关键任务是关系到系统成功或失败的那些关键处理,这类处理通常都有严格的可靠性要求。

（5）确定协调任务。当系统中存在三个以上任务时，就应该增加一个任务，用它作为协调任务。

（6）确定资源需求。使用多处理器或固件，主要是为了满足高性能的需求。设计者必须通过计算系统载荷来估算所需要的 CPU（或其他固件，例如 DSP 处理器）的处理能力。

5.4.4　数据管理子系统设计

数据管理部分是负责在特定的数据管理系统中存储和检索对象的组成部分。其目的是，存储问题域的持久对象、封装这些对象的查找和存储机制，以及为了隔离数据管理方案的影响。

1. 选择数据存储管理模式

数据管理子系统设计首先要根据条件选择数据管理系统，是文件系统、关系数据库管理系统还是面向对象数据库管理系统。

文件管理系统、关系数据库管理系统、面向对象数据管理系统三种数据存储管理模式有不同的特点，适用范围也不同，其中文件系统用来长期保存数据，具有成本低和简单等特点，但文件操作级别低，为提供适当的抽象级别还必须编写额外的代码；关系数据库管理系统提供了各种最基本的数据管理功能，采用标准化的语言，但其缺点是运行开销大，数据结构比较简单；面向对象数据管理系统增加了抽象数据类型和继承机制，提供了创建及管理类和对象的通用服务。

2. 设计数据管理子系统

接着就可以根据选择的数据库系统来设计相应的数据格式和相应的服务。

设计数据管理子系统，既需要设计数据格式又需要设计相应的服务。设计数据格式包括用范式规范每个类的属性表以及由此定义所需的文件或数据库；设计相应的服务是指设计被存储的对象如何存储自己。在顺序图中可以进一步细化对象的存储方式，如图 5-9 所示。

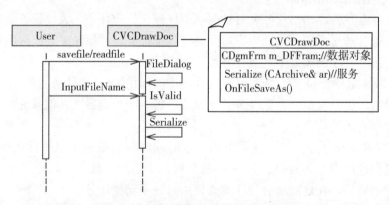

图 5-9　基于文件系统的数据管理模型

3. 对象模型向数据库关系模型的变换

对象模型向数据库概念模型的映射其实质就是向数据库表的变换过程，有关的变换规则简单归纳如下。

（1）一个对象类可以映射为一个以上的数据表，当类间有一对多的关系时，一个表也可以对应多个类。

(2)关系(一对一、一对多、多对多以及三项关系)的映射可能有多种情况,但一般映射为一个表,也可以在对象类表间定义相应的外键。对于条件关系的映射,一个表至少应有3个属性。如图5-10所示,订货关系表中至少包含订单号、发货号和订货号这三个属性。

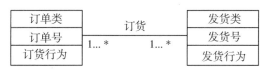

映射得到的数据表:
对象表:订单(订货号,日期,…)
对象表:发货(发货号,日期,…)
关系表:订货(订单号,发货号,…)

图5-10 对象模型映射数据表示例

(3)单一继承的泛化关系可以对超类、子类分别映射表,也可以不定义父类表而让子类表拥有父类属性。反之,也可以不定义子类表而让父类表拥有全部子类属性。

(4)对多重继承的超类和子类分别映射表,对多次多重继承的泛化关系也映射一个表。

(5)对映射后的库表进行冗余控制调整,使其达到合理的关系范式。

5.4.5 设计优化

设计系统首先要保持逻辑的正确性,然后对逻辑进行优化。在创建初期进行系统设计时一般不会过早地注重优化设计,因为过早地关注效率经常会产生扭曲和低劣的设计。而系统逻辑正确的情况下,可以运行应用程序并测量其性能,再微调系统性能。实际系统开发时,我们会发现最关键性的代码往往只是整个系统代码量的一小段代码,所以能够集中在这些关键代码上进行时间和空间上的代码优化将大大地提供系统设计的效率。

分析模型中往往能够捕获系统的逻辑,设计模型是建立在分析模型的基础上的,而且设计模型会添加系统开发细节。因此过早的优化分析模型往往使得设计模型更加晦涩,不可复用。为此,设计优化必须在效率和代码可读性二者之间达到一种平衡。设计优化主要的任务有以下三类:

(1)提供高效的访问路径;

(2)重新调整计算,从时间和空间的角度优化系统,提高代码效率;

(3)保存中间结果,避免重复计算。

为了达到高效的访问路径,冗余的关联往往会在设计中得到应用。在分析模型中,往往会关注如何去掉系统中的冗余关联,这是因为在分析阶段我们会专注于系统的可行性和简洁。在电话购物系统中我们会收集对每个公司生产商品进行分类,从而可以根据客户的需求快速地搜索到某些行业热销产品。如图5-11所示,给出某公司生产的商品部分类模型。操作 company. findClassification( )能够返回该公司生产的产品中一组同分类的商品。例如,公司产品中服装行业的商品。

在这个例子中,假定公司有500种商品,平均每个商品可能处于5类不同的种类。使用简单嵌套循环查询可以遍历500次,分类类别则有2500次。而实际上,服装行业的产品可能只有2种,那么测试命中的比率则为1250。

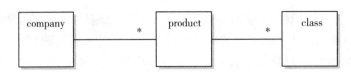

图 5-11　商品分类的分析模型

那么为了优化，首先可以考虑采用散列表存储 class 集合，其操作可以采用按照常量时间执行的散列，从而测试某商品是服装行业的产品的成本就是常量值了，如果对服装行业是商品有唯一的 class 对象，则会使得测试的数量减少到 500，每个商品一次，从而提高效率。

另外一种改善对频繁检索对象的访问方法是使用索引，如图 5-12 所示，我们在图 5-12 所示的模型中添加从 company 到 product 的派生关联 classify，其限定符是行业类别。派生关联不增加任何信息，但是允许快速访问某行业分类的产品。此类的索引使用会需要额外的内存开销，同时在基关联更新时，也必须同步地更新这些索引。因此，我们必须考虑到使用索引是否有价值的问题。

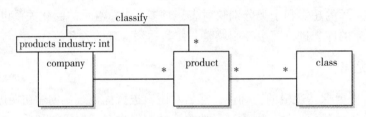

图 5-12　优化后的商品分类的分析模型

为了说明使用索引的开销能够确保系统优化，这里列出几点注意的参数：

（1）访问频率——调用该方法的频度；

（2）扇出——在图中估算穿过路径多少个关联端，以单项扇出数乘多端之和求出整条路径上的扇出数，计算出在这条路径上最后一个类上的访问次数。

（3）可选择性——确定采用索引本身是否符合选择标准并且最终选择命中的效率，确保使用索引真正优化了整个系统的速度。

除了此类调整类模型的结构以优化频繁遍历操作，算法本身的优化也是子系统设计过程中要考虑的问题。算法优化的关键在于尽早清除死路径。在上例中，如果有需求查询日用商品同时又是化工产品的商品，那么应该如何优化呢？如果某公司有 5 项商品是日用商品，而 100 项产品是化工商品，那么先测试寻找日用商品的商品，再查询它们是否是化工商品则大大地提高算法的效率。

此外，保存中间值避免重新计算也是一类常用的优化策略，可以定义新的类来缓存派生属性。需要注意的是，当缓存类所依赖的对象发生变更，就必须更新缓存。更新的策略一般有以下两类：

（1）显式更新——在代码中显式地给出更新依赖于它的派生类属性；

（2）周期性重新计算——通过定期重新计算所有派生属性的值，而不是每个源发送变化时立刻重新计算。此类方法相对而言，其计算更新的效率会高于显示更新，毕竟数据每次修改都会增量地改变部分对象的属性，其效率相对批量修改还是低效的。

此外有些系统还提供自动监控派生属性和源属性之间依赖关系方法，如果系统监测到源属性的值被修改，则可以自动更新派生属性的值。

5.5　面向对象的编码

可以认为面向对象分析是目标系统概念层的产物，它帮助软件工程人员及用户组织目标系统的知识，而先不用考虑与实现有关的因素。面向对象设计则是对面向对象分析阶段建立的模型进行调整与增补，并对人机界面、数据存储和控制接口建模，得到目标系统的方法层产物。那么，面向对象的编码则是把面向对象设计模型变为可以运行的代码，即用面向对象语言(如 C++，Java 等)来实现设计，得到目标系统操作层的产物。

5.5.1　程序设计语言的特点

1. 面向对象程序设计语言的突出优点

(1)一致的表示方法。面向对象开发是基于不随时间变化的、一致的表示方法。这种表示方法应该从问题域到面向对象分析，从面向对象分析到面向对象设计、从面向对象设计到面向对象实现，始终是稳定不变的，它有利于在软件开发过程中始终使用统一的概念，更为维护人员理解软件的各种配置成份提供了方便。

(2)可重用性。非面向对象语言主要应用在结构化程序设计模式下，它一般从系统的功能入手，按照工程的标准和严格的规范将系统分解为若干功能模块，系统是实现模块功能的函数和过程的集合。由于用户的需求和软、硬件技术的不断发展变化，按照功能划分设计的系统模块必然是易变的和不稳定的。这样开发出来的模块可重用性不高。

面向对象语言要求程序员从所处理的数据入手，以数据为中心而不是以服务(功能)为中心来描述系统。它把编程问题视为一个数据集合，数据相对于功能而言，具有更强的稳定性。其对象的概念得软件开发过程中在最广泛的范围中能够运用重用机制。

(3)可维护性。在实际工作中要保证文档和源程序的一致性是非常困难的，如果采用面向对象语言就可以在程序内部表达问题域语义，从而大大提高系统的可维护性。

2. 常用的面向对象程序设计语言

面向对象程序设计语言的形成借鉴了历史上许多程序语言的特点，其发展主要从20世纪80年代开始，形成了三类面向对象语言：一类是纯面向对象语言，较全面地支持面向对象概念，强调严格的封装，如 Java、Smalltalk 和 Eiffel 等语言；第二类是混合型面向对象语言，是在过程语言的基础上增加面向对象机制，对封装采取灵活策略，如 C++、Objective-C、Object Pascal 等语言；第三类是结合人工智能的面向对象语言，例如：Flavors、LOOPS、CLOS 等语言。

(1)Simula 语言。Simula 是在 1967 年由挪威的奥斯陆大学和挪威计算机中心的 Ole-Johan Dahl 和 Kristen Nygaard 设计的，当时取名为 Simula 67。这个名字反映了它是以前的一个仿真语言 Simula 的延续，然而 Simula 67 是一种真正的多功能程序设计语言，仿真只不过是其中的一个应用而已。

Simula 是在 ALGOL 60 的基础上扩充了一些面向对象的概念而形成的一种语言，它的基本控制结构与 ALGOL 相同，基本数据类型也是从 ALGOL 60 照般过来的。一个可执行的

计算机科学与技术专业规划教材

Simula 程序是由包含多个程序单元(例程和类)的主程序组成,还支持以类为单位的有限形式的分块编译。

Simula 语言中引入了类、子类的概念,提供继承机制,也支持多态机制,还提供了协同例程,它模仿操作系统或实时软件系统中的并行进程概念。在 Simula 中,协同例程通过类的实例来表示。Simula 还包含对离散事件进行仿真的一整套原语,仿真是面向对象技术的应用中最直接受益的一个主要领域。Simula 通过一个类 SIMULATION 来支持仿真概念,该类可作为其他任何类的父类,该类的任何子类称为仿真类。

(2)Smalltalk 语言。Smalltalk 的思想是 1972 年由 Alan Kay 在犹他大学提出的,后来当一个专门从事图形工作的研究小组得到 Simula 编译程序时,便认为这些概念可直接应用到他们的图形工作中。当 Kay 后来加入到 Xerox 研究中心后,他使用同样的原理作为一个高级个人计算机环境的基础。Smalltalk 先是演变为 Smalltalk-76,然后是 Smalltalk-80。

Smalltalk 是一种纯面向对象程序设计语言,它强调对象概念的归一性,引入了类、子类、方法、消息和实例等概念术语,应用了单继承性和动态联编,成为面向对象程序设计语言发展中一个引人注目的里程碑。

在 Smalltalk-80 中,除了对象之外,没有其他形式的数据,对一个对象的唯一操作就是向它发送消息。在该语言中,连类也被看成是对象,类是元素的实例。它全面支持面向对象的概念,任何操作都以消息传递的方式进行。

Smalltalk 是一种弱类型语言,程序中不作变量类型说明,系统也不作类型检查。它的虚拟机和虚拟像实现策略,使得数据和操作有统一的表示,即 bytecode。它有利于移植和面向对象数据库的演变,它有较强的动态存储管理功能,包括垃圾收集。

Smalltalk 不仅是一种程序设计语言,它还是一种程序设计环境。该环境包括硬件和操作系统涉及的许多方面,这是 Smalltalk 最有意义的贡献之一,它引入了用户界面的程序设计工具和类库。

多窗口、图符、正文和图形的统一、下拉式菜单、使用鼠标定位、选择设备等,它们都是用类和对象实现的。在这些工具支持下,程序中的类、消息和方法的实现都可以在不同窗口中联机地设计、实现、浏览和调试。在 Smalltalk 环境中,这些界面技术与面向对象程序设计技术融合在一起,使得面向对象程序设计中的"对象"对广大使用者来说是可见的,并且是具有实质内容的东西。

Smalltalk 的弱点是不支持强类型,执行效率不高,这是由该语言是解释执行 bytecode 和查找对象表为主的动态联编所带来的。

(3)Eiffel 语言。Eiffel 是 20 世纪 80 年代后期由 ISE 公司的 Bertrand Meyer 等人开发的,它是继 Smalltalk-80 之后又一个纯面向对象的程序设计语言。它的主要特点是全面的静态类型化、全面支持面向对象的概念、支持动态联编、支持多重继承和具有再命名机制可解决多重继承中的同名冲突问题。

Eiffel 还设置了一些机制来保证程序的质量。对一个方法可以附加前置条件和后置条件,以便对这个方法调用前后的状态进行检查,若这样的断言检查出了运行错误,而该方法又定义了关于异常处理的子句,则自动转向异常处理。可以对一个类附加类变量的断言,以便对类的所有实例进行满足给定约束的检查。

Eiffel 还支持大量的开发工具,如垃圾收集、类库、图形化的浏览程序、语法制导编辑器和配置管理工具等。它在许多方面克服了 Smalltalk-80 中存在的问题,因此在面向对象程序设计语言中有较高的地位，Eiffel 产品数目（1992 年）仅次于 C++而列第二。

（4）C++语言。C++是一种混合型的面向对象的强类型语言，由 AT&T 公司下属的 Bell 实验室于 1986 年推出。相应的标准化还在进行。C++是 C 语言的超集，融合了 Simula 的面向对象的机制，借鉴了 ALGOL 68 中变量声明位置不受限制、操作符重载，形成一种比 Smalltalk 更接近于机器但又比 C 更接近问题的面向对象程序设计语言。C++支持基本的如对象、类、方法、消息、子类和继承性面向对象的概念。C++的运行速度明显高于 Smalltalk-80，因为它在运行时不需做类型检查，不存在为 bytecode 的解释执行而产生的开销，动态联编的比重较小。C++具有 C 语言的特点，易于为广大 C 语言程序员所接受，可充分利用长期积累下来的 C 语言的丰富例程及应用。

（5）Java 语言。由 Sun 公司 1995 年推出的 Java 语言，具有简单性、面向对象、分布式、健壮性、安全性、编译和解释性、平白独立与可移植性、多线程、动态性等特点。其风格类似于 C++，采用运行在虚拟机上的中间语言 Byte Code，提供了丰富的类库，并且摒弃了 C++中容易引发程序错误的地方，如指针和内存管理，加强可靠性和安全性。

Java 语言的设计完全是面向对象的，它不支持类似 C 语言那样的面向过程的程序设计技术。Java 支持静态和动态风格的代码继承及重用。单从面向对象的特性来看，Java 类似于 SmallTalk，但其他特性尤其是适用于分布式计算环境的特性远远超越了 SmallTalk。Java 语言提供了方便有效的开发环境，提供语言级的多线程、同步原语、并发控制机制。

Java 语言中类和对象分别用 class 和 object 表示，其对象的可见性控制支持 private、protected、public、friendly 等四类，提供构造函数（constructor）和终止函数（finalize），静态声明和动态创建类似于 C++。在一般与特殊结构的实现机制上采用超类/子类模式，支持单继承和多继承，支持多态（包括重载和动态绑定两种方法）。使用成员对象来实现聚合机制，这样对对象引用就可以实现关联机制。

3. 面向对象程序设计语言的特点

综上所述，面向对象程序设计语言一般具有以下这些特点：

（1）支持类的定义、对象的静态声明或动态创建、属性和操作的定义、继承、聚合和关联的表示等；

（2）提供类机制、封装机制和继承机制等；

（3）支持多态、多继承的表示和支持机制等高级特性。

5.5.2 程序设计语言的选择

面向对象设计的结果既可以用面向对象语言也可以用非面向对象语言来实现。但是面向对象语言由于其语言本身充分支持面向对象概念的实现，所以容易将面向对象的概念映射到目标程序中。而非面向对象语言的编写则需要程序员来完成将面向对象的概念映射到目标程序中的工作。

那么，开发人员在选择面向对象语言应该考虑那些问题呢？基本的选择原则是完全从实际出发，主要考虑成本、进度、效率等实际因素。实际上，为了使自己的软件产品更有生命力，人们多数会选择流行的、在市场上占主导地位的语言来编程。

面向对象编程语言是实现面向对象设计的理想语言，它使源程序能很好地对应面向对象设计模型。提供较多的类库和较好的开发环境的面向对象编程语言，将会使开发效率成倍的提高。

结合前面描述的面向对象语言的特点，对编程语言的选择主要考虑如下。

（1）在描述类和对象方面，要看其是否提供封装机制，对封装有无可见性控制。

（2）在泛化实现机制方面，则要看其支持多继承、单继承还是不支持继承。在其支持多继承时，是否能解决命名冲突，是否支持多态机制。如果语言不提供解决命名冲突的功能，就要程序员自己修改一般类的定义，对于共享的类将引起别的问题。

（3）还要看其是否支持重载与多态。

（4）要看面向对象语言是如何实现聚合与关联，如何表示多重性。

（5）要看面向对象语言是如何实现属性和服务，即用什么表示属性、用什么描述服务、有无可见性控制、能否描述约束以及是否支持动态绑定等机制。

（6）要对面向对象语言的类库和可视化编程环境进行评价。

5.5.3 编码的风格与准则

良好的程序设计风格对面向对象实现来说不仅能明显减少维护或扩充的开销，而且有助于在新项目中重用已有的程序代码。良好的面向对象程序设计风格，既包括传统的程序设计风格准则，也包括为适应面向对象方法所特有的概念(例如，继承性)而必须遵循的一些新准则。

1. 可复用性

提高系统的可复用性，主要涉及到的是代码重用。这里有两种层次：其一，本项目内的代码重用。在编程时，若几个类的方法中还含有一些相同的代码，可考虑把它们作为一般方法，放在父类中，然后子类通过继承使用它们。其二，新项目重用旧项目的代码。为了做到外部重用，对类需要精心设计，下列原则是要遵守的。

首先，考虑提高服务的内聚。即一个方法应该只完成单个的功能，如果某个方法涉及两个和多个不相关的功能，则可以把它分解成几个更小的方法。其次，对于方法的规模应该尽量压缩，对于规模过大的模块尽量分解成更小的方法。最后，为了实现代码的重用，应该保持方法的一致性。一般来说，功能相似的方法应该有一致的名字、参数特征、返回值类型、使用条件和出错条件等。

2. 全面覆盖

如果输入条件的各种组合都可能出现，则应该针对所有组合写出方法，而不是只针对当前用到的组合情况写方法。例如，如果在当前应用中需要写一个方法，以获取表中元素，要考虑取第一个、中间的和最后一个元素。再如，一个方法不应该只处理正常值，对空值、极限值和界外值等异常情况也应该能够做出有意义的响应。

3. 尽量不使用全局信息

应该尽量降低方法与外界的耦合程度，不使用全局信息是降低耦合程度的一项主要措施。

4. 避免使用多条分支语句

一般来说，可以利用 do_case 语句测试对象的内部状态，而不要依据对象类型选择应有的行为，否则在添加新类时将不得不修改原有的代码。应该合理地利用多态性机制，根据对象当前类型，自动决定应有的行为。

5. 提高健壮性

通常这是需要在健壮性与效率之间做出折中处理的，为了提高系统的健壮性应该遵循以下四条准则：

（1）预防用户的操作错误。软件系统必须具备处理用户操作错误的能力。当用户在输入数据时发生错误，不应该引起程序中断，更不应该造成"死机"。对于一个接收用户输入数据的方法，它必须对其接收到的数据进行检查，即使发现了非常严重的错误，也应该给出恰当的提示信息，并准备再次接收用户的输入。

（2）检查参数的合法性。特别是对于公有方法，应该检查其参数的合法性，其他类使用公有方法时很可能违背参数的约束条件，如年龄之类。

（3）不要预先确定限定条件。在设计阶段，往往很难准确地预测出应用系统中使用的数据结构的最大容量需求。对难以确定的数据结构的容量，不要做预先限制，应该尽可能地采用动态内存分配机制。

（4）先测试后优化。在为提高效率而进行优化前，先测试程序的性能。如重点测试最坏情况出现的次数及处理时间，然后优化关键的部分。这是因为人们经常惊奇地发现，事实上大部分程序代码所消耗的运行时间并不多，应该仔细研究应用程序的特点，以确定哪些部分需要着重测试，例如，最坏情况出现的次数及处理时间可能需要着重测试。经过测试，合理地确定为提高性能应该着重优化的关键部分。如果实现某个操作的算法有多种，则应该综合考虑内存需求、速度及实现的简易程度等因素，经合理折中选定适当的算法。

5.5.4　类的实现

面向对象的具体实现就是类的实现。类的实现是和具体的语言相关的，下面通过一些示例来说明如何定义面向对象语言中的类，主要是通过定义的类来说明如何把对象的属性和服务结合成一个独立的系统单位，并尽可能隐藏对象的内部细节。

下面给出的使用 C++语言定义的类 Clock（其 UML 表示如图 5-13 所示）的定义中，指明了什么是边界、接口，并说明了如何利用信息隐蔽原则，隐藏类的属性。此外，还标明了如何定义类、构造函数、成员函数和对象。

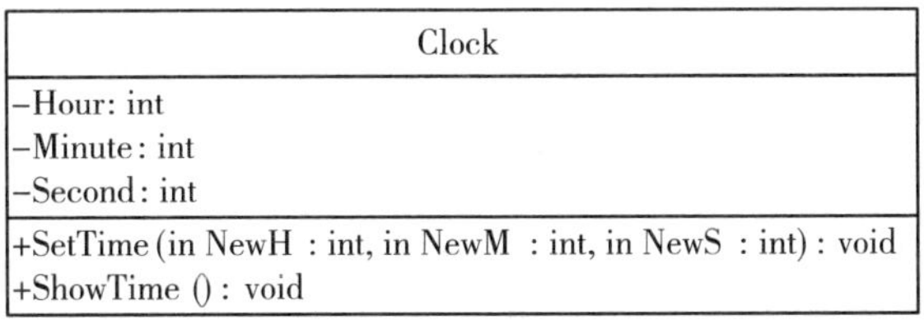

Clock
−Hour : int
−Minute : int
−Second : int
+SetTime (in NewH : int, in NewM : int, in NewS : int) : void
+ShowTime () : void

图 5-13　Clock 类

```
class Clock                          //定义类
{                                    //边界
public:                              //接口
Clock( ){//……};                     //定义构造函数
void SetTime( int NewH, int NewM, int NewS){//……};//定义成员函数
void ShowTime( ){//……};//定义服务(操作、方法)
private：                            //隐藏
int Hour,Minute,Second；             //定义属性
```

```
};                              //边界
void main(void)
{
Clock clock_real;               //定义对象
……
}
```

创建对象的唯一途径是调用构造函数。全局对象是在主函数 main( )之前被构造的，存放在全局数据区，其生命期与程序的运行生命期相同。静态局部对象则在首次进入到定义该静态对象的函数时，进行构造，存放在全局数据区，其生命期与程序的运行生命期相同。局部对象将在函数开始执行时，按出现的顺序统一定义，存放在栈中，其生命期同函数的生命期。全局对象、局部对象和静态局部对象也是在实现类的时候需要考虑的问题，应该如何定义呢？此外还有一种堆对象，也可分全局的或局部的；放在堆中，其生命期与程序的运行生命期相同，必要时用 delete 清除它。那么，应该如何定义和释放堆对象？下面的示例将给出这些对象的定义和构造过程：

```
class Desk
{……};
class stool
{……};
Desk da;                        //全局对象
Stool sa;                       //全局对象
void fn( )
{
static Stool ss;                //静态局部对象
Desk da;                        //局部对象
……
}
void main( )
{Stool bs;                      //局部对象
Desk  * pd = new Desk;          //堆对象
Desk nd[50];                    //局部对象数组
……
Delete pd;                      //释放堆对象
}
```

5.5.5 泛化和聚合关系的实现

一般而言，UML 类图中的关系模式主要有以下几种：泛化(generalization)，实现(realization)，关联(association)，聚合(aggregation)，依赖(dependency)等。就其耦合强度而言大体可以认为，依赖关系最弱，关联关系、聚合关系和组合关系更强，泛化关系最强。其中聚合关系和组合关系是一类非平凡的关联关系。

泛化关系其实质为类与类之间的继续关系，接口与接口之间的继续关系，类对接口的实现关系。因此，泛化可以通过类的继承机制来完成的，例如我们定义了类 Student 这个一般类，那么再定义类 GraduateStudent 来继承类 Student 的全部属性和操作：

```
class Student
{//......};
class GraduateStudent：public Student //继承处理
{//......};
void main(void)
{    Student ds;
     Graduatestudent gs;
......
}
```

如果对象是由两个或者多个对象聚合来实现的，那么应该如何描述系统中各对象之间的组成关系呢？图 5-14 给出了由 Moter 类和 wheel 类聚合的对象类 Car，并给出了其定义过程。

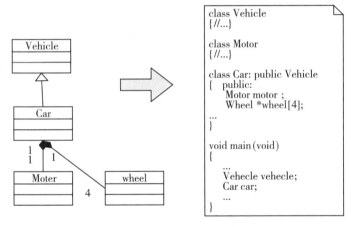

图 5-14　实现聚合的示例

5.6　本章小结

面向对象设计是用面向对象观点建立求解空间模型的过程。目前多采用包图、部署图和构件图表示面向对象体系结构。包图用于描述系统的分层结构，构件图能够很好地对系统的静态实现视图进行建模，部署图用来显示系统中软件和硬件的物理架构。面向对象的设计模型由四个部分构成：问题域部分、人机交互部分、任务管理部分、数据管理部分。面向对象设计是建立在面向对象分析过程中已经建立了问题域的对象模型的基础之上的过程，其设计过程也可以分割为系统设计与各个子系统设计，主要任务则是将对象模型的内容更加细化以方便于面向对象实现过程中的编码实现。

分析、设计与实现本质上是一个多次迭代的过程，其界限应该是很模糊的。本章结合面向对象方法学固有的特点讲述了面向对象设计与实现的基本过程，真正领会面向对象设计与实现还需要在具体设计与实现实践中来把握。

习　题

(1)软件体系结构主要经历了哪些模式阶段？

(2)包图在软件体系结构的表示中具有什么作用？

(3)面向对象的软件详细设计包含哪些方面？

第6章 软件测试技术

【学习目的与要求】 软件测试是伴随软件生命周期的全过程，是软件开发过程中的重要组成部分，软件测试中的单元测试、集成测试、系统测试、验收测试是在编码完成之后进行，软件必须通过测试才能保证其在应用环境中正常工作。本章主要讲述软件测试的基本概念、重点讲述白盒测试技术、黑盒测试技术、灰盒测试技术、面向对象的测试技术、软件测试过程等。通过本章学习，理解软件测试的目的和软件测试的原则；了解测试过程中各个步骤的任务和目标；掌握软件测试的基本方法和标准，能够根据软件的规格说明或程序代码运用白盒测试法和黑盒测试法设计测试用例；了解测试计划、测试用例、测试报告的编写方法。

6.1 软件测试概述

软件危机曾经是软件界甚至整个计算机界最热门的话题。为了解决这场危机，软件从业人员、专家和学者做出了大量的努力。现在人们已经逐步认识到所谓的软件危机实际上仅是一种状况，那就是软件中有错误，正是这些错误导致了软件开发在成本、进度和质量上的失控。有错是软件的属性，而且是无法改变的，因为软件是由人来完成的，所有由人做的工作都不会是完美无缺的。问题在于我们如何去避免错误的产生和消除已经产生的错误，使程序中的错误密度达到尽可能低的程度。不论采用什么技术和什么方法，软件中仍然会有错。采用新的语言、先进的开发方式、完善的开发过程，可以减少错误的引入，但是不可能完全杜绝软件中的错误，这些引入的错误需要测试来找出，软件中的错误密度也需要测试来进行估计。

6.1.1 基本定义

很多测试文献都陷入了混乱的术语泥潭，下面根据 IEEE 制定的标准，介绍几个常用的术语。

错误(error)：人类会犯错误，很接近的一个同义词是过错(mistake)，人们在编写代码时会出现过错，把这种过错叫做 bug。错误很可能扩散，需求错误在设计期间有可能被放大，在编写代码时还会进一步扩大。

缺陷(fault)：缺陷是错误的结果。更精确地说，缺陷是错误的表现，而表现是表示的模式，例如叙述性文字、数据流框图、层次结构图、类图、源代码等。与缺陷很接近的一个同义词是缺点(defect)。缺陷可能很难捕获。当设计人员出现遗漏错误时，所导致的缺陷会是遗漏本来应该在表现中提供的内容。这种情况说明需要对定义做进一步的细化，即对缺陷进一步细分，可以把缺陷分为过错缺陷和遗漏缺陷。如果把某些信息输入到不正确的表示中，就是过错缺陷；如果没有输入正确信息，就是遗漏缺陷，遗漏缺陷更难检测和解决。

计算机科学与技术专业规划教材

失效(failure)：当缺陷执行时会发生失效。有两点需要解释：一是失效只出现在可执行的表现中，通常是源代码，或更确切地说是被装载的目标代码；二是这种定义只与过错缺陷有关。那么如何处理遗漏缺陷对应的失效呢？把这个问题再向前推进一步：应该怎样处理在执行中从来不发生，或可能在相当长时间内没有发生的缺陷呢？米开朗基罗(Michaelangelo)病毒就是这种缺陷的一个例子。这种病毒只有到米开朗基罗3月6日生日那天才会发作。评审可以通过发现缺陷避免很多失效发生。事实上，有效的评审可以找出许多遗漏缺陷。

事故(incident)：当出现失效时，可能会也可能不会呈现给用户(或客户或测试人员)。当软件失效时会给客户带来损失，这些损失有可能是灾难性，或是给国家安全带来威胁，或是经济利益方面。这都是由于软件失效导致的事故。

测试(test)：测试显然要处理错误、缺陷、失效和事故。测试有两个显著的目标：找出缺陷、失效，或演示正确的执行。

测试用例(test case)：就是为了特定测试目的(如考察特定程序路径或验证某个产品特性)而设计的测试条件、测试数据及与之相关的操作过程序列的一个特定的使用实例或场景。测试用例也可以被称为有效地发现软件缺陷的最小测试执行单元，即可以被独立执行的一个过程，这个过程是一个最小的测试实体，不能再被分解。

测试用例在测试中占据中心地位，测试还可以细分为独立的步骤：测试计划、测试用例开发、运行测试用例以及评估测试结果。

6.1.2　软件测试的必要性

为什么要进行软件测试？就是因为软件缺陷的存在。软件缺陷危害有小有大，危害小的缺陷可能使软件看起来不美观、使用起来不方便。危害大的缺陷则可能给用户带来损失甚至生命危险，也可能给软件企业带来巨大的损失，更为严重的会危及国家安全。美国商务部国家标准和技术研究所(NIST)进行的一项研究表明，每年软件缺陷给美国经济造成的损失高达595亿美元，这说明软件中存在的缺陷会带来巨大损失，也说明了软件测试的必要性和重要性。

2008年8月诺基亚承认该公司Serirs40手机平台存在严重的缺陷，Serirs40手机所使用的旧版J2ME中的缺陷是黑客能够远程访问本应受到限制的手机功能，从而使黑客能够在他人手机中秘密地安装和激活应用软件。

2007年10月30日上午9点，北京奥运会门票面向境内公众的第二阶段预售正式启动。由于瞬间访问量过大造成网络堵塞，技术系统应对不畅，造成很多申购者无法及时提交申请，为此票务中心向广大公众表示歉意，并宣布暂停第二阶段的门票销售。

2007年美国12架F-16战机执行从夏威夷飞往日本的任务中，因电脑系统编码中犯了一个小错误，导致飞机的全球定位系统纷纷失灵，一架战机坠毁。

2003年8月14日发生美国及加拿大部分地区史上最大停电事故就是软件错误导致的。Security Focus的数据表明，位于美国俄亥俄州的第一能源公司下属的电力监测与控制管理系统"XA/21"出现软件错误，是北美大停电的罪魁祸首。

2003年5月4日，搭乘俄罗斯"联盟-TMA1"载人飞船的国际空间站第七期考察团的宇航员返回地球，但在返回途中，飞船偏离了降落目标地点约460Km。据来自美国国家航空航天局的消息称，这是由飞船的导航计算机软件设计中的错误引起的。

给软件带来缺陷的原因很多，具体地说，主要有如下几点：

（1）交流不够、交流上有误解或者根本不进行交流。

（2）软件复杂性。

（3）程序设计错误。

（4）需求变化。

（5）时间压力。

（6）代码文档贫乏。

（7）软件开发工具。

6.1.3 通过维恩图理解测试

测试基本上关心的是行为，而行为与软件（和系统）开发人员常见的结构视图无关。最明显的差别是，结构视图关注的是它是什么，而行为视图关注的是它做什么。一直困扰测试人员的难点之一，就是基本文档通常都是开发人员编写，并且是针对开发人员的，因此这些文档强调的是结构信息，而不是行为信息。本节通过维恩图来帮助理解测试的几个问题（如图 6-1 所示）。

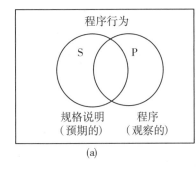
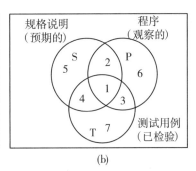

图 6-1　所描述的行为与所实现的程序行为和经过测试的行为

考虑一个程序行为全域。给定一段程序及其规格说明，集合 S 是所描述的行为，集合 P 是用程序实现的行为。图 6-1（a）给出了规格说明书所描述的行为和用程序实现的行为之间的关系。对于所有可能的程序行为，规格说明书描述的行为都位于标有 S 的圆圈内，所有实际的程序行为都位于标有 P 的圆圈内。通过这张图，可以清晰地看出测试人员面临的问题。如果特定的描述行为没有被编程实现会出现什么问题？用本节前面定义的术语说，这就是遗漏缺陷。类似地，如果特定的程序（已实现）行为没有被描述会出现什么问题？这种情况对应过错缺陷，S 和 P 相交的部分是"正确"部分，即既被描述又被实现的行为。测试的一种很好观点是，测试就是确定既被描述又被实现的程序行为的范围。图 6-1（b）中新增加的圆圈代表的是测试用例所能覆盖的行为。现在考虑集合 S、P 和 T 之间的关系。可能会有没有测试的已描述行为（区域 2 和 5），经过测试的已描述行为（区域 1 和 4），以及对应于未描述行为的测试用例（区域 3 和 7）。类似地，也可能会有没有测试的程序行为（区域 2 和 6），经过测试的程序行为（区域 1 和 3）以及对应与未通过程序实现的行为（区域 4 和 7）。这些区域中的每一项都很重要，如果测试用例没有对应已描述行为，则测试一定是不完备的。如果特定测试用例对应未描述行为，则有两种可能：要么这个测试用例不正当，要么规格说明不充分。测试人员怎样才能使这些集合都相交的区域（区域 1）即可能地大？这就需要测试人员采用不同的测试策略和测试方法。也是测试人员最需要思考的地方。

6.1.4　软件测试的目的

IEEE 把软件测试定义为：从通常是无限大的执行域中恰当地选取一组有限测试用例，对照程序已经定义的预期行为，动态地检验程序的行为。Grenford J. Myers 在他的名著 *The Art of Software Testing* 一书中，给出了测试的定义："程序测试是为了发现错误而执行程序的过程"。根据这一定义，测试的目的与任务可以描述为：

（1）软件测试是为了发现错误而执行程序的过程；

（2）测试是为了证明程序有错，而不是证明程序无错误；

（3）一个好的测试用例是在于它能发现至今未发现的错误；

（4）一个成功的测试是发现了至今未发现的错误的测试。

Dijkstra 也提出了"测试可以说明软件存在错误，但不能说明它不存在错误"。

他们的观点可以提醒人们测试要以查找错误为中心，而不是为了演示软件的正确功能。但是仅凭字面意思理解这一观点可能会产生误导，认为发现错误是软件测试的唯一目的，查找不出错误的测试就是没有价值的，事实并非如此。首先，测试并不仅仅是为了要找出错误。通过分析错误产生的原因和错误的分布特征，可以帮助项目管理者发现当前所采用的软件过程的缺陷，以便改进；同时，这种分析也能帮助我们设计出有针对性的检测方法，改善测试的有效性。其次，没有发现错误的测试也是有价值的，完整的测试是评定测试质量的一种方法。

还有一个与测试有关的术语叫纠错（debugging）。它的目的与任务可以规定为：

目的：定位和纠正错误；

任务：消除软件故障，保证程序的可靠运行。

测试与纠错的关系，可以用图 6-2 的数据流图来说明。图中表明，每一次测试都要准备好若干必要的测试数据，与被测试程序一道送入计算机执行。通常把程序执行需要的测试数据，称为一个"测试用例（testing case）"。每一个测试用例产生一个相应的"测试结果"。如果它与"期望结果"不相符合，便说明程序中存在错误，需要用纠错来改正。

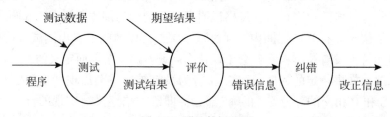

图 6-2　测试数据流图

对于长度仅有数百行的小程序，测试与纠错一般由编码者一人完成；但对于大型的程序，测试与纠错必须分开进行。为了保证大程序的测试不受干扰，通常都把它交给独立的小组进行，等发现了程序有错误，再退回编码者进行纠错。有人把小程序的测试和纠错合称为"调试"。一旦编好了一个小程序，先拿到机器上测试，发现错误便进行纠错，修改后再重复测试。这一交替进行的"测试—纠错—再测试—再纠错"的过程，常被通俗的称为"调试程序"。其实"调试"在英语中并无相当的词，但纠错时有一种常用的工具叫"Debugger"，通常被称为调试程序，而不译为纠错程序。

6.1.5　软件测试的原则

（1）软件测试是伴随软件生命周期的全过程，而不是一个独立的阶段。

通常，人们认为软件测试与程序测试的概念是一样的，即软件测试就是对程序代码的测试，其实不然。软件是由文档、数据以及程序构成的。因此软件测试应该是对软件形成过程中文档、数据以及程序进行的测试，而不仅仅是对程序进行的测试。由于软件的复杂性与抽象性，软件生命周期的各个阶段都有可能产生错误，因此不应该把软件测试看成是软件开发的一个独立的阶段，而应该将它贯穿到软件开发的各个阶段中。另外，有研究表明，"软件中的错误和缺陷具有放大的效应"，因此应该尽早从需求阶段、设计阶段就开始测试工作，确保错误的及早发现和预防，避免错误扩散到下一阶段的开发中，从而为软件质量的提高打下良好的基础。

（2）软件测试只能证明软件存在错误，而不能证明软件没有错误。

这句话揭示了测试所固有的一个重要性质——不彻底性。Mayer 指出，一个成功的测试是发现了至今没有发现的错误的测试。软件测试就是要在有限时间和有限资源的前提下，将软件中的错误控制在一个可以接纳的程度上。软件产品是可以交付使用的，但并不是说产品一点错误都没有。就好比病人到医院看医生，如果医生能够诊断出病人的疾病，则这次看病是成功的，如果医生检查不出来病人的疾病，那么病人会认为这次看病是成功的吗？病人疾病确诊后，经过一系列的治疗回家了，是否意味着他就什么病都没有了呢？谁也不敢下这个结论。因此软件测试只能证明软件存在错误，而不能证明软件没有错误。

（3）"穷尽测试"是不可能的，必须在满足适当的标准的情况下终止测试。

所谓穷尽测试就是把程序所有可能的执行路径都检查一遍的测试。目前，软件测试阶段投入的成本和工作量通常要占软件开发总成本和总工作量的一半以上。微软软件开发人员一般配置图如图 6-3 所示；微软在开发 Windows2000 和 Exchange2000 的具体人员数见表 6-1。软件开发的过程，40%～70%的资源用于测试，一般来说，对于一个极其简单的程序建立完备的测试用例都是相当困难的，可以想象一个复杂的应用程序的测试用例何等庞大。下面观察一个出自 Humphrey 的简单程序。这个程序是分析一个由 10 个字母组成的字符串。这个程序的输入变量可产生 26^{10} 种组合。可见要测试所有可能的输入变量组合是根本不可能的，至少要完成 26^{10} 次（即 141 万亿次）测试。假设用很短的时间完成测试脚本的编制，1 毫秒进行一次测试，完成一轮 141 万亿次的测试需要 4 年半时间。测试的工作量之大，可想而知。

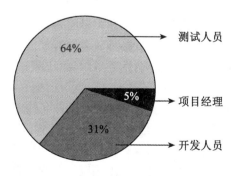

图 6-3　微软软件开发人员一般配置

表 6-1 **Windows2000 和 Exchange2000 开发人员表**

	Exchange2000	Windows2000
项目经理	25 人	约 250 人
开发人员	140 人	约 1700 人
测试人员	350 人	约 3200 人
测/开	2.5	1.9

因此在测试前，应根据对软件可靠性的要求以及对测试覆盖面的要求，确定停止测试的标准和时间。但是，也需要精心地设计测试方案，尽可能充分覆盖程序逻辑并使程序达到所要求的可靠性。

（4）软件测试中已发现的错误越多，说明软件中还没有被发现的错误越多。

有统计数字表明，软件中已经发现的错误数与软件中尚未被发现的错误数之间成正比关系。因此，应该避免一个错误的认识"认为已发现的错误越多，则软件中尚未发现的错误越少，从而软件越可靠"。

（5）软件测试除了对软件期望的有效输入进行测试外，还应该测试意外的、无效的输入情况。

在设计测试数据时，人们总是倾向于提供软件所需要处理的有效数据，却往往忽略了软件对无效数据的处理。比如：一个软件的功能是输入 3 个数作为三角形的 3 条边，然后鉴别这一三角形的类别。输入 3 个"5"时程序回答"等边三角形"，但若输入 3 个"0"程序也回答"等边三角形"，就真假不分了。又如，三条边分别为 2、3、4 时应判断是"不等边三角形"，但如果对 2、3、5 或 2、3、6 也判断为"不等边三角形"，也会闹笑话。可见在设计测试用例时，需要考虑到各种可能出现的情况，对被测程序进行多方面的考核。切忌挂一漏万，把原本复杂的问题想的过于简单。小程序尚且如此，大型程序就可想而知了。所以有人认为，搞好一个大型程序的测试，其复杂性不亚于对这个程序的开发，主张挑选最有才华的程序员来参加测试工作。人们很难保证软件在使用的过程中不会遇到无效的或意想不到的输入。为了确保软件的健壮性，不至于因为非预期的输入而造成错误的处理或更严重的系统失效，有必要在测试有效数据之外，对于一些非预期的或无效的数据也需进行相应的测试。

（6）软件测试不仅要测试软件是否完成了它应该做的，还应该测试软件是否做了它不应该做的。

一个信息管理系统中规定只有管理员用户可以具有信息修改、添加、删除等操作的权力，普通用户只能进行信息浏览的操作。如果在测试时，仅仅只测试普通用户是否具备了信息浏览的能力，而没有对他是否具备修改、添加、删除等能力的测试，则很有可能出现很严重的错误——系统中普通用户居然可以具备只有管理员用户才能拥有的数据操纵权力。因此，软件测试除了测试软件完成了它应该做的，测试软件是否做了它不应该做的事情同样很重要。

（7）在测试用例中有必要定义相应的输入数据的预期执行结果。

人们通常在定义测试用例时，往往只考虑对用于测试的输入数据进行预定义，却往往忽视了在执行测试之前——设计测试用例时，给出相应的输入数据的预期执行结果。在实际工作中，这种情况经常发生。这样产生的后果是，人们无法根据一组输入数据产生的实际的测试结果判断程序运行的正确性。因此，完整的测试用例的定义中必须包含两个内容：①用于测试的输入数据的定义；②相应的输入数据的预期执行结果的"正确"定义。

(8)程序员应避免测试自己的程序，软件开发小组也应避免测试自己开发的软件。

一个显而易见的事实是，基于思维的惯性，人们很难发现自己生产的产品的缺陷和问题。比如，作家在校对自己写的书稿时，常常会漏掉一些别人看来是显而易见的拼写或排版等错误。产生这些疏漏主要基于两个原因。其一，人们很难用挑剔的眼光去看待自己的作品，对自己的产品的正确性过于自信，因此对检查的过程重视程度不够而导致有些错误没有发现；其二，由于作者错误的理解，造成用错误的标准衡量自己的产品，那么这种情况下与错误标准相吻合的"错误"将永远无法被作者本人发现。另外，人们都有不愿意承认自己会犯错误的心理，也会导致程序员自己不愿暴露自己软件中的错误。因此，在测试的过程中，应尽量避免程序员测试自己的程序。推而广之，软件开发小组也应该尽量避免测试自己开发的软件，最好由专门的测试小组的人员来进行测试工作。

(9)软件测试必须是有计划、有管理的，并且需要预留充足的时间与资源。

应该避免盲目的、没有计划的软件测试。在软件开发的每个阶段，都应该有相应的测试计划、测试评价、过程管理等。只有严格的按照软件测试过程管理的要求进行测试活动，才能保证软件测试的成功。

(10)软件测试是一个非常具有创造性的和智力挑战性的工作。

人们也许误认为软件测试是一项很简单的工作，无非就是设计一些数据，然后通过输出结果分析软件是否有问题。其实不然。软件测试所需要的创造性可能比程序设计所需要的创造性还要多。

6.1.6 软件测试的方法和步骤

软件测试的方法可以分为静态测试和动态测试。

1. 静态测试

静态测试就是通过对被测程序的静态审查，发现代码中潜在的错误。它一般用人工方式脱机完成，故亦称为人工测试或代码评审(code review)；也可借助于静态分析器在机器上以自动方式进行检查，但不要求程序本身在机器上运行。静态测试包括代码审查和静态结构分析。

代码审查(包括代码评审和走查)：由一组人通过阅读、讨论和争议对程序进行静态分析的过程。会审小组由组长、2~3名程序设计和测试人员及程序员组成。会审小组在充分阅读待审程序文本、控制流程图及有关要求、规范等文件基础上，召开代码会审会，程序员逐句讲解程序的逻辑，并展开热烈的讨论甚至争议，以揭示错误的关键所在。实践表明，程序员在讲解过程中能发现许多自己原来没有发现的错误，而讨论和争议则进一步促使了问题的暴露。例如，对某个局部性小问题修改方法的讨论，可能发现与之有牵连的甚至能涉及模块的功能说明、模块间接口和系统总结构的大问题，从而对需求定义重定义或重设计验证，大大改善了软件的质量。

静态分析：主要是对程序进行以图形的方式表现程序的内部结构。主要有控制流分析、数据流分析、接口分析和表达式分析等。

2. 动态测试

动态测试是通过输入一组预先按照一定的测试准则构造的实例数据来动态运行程序，而达到发现程序错误的过程。动态测试也可区分为两种：一类根据被测程序的内部结构设计测试用例，测试者需事先了解被测程序的结构，故称为白盒测试（White Box Testing）；另一类则把被测程序看成一个黑盒，根据程序的功能来设计测试用例，称为黑盒测试（Black Box Testing）。

白盒测试，又称为结构测试。它将程序看成装在一个透明的盒子里，测试者完全知道程序的内部逻辑结构和处理过程。这种方法按照程序的内部结构测试程序，检测程序中的主要执行通路是否能按预定的要求正确工作。

黑盒测试，又称为功能测试。它将程序看作一个黑盒子，完全不考虑程序的内部结构和处理过程。它只检查程序功能是否能按规格说明书的规定正常使用，程序是否能接收输入数据并产生正确的输出信息，程序运行过程中能否保持外部信息（例如：数据库或文件）的完整性。

3. 软件测试步骤

除非是测试一个小程序，否则一开始就把整个系统作为一个单独的实体来测试是不现实的。测试过程也必须分步骤进行，后一个步骤在逻辑上是前一个步骤的继续。通常，一个大型的软件系统是由若干个子系统组成，每个子系统又是由具有相关性的多个功能模块构成的，因此一个大型系统的测试过程大致要经历单元测试、集成测试、系统测试和验收测试四个步骤。

4. 软件测试文档

为了保证测试质量，软件测试必须完成规定的文档。按照软件工程的要求，测试文档主要应包括测试计划和测试报告两个方面的内容。测试计划的主体是"测试内容说明"。它包括测试项目名称、实测结果与期望结果的比较、发现的问题，以及测试达到的效果等。测试报告的主体是"测试结果"，它包括测试项目名称、实测结果与期望结果的比较、发现的问题，以及测试达到的效果等。

一个程序所需的测试用例可以定义为：

测试用例＝{测试数据＋期望结果}

式中的{ }表示重复。它表明，测试一个程序要使用多个测试用例，而每一个测试用例都应包括一组测试数据和一个相应的期望结果。如果在测试用例后面再加"实际结果"，就成为"测试结果"，即测试结果＝{测试数据＋期望结果＋实际结果}。由此可见，测试用例不仅是连接测试计划与执行的桥梁，也是软件测试的中心内容。有效的设计测试用例，是搞好软件测试的关键。

6.2 白盒测试技术

白盒测试是一种广泛使用的逻辑测试技术，也称为结构测试或逻辑驱动测试。白盒测试的对象基本上是源程序，是以程序的内部逻辑结构为基础的一种测试技术。由于在白盒测试中已知程序内部工作过程，是按照程序内部的结构测试程序，检验程序中的各条通路是否都能够按预定要求正确工作，所以白盒测试针对性很强，可以对程序的每一行语句、每一个条件或分支进行测试，测试效率比较高，而且可以清楚测试的覆盖程度。如果时间允许，可以保证所有的语句和条件都得到测试，使测试的覆盖程度达到较高水平。

白盒测试可分为静态测试和动态测试。静态测试是一种不通过执行程序而进行测试的技术，其关键是检查软件的表示和描述是否一致，是否存在冲突或歧义。静态测试测试的目的是纠正软件系统在描述、表示和规格上的错误，是任何进一步测试的前提。动态测试是对软件系统在模拟的或真实的环境中执行而表现的行为进行分析。动态测试主要验证一个系统在检查状态下是正确的还是不正确的。动态测试技术主要包括程序插桩、逻辑覆盖、基本路径测试。

6.2.1　静态测试

最常见的静态测试是找出源代码的语法错误，这类测试可由编译器自动完成。除此之外，测试人员需要采用人工的方法来检验程序，因为程序中有些地方存在非语法方面的错误，只能通过人工检测的方法来判断。人工检测方法主要有代码检查法和静态结构分析法。

1. 代码检查法

代码检查法主要是通过桌面检查、代码审查和走查方式，对以下内容进行检查：代码和设计的一致性；代码的可读性以及对软件标准遵循的情况；代码逻辑表达的正确性；代码结构的合理性；程序中不安全、不明确和模糊的部分；编程风格方面的问题等。

桌面检查是指程序设计人员对源程序代码进行分析、检验并补充相关文档，发现程序中的错误。

代码审查一般是由程序设计人员和测试人员组成审查小组，通过阅读、讨论对程序进行静态分析。首先小组成员提前阅读设计规格书、程序文本等相关文档，然后召开程序审查会，由程序员讲解程序的逻辑，在讲解的过程中，程序员能发现许多原来自己没有发现的错误，而讨论和争议则促进了问题的暴露。

走查一般由程序设计人员和测试人员组成审查小组，通过逻辑运行程序，发现问题。首先小组成员提前阅读设计规格书、程序文本等相关文档，然后利用测试用例，使程序逻辑运行，记录程序的踪迹，发现、讨论、解决问题。

2. 静态结构分析法

在静态结构分析中，测试人员通常通过使用测试工具分析程序源代码的系统结构、数据结构、内部控制逻辑等内部结构，生成函数调用关系图、模块控制流程图、内部文件调用关系图等各种图形、图表，清晰地表示整个软件的组成结构。通过分析这些图表（包括控制流分析、数据流分析、接口分析、表达式分析等），可以检查软件有没有存在缺陷或错误。

静态结构分析法通常采用以下一些方法进行源程序的静态分析。

（1）通过生成各种图表，来帮助对程序的静态分析。常用的各种引用表如：标号交叉引用表、变量交叉引用表、子程序引用表、等价表、常数表。

（2）静态错误分析主要用于确定在源程序中是否有某类错误或"危险"结构。常用的方法有类型和单位分析、引用分析、表达式分析。类型和单位分析主要为了强化对源程序中的数据类型检查，发现在数据类型上的错误和单位上的不一致性。引用分析是最常使用的静态错误分析方法，例如：如果沿着程序的控制路径，变量在赋值以前被引用，或变量在赋值以后未被引用，这时就发生了引用异常。表达式分析，对表达式进行分析，可以发现和纠正在表达式中出现的错误。表达式分析主要包括一下几个方面的内容：在表达式中不正确使用了括号造成的错误；数组下标越界造成的错误；除数为零造成的错误；对负数开平方，或对∏求正切值造成的错误等。接口分析可以检查模块之间接口的一致性和模块与外部数据之间接口的一致性。

6.2.2 程序插桩

在白盒测试中，程序插桩是一种基本的测试手段，有着广泛的应用。程序插桩是向被测程序中进行插入操作，来实现测试目的的方法，即向源程序中添加一些语句，实现对程序语句的执行、变量的变化情况进行检查。

例如，想要了解一个程序在某次运行中所有可执行语句被覆盖的情况，或是每个语句的实际执行次数，就可以利用程序插桩技术。这里仅以计算整数 X 和整数 Y 的最大公约数为例，说明程序插桩技术的要点。图 6-4 给出了这一程序的流程图和 C 源代码，图中虚线框部分并不是源程序的内容，而是为了记录语句执行次数而插入的计数语句，其形式为：$C[i]=C[i]+1$ $i \in 1, 2, \cdots, 6$。

程序从入口开始执行，到出口结束，凡经历的计数语句都能记录下该程序点的执行次数，如果在程序的入口处还插入计数器 $C[i]$ 初始化的语句，在出口处插入打印这些计数器语句或插入将这些计数器输出到文件的语句，就构成了完整的插桩程序。

通过插入的语句获取程序执行中的动态信息，这一做法如同在刚研制成的机器特定部位安装记录仪表一样。安装好以后开动机器试运行，除了可以对机器加工的成品进行检验得知机器的运行特性外，还可以通过记录仪表了解机器动态特性。这就相当于在运行程序以后，一方面可检测测试的结果数据，另一方面还可以借助插入语句给出的信息了解程序的执行特性。正是这个原因，有时把插入的语句称为"探测器"，或"探针"，借以实现探查和监控的功能。

在程序的特定部位插入记录动态特性的语句，最终是为了把程序执行过程中发生的一些重要历史事件记录下来。例如，记录在程序执行过程中某些变量的变化情况和变化的范围等。又如程序逻辑覆盖情况，也只有通过程序的插桩才能取得覆盖的信息。

设计插桩程序时需要考虑的问题如：探测哪些信息？在程序的什么部位设置探测点？需要设置多少个探测点？如何在程序中特定部位插入某些用以判断变量特性的语句？

其中第 1 个问题需要结合具体情况解决，并不能给出笼统的回答。至于第 2 个问题，在实际测试通常在下面一些部位设置探测点。

(1) 程序块的第 1 个可执行语句之前。

(2) for，while，do while 等循环语句处。

(3) if，else，switch case 等条件语句分支处。

(4) 输入/输出语句之后。

(5) 函数、过程、子程序调用语句之后。

(6) return 语句之后。

(7) goto 语句之后。

关于第 3 个问题，需要考虑如何设置最少探测点的方案。程序中如果出现了多种控制结构，使得整个结构十分复杂，为了在程序中设计最少的计数语句，需要针对程序的控制接口进行具体的分析。第 4 个问题是如何在程序中特定部位插入断言语句。在应用程序插桩技术时，可在程序中特定部位插入某些用以判断变量特性的语句，使得程序执行中这些语句得以证实。从而使程序运行特性得到证实。

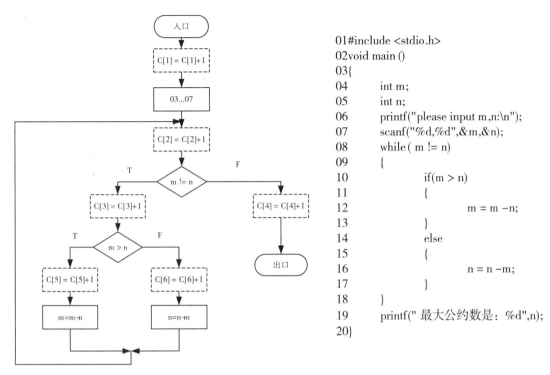

```
01#include <stdio.h>
02void main ()
03{
04        int m;
05        int n;
06        printf("please input m,n:\n");
07        scanf("%d,%d",&m,&n);
08        while ( m != n)
09        {
10                if(m > n)
11                {
12                        m = m −n;
13                }
14                else
15                {
16                        n = n −m;
17                }
18        }
19        printf(" 最大公约数是：%d",n);
20}
```

图 6-4　插桩后求最大公约数程序的流程图和插桩前的源代码

6.2.3　逻辑覆盖

　　白盒测试是根据程序的内部结构来设计测试数据，检查程序中的每条通路是否都能够按照要求正确地执行。白盒测试最常用的方法是逻辑覆盖法（Logic Coverage Testing）和基本路径测试法。逻辑覆盖法考察的重点是图中的判定框（菱形框）。因为这些判定若不是与选择结构有关，就是与循环结构有关，是决定程序结构的关键成分。根据测试用例对程序逻辑结构的覆盖程度的不同，逻辑覆盖的标准又可分为：语句覆盖、判定覆盖、条件覆盖、判定/条件覆盖、条件组合覆盖和路径覆盖等。

发现错误的能力	弱	语句覆盖	每条语句至少执行一次
		判定覆盖	每一判定的每个分支至少执行一次
		条件覆盖	每一判定中的每个条件，分别按"真"、"假"至少各执行一次
	强	判定/条件覆盖	同时满足判定覆盖和条件覆盖的要求
		条件组合覆盖	求出判定中所有条件的各种可能组合值，每一可能的条件组合至少执行一次
		路径覆盖	使程序中每一条可能的路径至少执行一次

下面通过图 6-5 所示的一个简单的 C 语言程序来介绍不同的逻辑覆盖标准的强弱程度。

```
void doWork (int x,int y,int z)
{
        int k = 0;        //语句块1
        int j = 0;        //语句块1
        if((x > 3) && (z < 10))
        {
                k = x * y −1; //语句块2
                j = k * k;     //语句块2
        }
        else
        {
                //语句块3
        }
        if((x == 4)||(y > 5))
        {
                j = x * y + 10; //语句块4
        }
        else
        {
                //语句块5
        }
        j = j % 3;        //语句块6
}
```

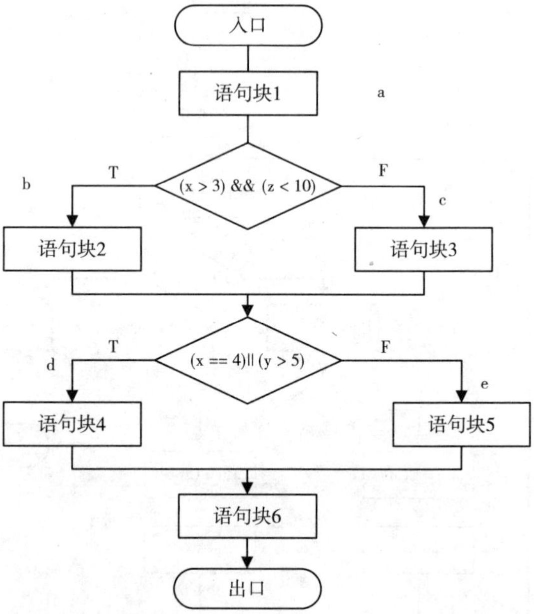

图 6-5　被测试程序及其流程图

1. 语句覆盖

语句覆盖是最弱的逻辑覆盖标准，它仅要求设计若干个测试用例，运行被测程序，使得每一个可执行语句至少执行一次即可。可以设计测试用例 1（x=4，y=5，z=5），通过覆盖路径 abd 实现对图 6-5 被测程序的语句块 1、语句块 2、语句块 4、语句块 6 的覆盖。设计测试用例 2（x=2，y=5，z=5），通过覆盖路径 ace 实现对图 6-5 被测程序的语句块 1、语句块 3、语句块 5、语句块 6 的覆盖。通过执行测试用例 1 和测试用例 2 这样就可以达到所有语句覆盖的标准。

测试用例	通过路径	覆盖分支
x=4，y=5，z=5	abd	bd
x=2，y=5，z=5	ace	ce

（1）Case1 x=4，y=5，z=5　（覆盖 abd）

（2）Case2 x=2，y=5，z=5　（覆盖 ace）

上述的测试用例是否能检测出图 6-5 序中可能出现的下列错误情况。

（1）当第一（或二）个判定表达式的值为假时，执行了错误的操作，而不是语句块 3 或语句块 5；

（2）判定 1“（x>3）&&（z<10）”中的逻辑运算符“&&”误写成了“‖”；

（3）判定 2“（x==4）‖（y>5）”中的条件“y>5”误写成了“y>=5”

显然，对于上述情况，上述测试用例均无法检测出来。一般认为语句覆盖标准是很不充分的一种标准，是最弱的逻辑覆盖准则。语句覆盖是逻辑覆盖测试的最基本的要求，下面将要介绍的覆盖标准都比语句覆盖标准要强，因此能够在一定的程度上实现更充分的测试。

2. 判定覆盖

比语句覆盖标准稍强的覆盖标准是判定覆盖。按判定覆盖准则进行测试是指设计若干测试用例，运行被测程序，使得程序中每个判定的取真分支和取假分支至少执行一次，即判定的真假值均曾被满足，判定覆盖又称为分支覆盖。

对于图 6-5 的被测程序设计如下的一组测试用例，则可以满足判定覆盖的要求。

测试用例	通过路径	判定 1	判定 2	覆盖分支
x=4，y=5，z=5	abd	真	真	bd
x=2，y=5，z=5	ace	假	假	ce

程序中含有判定的语句包括 if else，while，do-while 等，除了双值的判定语句外，还有多值的判定语句，如 switch case 语句、带多个分支的 if 语句等，所以判定覆盖更一般的含义是使得每一分支获得每一种可能的结果。

判定覆盖比语句覆盖严格，因为如果每个分支都执行过了，则每个语句也就执行过了，但是判定覆盖还是很不够的。例如，如果把第 2 个条件 y>5 错误的写成 y<5，上面的测试用例也无法检测出来。

使用上述的测试用例可以排除我们在语句覆盖部分提到的可能出现的错误情况(1)，但是仍然无法发现可能出现的错误情况(2)、(3)。这表明，只是判定覆盖，还不能保证一定能查出在判断的条件中存在的错误。因此还需要更强的逻辑覆盖准则检验判断内部条件。

3. 条件覆盖

在程序中，如果一个判定语句是由多个条件组合而成的复合判定，那么为了更彻底地实现逻辑覆盖，可以采用条件覆盖标准。条件覆盖的含义是设计若干个测试用例，运行被测程序，使得程序中每个判断的每个逻辑条件的可能取值至少执行一次。

对图 6-5 的被测程序中的所有条件取值加以如下标记。

对于第一判定条件：

条件 x>3 取真值 T1，取假值 F1；

条件 z<10 取真值 T2，取假值 F2；

对于第二判定条件：

条件 x==4 取真值 T3，取假值 F3；

条件 y>5 取真值 T4，取假值 F4；

设计测试用例如下：

测试用例	通过路径	条件取值	覆盖分支
x=4，y=6，z=5	abd	T1，T2，T3，T4	bd
x=2，y=5，z=5	ace	F1，T2，F3，F4	ce
x=4，y=5，z=15	acd	T1，F2，T3，F4	cd

或者

测试用例	通过路径	条件取值	覆盖分支
x=4，y=5，z=5	abd	T1，T2，T3，F4	bd
x=2，y=6，z=15	acd	F1，F2，F3，T4	cd

条件覆盖通常比判定覆盖功能要强，因为条件覆盖使一个判定中的每一个条件都取到了2个不同的值，而判定覆盖则不能保证这一点。要达到条件覆盖，需要足够多的测试用例，前一组测试用例不但覆盖了所有判断的取真分支和取假分支，而且覆盖了判断中所有条件的可能取值。但是后一组测试用例虽满足了条件覆盖，但只覆盖了第一个判断的取真、取假分支和第二个判断的取真分支，不满足判定覆盖的要求。为了解决这一矛盾，需要对条件和分支兼顾，有必要考虑以下的判定条件覆盖。

4. 条件判定组合覆盖

条件判定组合覆盖要求设计足够的测试用例，使得判断中每个条件的所有可能取值至少执行一次，同时每个判断本身的所有可能判断结果至少执行一次。条件判定组合覆盖比条件覆盖和判定覆盖功能更强。

对图 6-5 的被测程序，根据定义只需设计以下 2 个测试用例便可以覆盖 8 个条件值以及 4 个判断分支。

设计测试用例如下：

测试用例	通过路径	条件取值	覆盖分支
x=4，y=6，z=5	abd	T1，T2，T3，T4	bd
x=2，y=5，z=11	ace	F1，F2，F3，F4	ce

条件判定组合覆盖从表面来看，它测试了所有条件的取值，但是实际上某些条件掩盖了另外一些条件。例如对于条件表达式 (x>3)&&(z<10) 来说，必须 2 个条件都满足才能确定表达式为真。如果 (x>3) 为假，则一般编译器不在判断条件 (z<10) 了。对于第 2 个表达式 (x==4)||(y>5) 来说，如果条件 (x==4) 为真，就认为整个表达式的结果为真，这是编译器不在检查条件 (y>5) 了。因此采用了条件判定组合覆盖，逻辑表达式中的错误不一定能检查出来。

5. 条件组合覆盖

条件组合覆盖要求设计足够多的测试用例，运行被测程序，使得每个判断的所有可能的条件取值组合至少执行一次。显然满足条件组合覆盖的测试用例是一定能满足判定覆盖、条件覆盖、条件判定组合覆盖。

例如对图 6-5 的被测程序中，判定表达式 1 中的两个条件可以构成四种不同情况的组合，判定表达式 2 中的两个条件也可构成四种不同情况的组合，因此设计一组测试用例使得这八种情况分别至少出现一次。请看下面的一组测试用例。

测试用例	判定1	判定2	通过路径	条件取值	覆盖分支
x=4, y=6, z=5	真 && 真	真 ‖ 真	abd	T1, T2, T3, T4	bd
x=2, y=5, z=15	真 && 假	真 ‖ 假	ace	T1, F2, T3, F4	ce
x=4, y=5, z=15	假 && 真	假 ‖ 真	acd	F1, T2, F3, T4	cd
x=2, y=6, z=5	假 && 假	假 ‖ 假	acd	F1, F2, F3, F4	cd

但是，这组测试用例覆盖了所有条件得可能取值的组合，覆盖了所有判断的可取分支，但路径漏掉了 abe，仍然无法完成对程序的完整测试。要想实现对程序的所有可能路径的测试覆盖，我们需要考虑使用路径覆盖。

6. 路径覆盖

路径覆盖要求设计足够多的测试用例，使程序中所有路径至少执行一次。如果程序中含有循环(在程序图中表现为环)，则每个循环至少执行一次。

请看下面的一组测试用例。

测试用例	覆盖分支	通过路径
x=4, y=6, z=5	bd	abd
x=2, y=5, z=15	ce	ace
x=4, y=5, z=15	cd	acd
x=5, y=4, z=5	be	abe

上述的测试用例覆盖了图 6-5 程序的全部四条路径。尽管路径覆盖比条件组合覆盖更强，但路径覆盖并不能包含条件组合覆盖。

6.2.4　测试覆盖准则

1. 错误敏感测试用例分析准则(ESTCA)

前面所介绍的逻辑覆盖其出发点似乎是合理的。所谓"覆盖"，就是想要做到全面，而无遗漏，但是事实表明，测试并不能真的做到无遗漏。例如将程序段：

```
…                          …
if(i>=0)                   if(i>0)
{            错写成         {
  i=j                        i=j
}                          }
…                          …
```

逻辑覆盖对于这样的小问题就无能为力了。

出现这一情况的原因在于，错误区域仅仅在 i=0 这个点上，即仅当 i 取 0 时，测试才能发现错误。K. A. Foster 从测试工作实践出发，吸收了计算机硬件的测试原理，提出了一种经验型的测试覆盖准则。在硬件测试中，对每一个门电路的输入、输出测试都是有额定标准的。通常，电路中一个门的错误常常是"输出总是 0"或是"输入总是 1"。与硬件测试中的这一情况类似，测试人员要重视程序中谓词的取值，但是实际上软件测试比硬件测试更加复杂。Foster 通过大量的实验确定了程序中谓词最容易出错的部分，得到了一套错误敏感测试用例分析 ESTCA(Error Sensitive Test Cases Analysis)规则。

规则 1：对于 AθB(其中 θ 可以是"<"、"＝＝"、">"、">＝"、"<＝")型的分支谓词，应适当选择 A 与 B 的值，使得测试执行到该分支语句时，A>B、A＝B、A<B 的情况分别出现一次。

规则 2：对于 AθC(其中 θ 可以是"<"、"＝＝"、">"、">＝"、"<＝"A 是变量，C 是常量)型的分支谓词，当 θ 是"<"、"<＝"，应适当地选择 A 的值，使得：A＝C-M，其中 M 是距 C 最小的机器允许的整数，若 A 和 C 都是整型时，M＝1。同样当 θ 是">"、">＝"应适当地选择 A 的值，使得：A＝C+M。当 θ 是"＝＝"时则要适当选择 A 的值，使得 A＝C-M 和 A＝C+M。

规则 3：对外部输入变量赋值，使其在每一个测试用例中具有不同的值和符号，并与在同一组测试用例中其他变量的值和符号不一致。

显然，规则 1 是为了检测 θ 的错误，规则 2 是为了检测"差 1"之类的错误，而规则 3 是为了检测程序语句中的错误(如本应引用一变量而错误地引用一常量)。上述 3 个规则并不是完备的，但在普通程序的测试中确实是有效的，原因在于规则本身就是针对程序编写人员容易发生的错误，或是围绕发生错误的频繁区域，因此 ESTCA 规则能提高发现错误的命中率。

2. 线性代码序列与跳转覆盖准则(LCSAJ)

Woodward 等人曾经指出：结构覆盖的一些准则(如分支覆盖或路径覆盖)都不足以保证测试数据的有效性。因此，他们提出了 LCSAJ 覆盖准则。

LCSAJ(Linear Code Sequence and Jump)的中文意思就是线性代码序列与跳转。LCSAJ 是一组顺序执行的代码，以控制流跳转为其接收点。它不同于判断-判断路径，判断-判断路径是根据有向图决定的。一个判断-判断路径是指两个判断之间的路径，但其中不再有判断，程序的入口、出口和分支结点都可以是判断点。LCSAJ 的起点是根据程序本身决定的，它的起点是程序的第一行或转移语句的入口点，或是控制流可以到达的点。几个首尾相接、第一个 LCSAJ 起点为程序起点、最后一个 LCSAJ 终点为程序终点的 LCSAJ 串就组成了程序的一条路径。一条程序路径可能是有 2 个、3 个或多个 LCSAJ 组成。基于 LCSAJ 与路径的这一关系，Woodward 提出了 LCSAJ 覆盖准则，该准则是一个分层的覆盖准则，如下所示。

第一层：语句覆盖。

第二层：判定覆盖。

第三层：LCSAJ 覆盖(即程序中每一个 LCSAJ 都至少在测试中执行一次)

第四层：两两 LCSAJ 覆盖(即程序中没两个首尾相连的 LCSAJ 组合起来在测试中要执行一次)

……

第 n+2 层：每 n 个首尾相连的 LCSAJ 组合在测试中都要执行一次。

这些都说明越是高层的覆盖准则越难满足。在实施测试时，若要实现上述的 LCSAJ 覆盖需要产生被测程序的所有 LCSAJ。

6.2.5 基本路径测试

路径测试的最理想情况是达到路径覆盖。对于比较简单的小程序实现路径覆盖是可能做到的。但是如果程序中出现多个判断和多个循环，可能的路径数目会急剧增长，达到天文数字，以致达到路径覆盖是不可能的。图 6-6 所示的程序，要想对其所有路径进行穷尽测试，其不同的路径个数为 $5^1+5^2+\cdots+5^{29}$ 个。

为了解决这个问题，我们必须对循环机制进行简化，从而减少路径的数量，使得覆盖这些有限的路径成为可能。

基本路径测试的基本步骤是：

(1) 首先根据源代码导出程序的控制流图 G；

(2) 计算程序控制流图 G 的环形复杂度；

(3) 确定线性独立路径的基本集合；

(4) 准备测试用例，强制执行基本路径集合中的每条路径。

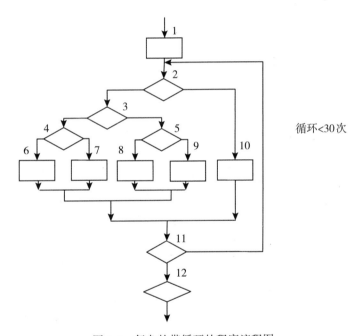

图 6-6 复杂的带循环的程序流程图

如何知道要找出多少路径？环复杂性的计算提供了这个答案。环复杂性是一种为程序逻辑复杂性提供定量测度的软件度量，将该度量用于计算程序基本的独立路径数目。环复杂性以图论为基础，可以通过以下三种方法之一来计算：

(1) 域的数量与环复杂性相对应。

(2) 对流图 G，环复杂性 V(G) 定义为：V(G) = E−N+2，其中 E 为流图的边数，N 为流图的结点数。

(3) 对流图 G，环复杂性 V(G) 也可定义为：V(G) = P+1，其中 P 为包含流图 G 中的判定结点数。

例如：对于图 6-7 的被测程序其控制流图如图 6-8 所示。

根据图6-8所示控制流图，其环形复杂度可以通过上述三种方法来计算：

该流图有5个域（R1，R2，R3，R4，R5）。

$V(G) = 11$（边数）-8（结点数）$+2 = 5$。

$V(G) = 4$（1，2，4，5四个判定结点数）$+1 = 5$。

确定线性独立路径的基本集合，对应的基本路径如下。（注意：一条新的路径必须包含有一条新边）

Path1：1—4—7—8 　　　　　　　（A<=1，A==2）

Path2：1—2—4—7—8 　　　　　　（A>1，B<>0，A==2）

Path3：1—2—4—5—8 　　　　　　（A>1，B<>0，A<>2，X<=1）

Path4：1—2—3—4—5—8 　　　　　（A>1，B==0，A<>2，X<=1）

Path5：1—2—3—4—5—6—8 　　　（A>1，B==0，A<>2，X>1）

对应各条基本路径的测试用例设计如下：

（1）Case1 没有满足条件的测试用例

（2）Case2 A=2，B=1，X=0

（3）Case3 A=3，B=1，X=0

（4）Case4 A=3，B=0，X=1

（5）Case5 A=3，B=0，X=2

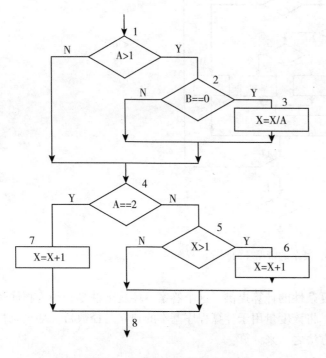

图6-7　多分支被测程序流程图

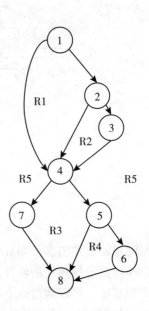

图6-8　所示被测程序的控制流图

注意，一些独立的路径往往不是完全孤立的，有时它们是程序正常的控制流的一部分，这时，这些路径的测试可以是另一条路径测试的一部分。

6.2.6　域测试

　　域测试是一种基于程序结构的测试方法。Howden 曾对程序中出现的错误进行分类,将程序错误分为域错误、计算型错误和丢失路径错误 3 种。这是相对于执行程序的路径来说的,每条执行路径对应于输入域的一类情况,是程序的一个子计算。若程序的控制流错误,对应某一特定的输入可能执行的是一条错误路径,这种错误称为路径错误,也叫做域错误。如果对于特定输入执行的是正确路径,但由于赋值语句的错误致使输出结果不正确,则称此为计算型错误。还有一类错误是丢失路径错误,它是由于程序中某处少了一个判定谓词而引起的。域测试主要是针对域错误进行的程序测试。

　　域测试的"域"是指程序的输入空间,其测试方法是基于对输入空间的分析。任何一个被测程序都有一个输入空间,测试的理想结果就是检验输入空间中的每一个输入元素是否都通过被测程序产生正确的结果。输入空间可分为不同的子空间,每一子空间对应一种不同的计算,子空间的划分是由程序中分支语句的谓词决定的。输入空间的一个元素,经过程序中某些特定语句的执行而结束(也可能出现无限循环而无出口的情况),输入空间中的元素都满足这些特定语句被执行所要求的条件。基本路径测试法正是在分析输入域的基础上,选择适当的测试点以后进行测试的。域测试有两个致命的弱点:一是为进行域测试而对程序提出的限制过多;二是当程序存在很多路径时,所需的测试也就很多。

6.2.7　符号测试

　　符合测试的基本思想是允许程序不仅仅输入具体的数值数据,也可以输入符号值,这一方法因此而得名。这里所说的符号值可以是基本符号变量值,也可以是这些符号变量值的一个表达式。这样,在执行程序过程中以符号的计算代替了普通测试中对测试用例的数值计算,所得到的结果自然是符号公式或是符号谓词。更明确地说,普通测试执行的是算术运算,符号测试是执行代数运算。因此符号测试可以被认为是普通测试的一个自然扩充。

　　符号测试可以看作程序测试和程序验证的一个折中。一方面,它沿用了传统的程序测试方法,通过运行被测程序来验证它的可靠性;另一方面,由于一次符号测试的结果代表了一大类普通测试的运行结果,实际上证明了程序接受此类输入所得到的输出是正确的还是错误的。最为理想的情况是,程序中仅有有限的几条执行路径,如果对这有限的几条路径都完成了符号测试,就能较有把握地确认程序的正确性了。从符号测试方法的使用来看,问题的关键在于开发出比传统的编译器功能更强且能够处理符号运算的编译器和解释器。目前符号测试存在如下几个未得到圆满解决的问题。

　　(1)分支问题,当采用符号测试进行到某一分支点处,分支谓词是符号表达式时,在这种情况下通常无法决定谓词的取值,也就不能决定分支的走向,需要测试人员作人工干预,或是执行树的方法进行下去。如果程序中循环,而循环次数又决定于输入定量,那就无法确定循环的次数。

　　(2)二义性问题,数据项符号值可能是有二义性的,这种情况通常出现在带有数组的程序中。在下面这段程序中,

$$\cdots$$

$$X(I) = 2+A$$

$$X(J) = 3$$
$$C = X(I)$$
…

如果 I=J，则 C=3，否则 C=2+A。但由于使用符号值运算，这时无法知道 I 是否等于 I。

(3)大程序问题，符号测试中总要处理符号表达式。随着符号测试的执行，一些变量的符号表达式越来越大。特别是当符号执行树很大、分支点很多时，路径条件本身将变成一个非常长的合取式。如果有办法能将其简化，自然会带来很大好处。但如果找不到简化的办法，那将给符号测试的时间和运行空间带来大幅度的增长，甚至整个程序将面临难以克服的困难。

6.2.8 Z 路径覆盖

分析程序中的路径是指：从入口开始检验程序，执行过程中经历的各个语句，直到出口为止。这是白盒测试最为典型的分析方法，着眼于路径分析的测试被称为路径测试，完成路径测试的理想情况是做到路径覆盖。对于比较简单的小程序实现路径覆盖是可能做到的。但是如果程序中出现多个判断和多个循环，可能的路径数目将会急剧增长，甚至达到天文数字，以至不可能实现路径覆盖。为了解决这一问题，必须舍掉一些次要因素，对循环机制进行简化，从而极大地减少路径的数量，使得覆盖这些有限的路径成为可能。一般称简体循环的路径覆盖为 Z 路径覆盖。

所谓的循环简化是指限制循环的次数。无论循环的形式和实际执行循环体的次数是多少，只考虑循环一次和零次两种情况，即只考虑执行时进入循环体一次和跳过循环体这两种情况。对于程序中的所有路径可以用路径树来表示，其具体表示方法本书略。当得到某一程序的路径树后，从其根结点开始，一次遍历，再回到根结点时，把所经历的叶结点名排列起来，就得到一个路径。如果设法遍历了所有的叶结点，那就得到了所有的路径。当得到所有的路径后，生成每个路径的测试用例，就可以做到 Z 路径覆盖测试。

一般来说，对单循环结构的路径测试可包括：

(1)零次循环，即不执行循环体，直接从循环入口跳到出口；

(2)一次循环，循环体仅执行一次，注意检查在循环初始化中可能存在的错误；

(3)典型次数的循环；

(4)最大值次循环，如果循环次数存在最大值，应按次最大值进行循环，需要时还可增加比最大值次数少一次或多一次的循环测试。

选择测试路径的原则：

(1)选择具有功能含义的路径；

(2)尽量用短路径代替长路径；

(3)从上一条测试路径到下一条测试路径，应尽量减少变动的部分(包括变动的边和结点)；

(4)由简入繁，如果可能，应先考虑不含循环的测试路径，然后补充对循环的测试；

(5)除非不得已(如为了覆盖某条边)，不要选取没有明显功能含义的复杂路径。

6.3　黑盒测试技术

黑盒测试是根据被测程序功能来进行测试，所以也称为功能测试或称为数据驱动测试，在测试时，把程序看作一个不能打开的黑盒子，在完全不考虑程序内部结构和内部特性的情况下，测试者在程序接口处进行测试。在进行黑盒测试过程中，只是通过输入数据、进行操作、观察输出结果，检查软件系统是否按照需求规格说明书的规定正常运行，软件是否能适当地接收输入数据来产生正确的输出信息，并且保持外部信息(如数据库和文件)的完整性。黑盒测试的主要依据是规格说明书和用户手册。按照规格说明书中对软件功能的描述，对照软件在测试中的表现所进行的测试称为软件验证；以用户手册等对外公布的文件为依据进行的测试称为软件审核。

黑盒测试是穷举输入测试，只有把所有可能的输入都作为测试数据使用，才能查出程序中所有的错误。实际上测试情况有无穷多个，进行测试时不仅要测试所有合法的输入，而且还要对那些不合法的但可能的输入进行测试。

黑盒测试一般分为功能测试和非功能测试两大类：功能测试方法主要包括等价类划分、边界值分析、因果图、错误推测、功能图法等，主要用于软件验收测试。非功能测试方法主要包括性能测试、强度测试、压力测试、兼容测试、配置测试、安全测试等，非功能测试中不少测试方法属于系统测试，例如配置测试、性能测试等。

6.3.1　等价类划分法

等价类划分法(Equivalence Partitioning)，就是把输入数据的可能值划分为若干等价类，使每类种的任何一个测试用例，都能代表同一等价类种的其他测试用例。换句话说，如果从某一等价类种任意选出一个测试用例未能发现程序的错误，就可以合理的认为在该类中的其他测试用例也不会发现程序的错误。这样，就把漫无边际的随机测试变成有针对性的等价类测试，有可能用少量有代表性的例子来代替大量内容相似的测试，借以实现测试的经济性。这样的集合类就被称为等价类。通过这样的方式可以只使用较少的测试用例来达到较好的测试效果，大大减少测试的工作量。例如：根据三角形的三条边 A，B，C，确定三角形的类型(等边/等腰/一般三角形)为例，对于输入数据(A=1，B=1，C=1)和输入数据(A=5，B=5，C=5)来说，都代表等边三角形，测试的效果应该是一样的。因此，只需测试具有代表性的一组数据即可。

等价类划分包括有效等价类和无效等价类两种情况。有效等价类：是指对于程序规格说明来说，由合理的、有意义的输入数据构成的集合。利用它，可以检查程序是否实现了规格说明预先规定的功能和性能。无效等价类：是指对于程序规格说明来说，由不合理的、无意义的输入数据构成的集合。利用它，可以检查程序中功能和性能的实现是否有不符合规格说明要求的地方。

在设计测试用例时要注意以下两点：一是划分等价类不仅要考虑代表"有效"输入值的有效等价类，还须考虑代表"无效"输入值的无效等价类；二是每一无效等价类至少要用一个测试用例，不然就可能漏掉某一类错误，但允许若干有效等价类合用同一个测试用例，以便进一步减少测试的次数。

等价类划分法实施的基本步骤如下。

1. 划分等价类的方法

通常，可以按照以下的几个原则来确定输入数据集的等价类。

(1) 按区间划分：如果可能的输入数据属于一个取值范围，则可以确定一个有效等价类和两个无效等价类。例如：输入值是学生成绩 score 在 0~100 之间"，可以定义有效等价类"$0<=score<=100$"，无效等价类"$score<0$"和"$score>100$"。

(2) 按数值划分：如果规定了输入数据的一组值，而且程序要对每个输入值分别进行处理，则可为每一个输入值确立一个有效等价类，此外针对这组值确立一个无效等价类，它是所有不允许的输入值的集合。例如：根据"输入数据 A 等于 10"，可以定义有效等价类"$A=10$"和无效等价类"$A<>10$"。

(3) 按数值集合划分：如果可能的输入数据属于一个值得集合(假定 n 个)，并且程序要对输入的每个值分别处理，这时可确定 n 个有效等价类和一个无效等价类。例如：根据"输入数据 A 的取值只能是{1，2，3，4}集合中的某一个"，可以定义四个有效等价类分别为"$A=1$""$A=2$""$A=3$""$A=4$"和一个无效等价类"A 为不属于集合{1，2，3，4}的任意值"。

(4) 按限制条件划分：在输入条件是一个布尔量的情况下，可确定一个有效等价类和一个无效等价类。例如：根据"输入数据 A 为真"，可定义有效等价类"A 为真"和无效等价类"A 为假"。

(5) 按限制规则划分：在规定了输入数据必须遵守的规则的情况下，可确立一个有效等价类和若干个无效等价类(从不同角度违反规则)。

(6) 按处理方式划分：在确知已划分的等价类中各元素在程序处理中的方式不同的情况下，则应再将该等价类进一步的划分为更小的等价类。

实例 1：一个函数包含 3 个变量：month、day 和 year，函数的输出为输入日期后一天的日期，要求输入变量均为整数值，并且满足如下条件：$1<=month<=12$，$1<=day<=31$，$1900<=year<=2050$，要求找出其等价类。

解：该函数的有效等价类为：

$M1=\{month：1<=month<=12\}$

$D1=\{day：1<=day<=31\}$

$Y1=\{year：1900<=year<=2050\}$

其无效等价类为：

$M2=\{month：month<1\}$

$D2=\{day：day<1\}$

$Y2=\{year：year<1900\}$

$M3=\{month：month>12\}$

$D3=\{day：day>31\}$

$Y3=\{year：year>2050\}$

在有效等价类中还要根据闰年和其中的 2 月天数不同进行等价类的细分。

2. 构造测试用例

根据已列出的等价类表，按以下步骤确定测试用例：

(1) 设计一个新的测试用例，使其尽可能多地覆盖尚未覆盖的有效等价类。重复这一步，最后使得所有有效等价类均被测试用例所覆盖；

(2) 设计一个新的测试用例，使其只覆盖一个无效等价类。重复这一步使所有无效等价类均被覆盖。

实例2：某工厂招工，规定报名者年龄应在16周岁到35周岁之间（到2002年3月30日止）。即出生年月不在上述范围内，将拒绝接受，并显示"年龄不合格"等出错信息。试用等价类法设计对这一程序功能的测试用例。

（1）划分等价类。假定已知出生年月由6位数字字符表示，前4位代表年，后2位代表月，则可以划分为3个有效等价类，7个无效等价类。

表6-2 出生日期的等价类方法的应用

输入数据	有效等价类	无效等价类
出生年月	(1)6位数字字符	(2)有非数字字符 (3)少于6个数字字符 (4)多于6个数字字符
对应数值	(5)在196702~198603之间	(6)<196702 (7)>198603
月份对应数值	(8)在1~12之间	(9)等于"0" (10)>12

（2）设计有效等价类需要的测试用例。如表6-2中的（1）、（5）、（8）等3个有效等价类，可以公用一个测试用例，例如：

测试数据	期望结果	测试范围
197011	输入有效	(1)、(5)、(8)

（3）为每一个无效等价类至少设计一个测试用例。本例具有7个无效等价类，需要不少于7个测试用例。例如：

测试数据	期望结果	测试范围
MAY，70	输入无效	(2)
19705	输入无效	(3)
1968011	输入无效	(4)
195512	年龄不合格	(6)
196006	年龄不合格	(7)
196200	输入无效	(9)
197222	输入无效	(10)

让几个有效等价类公用一个测试用例，可以减少测试次数，有利而无弊；但若几个无效等价类合用一个测试用例，就可能使错误漏检。就上例而言，假定把"195512"（对应无效等价类(6)）和"196200"（对应无效等价类(9)）合并为一个测试用例，例如"195500"及使在测

试过程中程序显示出"年龄不合格"的信息，仍不能证明程序对月份为"00"的输入数据也具有识别和拒绝接受的功能。再进一步讲，其实在第一步"划分等价类"时，就应防止有意或无意的将几个独立的无效等价类写成一个无效等价类。例如，若在上例中把(9)、(10)两个无效等价类合并写成"末两位的对应值为0或>12"则与之相应的测试用例也将从原来的2个减为1个，对程序的测试就不够完全了。

实例3：电话号码在应用程序中也是经常见到，我国固定电话号码一般由两部分组成。地区号码：以0开头的3位或者4位数字；电话号码：以非0、非1开头的7位或者8位数字。应用程序接受一切符合上述规定的电话号码，而拒绝不符合规定的号码。于是，可以根据等价类的划分设计"等价类测试用例举例"这一栏所示的测试用例。

表 6-3 　　　　　　　　　　电话号码的等价类方法的应用

输入数据	有效等价类	无效等价类
地区号码	以0开头的3位号码	以0开头的小于3位的数字串
		以0开头的大于4位的数字串
	以0开头的4位号码	以非0开头的数字串
		以0开头的含有非数字的数字串
电话号码	以非0、非1开头的7位数字	以0开头的数字
		以1开头的数字
	以非0、非1开头的8位数字	以非0、非1开头的小于7位的数字串
		以非0、非1开头的大于8位的数字串
		以非0、非1开头含有非数字的数字串
等价类测试用例举例	010 6238388	01 81234567
	025 83883838	05511 7676777
	0551 7236636	10 9898900
	0571 78989899	025j 9898980
		010 09098787
		0551 18787878
		0551 798709
		0571 8787879879
		0571 9898ah99

不同的测试人员对同一个程序的等价类的划分可能是不尽相同的，但只要确保这些等价类足以覆盖所测试的对象就可以了。当然了，还是需要仔细的分析程序的规格说明书设计出更加科学合理的等价类。

6.3.2　边界值分析法

实践表明，程序员在处理边界情况时，很容易因疏忽或考虑不周发生编码错误。例如，在数组容量、循环次数以及输入数据与输出数据的边界值附件程序出错的概率往往较大。采用边界值分析法(Boundary Value Analysis)，就是要这样来选择测试用例，使得被测试程序能在边界值及其附件运行，从而更有效的暴露程序中潜藏的错误。因此，边界值分析法可以作为等价类划分法的一种有益的补充。

对于等价类划分法的实例2，试用边界值分析法设计其测试用例。

用等价类法设计测试用例时，测试数据可以在等价类值域内任意选取。为了只接受年龄合格的报名者，程序中可能设有语句：

If (196702<=value(birthdate)<=198603)

then read(birthdate)

else write"invalid age"

但如果编码时把以上语句中的"<="无写为"<"用例7.1中的所有测试用例都不能发现这种错误。所谓边界值分析，就是要把测试的重点放在各个等价类的边界上，选取刚好等于、大于和小于边界值的数据为测试数据，并据此设计出相应的测试用例。

从实例2可知，本例有3个输入等价类，即(1)出生年月；(2)对于数值；(3)月份对应数值。采用边界值分析法，可为这3个输入等价类选取14个边界值测试用例，(其中有两个相重，实有13个)，其内容如下：

输入等价类	测试用例说明	测试数据	期望结果	选取理由
出生年月	1个数字字符	5	输入无效	仅有一个合法字符
	5个数字字符	19705	输入无效	比有效长度恰少一个字符
	7个数字字符	1968011	输入无效	比有效长度恰多一个字符
	有1个非数字字符	19705A	输入无效	非法字符最少
	全是非数字字符	AUGUST	输入无效	非法字符最多
	6个数字字符	196702	输入有效	类型与长度均有效的输入
对应数值	35周岁	196702	合格年龄	最大合格年龄
	16周岁	198603	合格年龄	最小合格年龄
	>35周岁	196701	不合格年龄	恰大于合格年龄
	<16周岁	198604	不合格年龄	恰小于合格年龄
月份对应数值	月份为1月	196702	输入有效	最小月份
	月份为12月	198603	输入有效	最大月份
	月份<1	196700	输入无效	恰小于最小月份
	月份>12	197413	输入无效	恰大于最大月份

下面给出一些边界值测试时选择测试用例的原则。

(1)如果输入条件规定了值的范围，则应该取刚达到这个范围的边界值，以及刚刚超过这个范围边界的值作为测试输入数据；

(2)如果输入条件规定了值的个数，则用最大个数、最小个数、比最大个数多1个、比最小个数少1的数作为测试数据；

(3)根据规格说明的每一个输出条件，使用规则(1)；

(4)根据规格说明的每一个输出条件，使用规则(2)；

（5）如果程序的规格说明给出的输入域或输出域是有序集合（如有序表、顺序文件等），则应选取集合的第一个和最后一个元素作为测试用例；

（6）如果程序用了一个内部结构，应该选取这个内部数据结构的边界值作为测试用例；

（7）分析规格说明，找出其他可能的边界条件。

等价类分类法的测试数据是在各个等价类允许的值域内任意选取的，而边界值分析的数据必须在边界值附件选取。

一般来说，用边界值分析法设计的测试用例比等价分类法代表性更广，发现错误的能力也更强。但是对于边界的分析与确定比较复杂，要求测试人员具有更多的经验和创造性。

6.3.3 因果图法

前面介绍的等价类划分方法和边界值分析方法，都是着重考虑输入条件，但未考虑输入条件之间的联系。如果在测试时考虑输入条件的各种组合，可能又会产生一些新情况。所有输入条件之间的组合情况往往相当多。必须考虑使用一种适合于描述多种条件的组合，相应产生多个动作的形式来考虑设计测试用例，这就需要利用因果图。因果图方法最终生成的是判定表。它适合于检查程序输入条件的各种组合情况。

利用因果图法设计测试用例的步骤如下。

（1）分析软件规格说明描述中，哪些是原因（即输入条件或输入条件的等价类），哪些是结果（即输出条件），并给每个原因和结果赋予一个标识；

（2）分析软件规格说明描述中的语义，找出原因与结果之间、原因与原因之间对应的是什么关系。根据这些关系，画出因果图；

（3）由于语法或环境限制，有些原因与原因之间、原因与结果之间的组合情况不可能出现。为表明这些特殊情况，在因果图上用一些记号标明约束或限制条件；

（4）把因果图转换成判定表；

（5）把判定表的每一列拿出来作为依据，设计测试用例。

图 6-8 所示为因果图中的四种基本图形符号，表示了四种不同的因果关系。其中结点间的连线表明被连接的两个结点之间存在因果关系。连线左边的结点表示原因，右边的结点表示结果。

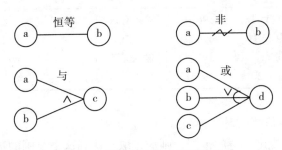

图 6-8　因果图的基本图形符号

（1）恒等：表示原因与结果之间一对一的对应关系。若原因出现，则结果出现；否则，结果不出现。

（2）非：表示原因与结果之间的一种否定关系。若原因出现，则结果不出现；否则，结果出现。

（3）或：表示若几个原因中有一个出现，则结果出现，只有当这几个原因都不出现时，结果才不出现。

（4）与：多个原因同时出现，则结果出现；只要有一个原因不出现，则结果不出现。

为了表示原因与原因之间、结果与结果之间可能存在的约束条件，在因果图中可以附加一些如图6-9所示的表示约束条件的符号。

（1）E（互斥）约束：表示a、b两个原因不会同时成立，两个中最多只有一个可能成立。

（2）I（包含）约束：表示a、b、c三个原因中至少有一个必须成立。

（3）O（唯一）约束：表示a和b两个原因当中必须有一个且只有一个成立。

（4）R（要求）约束：表示原因a出现时，原因b必须也出现。

（5）M（屏蔽）约束：表示当结果a出现时，结果b不出现。

其中E、I、O、R约束是对输入的约束，M约束是对输出的约束

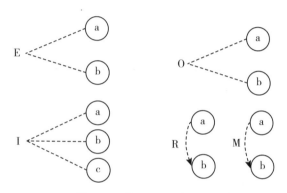

图6-9 因果图的约束符号

例如：有一个处理单价为1元5角的盒装饮料的自动售货机软件。若投入1元5角硬币，按下"可乐""雪碧"或"红茶"按钮，相应的饮料就送出来。若投入的是两元硬币，在送出饮料的同时退还5角硬币。请使用因果图分析法为其设计测试用例。

（1）分析这一段说明，列出原因和结果。

原因	c1：投入1元5角硬币； c2：投入2元硬币； c3：按"可乐"按钮； c4：按"雪碧"按钮； c5：按"红茶"按钮；
中间状态	11：已投币 12：已按钮
结果	a1：退还5角硬币； a2：送出"可乐"饮料； a3：送出"雪碧"饮料； a4：送出"红茶"饮料；

（2）画出因果图，所有原因结点列在左边，所有结果结点列在右边。建立两个中间结点，表示处理的中间状态。

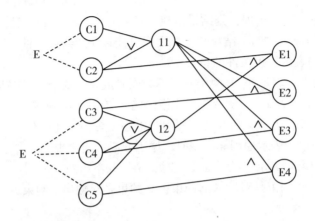

（3）把因果图转换成判定表。

	1	2	3	4	5	6	7	8	9	10	11
c1：投入1元5角硬币	1	1	1	1	0	0	0	0	0	0	0
c2：投入2元硬币	0	0	0	0	1	1	1	1	0	0	0
c3：按"可乐"按钮	1	0	0	0	1	0	0	0	1	0	0
c4：按"雪碧"按钮	0	1	0	0	0	1	0	0	0	1	0
c5：按"红茶"按钮	0	0	1	0	0	0	1	0	0	0	1
11：已投币	1	1	1	1	1	1	1	1	0	0	0
12：已按钮	1	1	1	0	1	1	1	0	1	1	1
a1：退还5角硬币					✓	✓	✓				
a2：送出"可乐"饮料	✓										
a3：送出"雪碧"饮料		✓			✓	✓					
a4：送出"红茶"饮料			✓				✓				

（4）设计测试用例。

用例编号	测试用例	预期输出
1	投入1元5角，按"可乐"	送出"可乐"饮料
2	投入1元5角，按"雪碧"	送出"雪碧"饮料
3	投入1元5角，按"红茶"	送出"红茶"饮料
4	投入2元，按"可乐"	找5角，送出"可乐"
5	投入2元，按"雪碧"	找5角，送出"雪碧"
6	投入2元，按"红茶"	找5角，送出"红茶"

6.3.4　错误推测法

在进行软件测试时，有经验的测试人员往往通过观察和推测，可以估计出软件的哪些地方出现错误的可能性最大，用什么样的测试手段最容易发现软件故障。这种基于经验和直觉推测程序中所有可能存在的各种错误，从而有针对性的设计测试用例的方法就是错误推测法（Error Guessing）。

猜测被测程序在哪些地方容易出错，然后针对可能的薄弱环节来设计测试用例。显然，它比前两种方法更多地依靠测试人员的直觉与经验。所以，一般都先用前两种方法设计测试用例，然后用猜错法补充一些例子作为辅助的手段。

仍以上述的报名程序为例，在已经用等价类法和边界值法设计过测试用例的基础上，还可以用猜错法补充一些测试用例，例如：

（1）出生年月为"0"；

（2）漏送"出生年月"；

（3）年月次序颠倒，例如将"197012"误输为"121970"等

又例如：测试一个线性表（比如数组）进行排序的程序，应用错误推测法推测出需要特别测试的情况。根据经验，对于排序程序，下面一些情况可能使软件发生错误或容易发生错误，需要特别测试。

（1）输入的线性表为空；

（2）表中只有一个元素；

（3）输入表中所有元素以排好序；

（4）输入表以按逆序排好；

（5）输入表中部分或全部元素相同；

（6）下标越界操作（输入线性表元素个数为 Max+1 个，其中 Max 为线性表最大元素个数）。

6.3.5　场景法

现在的软件几乎都是用事件触发来控制流程的，事件触发时的情景便形成了场景，而同一事件不同的触发顺序和处理结果就形成事件流，经过用例的每条路径都用基本流和备选流来表示。这种在软件设计方面的思想也可以引入到软件测试中，可以比较生动地描绘事件触发时的情景，有利于测试设计者设计测试用例，同时使测试用例更容易理解和执行。提出这种测试思想的是 Rational 公司，并在 RUP2000 中由详尽的解释和应用。用例场景用来描述用例执行的路径，从用例开始到结束遍历这条路径上所有基本流和备选流。

1. 基本流和备选流

基本流：采用直黑线表示，是经过用例的最简单的路径，从程序开始到结束都必须经过的路径。

备选流：采用不同颜色表示，一个备选流可能是从基本流开始，在某个特定条件下执行，然后重新加入基本流中，也可以从另一个备选流开始，或终止用例，不在加入到基本流中。

在图 6-10 中，图中经过用例的每条路径都用基本流和备选流来表示，直黑线表示基本流，是经过用例的最简单路径。备选流用不同的彩色表示，备选流 1 和备选流 3 从基本流开

始，然后重新加入基本流中；备选流2起源于另一个备选流；备选流2和备选流4终止用例而不再重新加入到某个流。

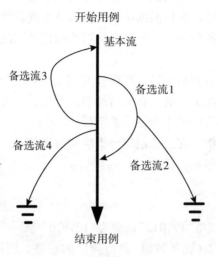

图 6-10　基本流和备选流

按照图 6-10 所示的每个经过用例的路径，可以确定以下不同的用例场景。

场景1：基本流。

场景2：基本流、备选流1。

场景3：基本流、备选流1、备选流2。

场景4：基本流、备选流3。

场景5：基本流、备选流3、备选流1。

场景6：基本流、备选流3、备选流1、备选流2。

场景7：基本流、备选流4。

场景8：基本流、备选流3、备选流4。

注：为方便起见，场景5、6和8只考虑了备选流3循环执行一次的情况。

2. 场景法设计步骤

应用场景法进行黑盒测试的步骤如下：

（1）根据说明，描述出程序的基本流及各项备选流；

（2）根据基本流和各项备选流生成不同的场景；

（3）对每一个场景生成相应的测试用例；

（4）对生成的所有测试用例重新复审，去掉多余的测试用例，测试用例确定后，对每一个测试用例确定测试数据值。

6.3.6　判定表驱动法

判定表是分析和表达多逻辑条件下执行不同操作的情况下的工具。在程序设计发展的初期，判定表就已被当作编写程序的辅助工具了。由于它可以把复杂的逻辑关系和多种条件组合的情况表达得既具体又明确，能够将复杂的问题按照各种可能的情况全部列举出来，简明并避免遗漏。因此，在一些数据处理问题当中，若某些操作的实施依赖于多个逻辑条件组合，即针对不同逻辑条件的组合值，分别执行不同的操作，判定表很适合处理这类问题。

（1）生成判定表的规则如下：

①规则：任何一个条件组合的特定取值及其要执行的相应操作称为规则。在判定表中贯穿条件项和动作项的一列就是一条规则。显然，判定表中列出多少组条件取值，也就有多少条规则。

②化简合并：就是把两条或多条具有相同动作、且条件项之间存在着极为相似的关系的规则合并。

（2）建立判定表的步骤如下：

①确定规则个数，假如有 n 个条件，每个条件有 2 个取值（True，False），故有 2^n 种规则。

②列出所有的条件项和动作项。

③填入条件取值。

④填入动作，得到初始的判定表。

⑤简化合并，合并相似规则。

实例：一个软件的规格说明指出：当条件 1 和条件 2 满足，并且条件 3 和条件 4 不满足，或者当条件 1、条件 3 和条件 4 满足时，要执行操作 1；在任一个条件都不满足时，要执行操作 2；在条件 1 不满足，而条件 4 被满足是要执行操作 3。试根据规格说明建立判定表。

解：根据规格说明得到如表 6-4 所示的判定表

表 6-4 根据规格说明得到的判定表

	规则 1	规则 2	规则 3	规则 4	规则 5	规则 6	规则 7	规则 8
条件 1	T	T	F	F	—	F	T	T
条件 2	T	—	F	—	—	T	T	F
条件 3	F	T	F	—	T	F	F	F
条件 4	F	T	F	T	F	F	T	—
操作 1	✓	✓						
操作 2			✓					
操作 3				✓				
默认操作					✓	✓	✓	✓

注：表中 T 表示条件为真，表中 F 表示条件为假，表中—表示与条件为真或假无关，表中✓表示操作执行。

这里判定表只给出了 16 种规则中的 8 种。事实上，除这 8 种以外的一些规则是指当不能满足指定的条件，执行这些条件时，要执行 1 个默许的操作。在无必要时，判定表通常可略去这些规则。但如果用判定表来设计测试用例，就必须列出这些默许规则。

判定表的优点是它把复杂的问题按各种可能的情况一一列举出来，简明而易于理解，也可避免遗漏，其缺点是不能表达重复执行的动作，例如循环结构。

（3）适合使用判定表设计测试用例的条件如下：

①规格说明以判定表形式给出，或很容易转换成判定表。

②条件的排列顺序不会也不影响执行操作。

③规则的排列顺序不会也不影响执行操作。

④每当某一规则的条件已经满足，并确定要执行的操作后，不必检验别的操作。

⑤如果某一规则得到满足要执行多个操作，这些操作的执行与顺序无关。

给出这五个必要条件的目的是为了使操作的执行完全依赖于条件的组合。其实对于某些不满足条件的判定表，同样也可以用它来设计测试用例，只不过还需要增加其他的测试用例罢了。

6.4 灰盒测试技术

1999 年，美国洛克希德公司发表了灰盒测试法的论文，提出了灰盒测试法。灰盒测试是一种综合测试法，它将黑盒测试、白盒测试、回归测试和变异（Mutation）测试结合在一起，构成一种无缝测试技术。它是一种软件全生命周期测试法，用于在功能上检验为嵌入式应用研制的 Ada、C、FORTRAN 和汇编语言软件。该方法可自动生成所有测试软件，从而降低了成本，减少了软件的研制时间。初步研究表明过去要用几天时间对一套软件进行彻底测试，现在不到 4 小时就可完成，软件测试时间减少 75%。

灰盒测试定义为将根据需求规范说明语言（RSL）产生的基于测试用例的要求（RBTC），用测试单元的接口参数加到受测单元，检验软件在测试执行环境控制下的执行情况。灰盒测试法的目的是验证软件满足外部指标要求以及软件的所有通道都进行了检验。通过该程序的所有路径都进行了检验和验证后，就得到了全面的验证。完成功能和结构验证后，就可随机地一次变化一行来验证软件测试用例在软件遇到违背原先验证的不利变化时软件的可靠性。

灰盒测试法是在功能上验证嵌入式系统软件的一种 10 步骤法。程序功能正确性指在希望执行程序时，程序能够执行。子功能是指从进入到退出经过程序的一个路径。测试用例是由一组测试输入和相应的测试输出构成的测试矢量。在目前有许多软件测试工具可利用的条件下，灰盒测试法的自动化程度可达 70%~90%。利用软件工具可从要求模型或软件模型中提取所有输入和输出变量，产生测试用例输入文件。利用现行静态测试工具可确定入口和出口测试路径。利用静态测试工具可确定所有进出路径。利用仿真得到的要求，可产生测试软件需要的实际测试用例部分数据值。

灰盒测试的步骤如下：

（1）确定程序的所有输入和输出；

（2）确定程序所有状态；

（3）确定程序主路径；

（4）确定程序的功能；

（5）产生试验子功能 X 的输入；这里 X 为许多子功能之一；

（6）制定验证子功能的 X 的输出；

（7）执行测试用例 X 的软件；

（8）检验测试用例 X 结果的正确性；

（9）对其余子功能。重复 7 和 8 步；

（10）重复 4~8 步，然后再进行第 9 步。进行回归测试。

2001 年，洛克希德公司在原来的基础上，提出了实时灰盒测试法。最初的灰盒测试法并不是要解决实时或系统级测试问题，其主要目的是提供一套能够彻底测试软件产品的软件。当计算机处于实时环境下，新的问题就来了。计算机系统不仅要产生正确的答案，而且还要满足严格的定时限制。实时处理意味着专用计算机常常并行运行多个处理程序。实时灰盒测试法是在灰盒测试法的基础上，解决了软件的实时性能测试。实时地使用灰盒法，只需要将时间分量加到期望的输出数据上。对于在角位移时产生正弦的系统，正常的灰盒测试包括输入角度和期望的输出正弦值。"对于 $X = 30°$，$Y = \sin(X)$，试验结果将为 0.5。该试验的结果中没有时间分量。因此，每当出现这种响应时，就会与期望的结果 0.5 比较。这可能是测试开始后的 1 毫秒，也可能是测试开始后的 10 秒。在实时系统中，这种试验是不可接受的。实时试验将规定为"$y(t) = \sin(x, t)$"，增加的时间分量"t"就能保证期望值将在对象及时间范畴里进行比较。

灰盒测试是对软件的规格说明和它的底层实现都进行测试的测试，灰盒测试的一个目标就是找出软件中的一些独有的奇怪的错误。灰盒测试关注输出对于输入的正确性，同时也关注内部表现，但这种关注不像白盒测试那样详细、完整，只是通过一些表征性的现象、事件、标志来判断内部的运行状态。有时候输出是正确的，但内部其实已经错误了。如果每次都通过白盒测试来操作，效率会很低，因此需要采取这种灰盒的方法。灰盒测试考虑了用户端、特定的系统知识和操作环境。

6.5　软件测试过程

软件测试在软件生命周期中占据重要地位，在传统的瀑布模型中，软件测试是软件开发过程中的一个阶段，是编码实现过程的下一个阶段。而现在有许多学者和测试实践者认为软件测试应该覆盖软件开发的整个生命周期，是软件质量保证的重要手段之一，从需求评审、设计评审开始，就介入到软件产品的开发活动或软件项目的实施中。软件测试又要经历单元测试、集成测试、验收测试和系统测试四个阶段。

单元测试、集成测试、验收测试是用来测试软件内部的，而系统测试是测试软件与外部环境的接口与通讯。单元测试、集成测试、验收测试与软件开发的关系十分密切，用图 6-11 软件测试的 V 模型表示它们的联系。V 模型指出，单元测试和集成测试应检测程序是否满足软件设计的要求；系统测试应检测系统功能、性能的质量特性是否达到系统要求的指标；验收测试确定软件的实现是否满足用户需要或合同的要求。

6.5.1　单元测试

单元测试是在软件编码完成后，对编写的程序模块进行的测试，又称为"模块测试"。其目的在于检查每个程序单元是否能正确实现详细设计中说明的模块功能、性能、接口和设计约束要求，发现各模块内部可能存在的错误。多个单元可以并行的独立进行单元测试。

单元测试是以详细设计中所描述的功能模块为基本单位进行的测试。因此，进行单元测试需要模块的源代码和相应的规格说明信息。单元测试通常在程序员编码的过程中就已经开始了。但是，需要注意的是单元测试不是单纯的程序代码的测试过程，单元测试除了要发现模块在编码的过程中所引入的错误外，还要验证模块的代码与详细设计是否相符，发现设计以及需求中存在的错误。

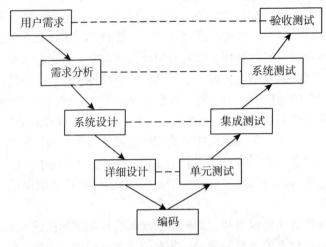

图 6-11　软件测试 V 模型

单元测试主要使用黑盒测试技术，必要时辅以白盒测试技术。黑盒测试用来测试单元所实现的功能及其是否与设计要求相符，白盒测试用来测试单元内部的基本控制逻辑、基本路径的执行情况。

单元测试比较容易进行错误的定位，便于对出错的模块进行调试。多个单元可以同时进行测试，在一定程度上提高了测试的工作效率。

1. 单元测试的内容

单元测试需要从模块接口、局部数据结构、基本路径、输入/输出、出错处理和边界条件等方面进行。

(1)模块接口测试。在单元测试的开始，应对通过所测模块的数据流进行测试。即对模块的输入数据流、输出数据流进行测试。具体测试内容包括：调用测试模块时的输入参数与模块定义时声明的形式参数在个数、属性和顺序上是否匹配；所测模块在调用子模块时，它输入给子模块的参数与子模块中定义时声明的形式参数在个数、属性和类型上是否匹配；输出给标准函数的参数在个数、属性、顺序上是否正确；是否修改了只用作输入的形式参数；全局变量的定义在各个模块中是否一致；限制条件是否通过形式参数传递。

(2)局部数据结构测试。模块的局部数据结构是最常见的错误来源。对于局部数据结构的测试主要涉及数据声明和引用两方面，具体有：检查不正确或不一致的数据类型说明；使用尚未赋值或尚未初始化的变量；错误的初始值或错误的默认值；变量名的拼写错误或书写错误；不一致的数据类型等。

(3)基本路径测试。由于不可能进行穷尽测试，因此选取适当的测试用例，对模块的基本执行路径和循环的测试，可以发现大量的路径错误。计算错误、比较错误以及控制流错误都可能引起路径错误。

常见的计算错误有：类型不匹配的变量的计算、类型相同但长度不同的变量的计算、计算结果发生溢出、除数为 0 的计算、表达式的计算结果超过了变量能够容纳的范围、变量的值超出了实际应用中的有意义的范围等。

常见的比较错误有：不同类型的数据的比较、不正确的逻辑运算符或优先次序、关系表达式中不正确的变量和运算符等。

常见的控制流错误有：循环不能终止、循环永远不可能执行、不正确的多执行一次或少执行一次、不适当的修改了循环变量等。

（4）输入/输出测试。当模块中存在与外部设备进行输入/输出操作时，需要测试的内容有：所使用的文件是否被准确的声明，属性是否正确；是否有足够的内存容纳要读取的文件；是否所有的文件在使用之前都已经打开；文件使用完毕之后，是否关闭了；对于输入/输出的错误情况是否做了正确的处理等。

（5）出错处理测试。为了保证程序逻辑上的完整性与正确性，要求模块的设计能预见出错的条件，并设置适当的出错处理，以便在程序出错时，能够对出错的程序重新安排。模块出错处理模块有缺陷或错误的表现有：出错的描述难以理解、出错的描述不足以对错误定位和确定出错的原因、显示的错误和实际的错误不符、对错误条件的处理不正确等。

（6）边界条件测试。在边界上出错是很常见的。因此，对于控制流中刚好等于、大于或小于确定比较值时出错的可能性需要注意测试。

2. 代码检查

单元测试采用静、动结合的方法。在进行动态测试之前，首先采用静态方法对程序的代码进行检查。代码检查主要检查代码和设计的一致性，其内容包括代码的可读性、逻辑表达的正确性、代码结构的合理性、编程的风格、程序的语法、结构等。

代码检查有桌面检查、代码审查、走查三种方式。其中，桌面检查是由程序员检查自己的程序；代码审查和走查基本相同，是由若干程序员和测试员组成一个审查小组，通过阅读、讨论和争议，对程序进行静态分析。

通过代码检查可以找到程序中 30%～70% 的逻辑设计和编码缺陷，而且代码检查看到的是问题本身而不是问题的征兆。

3. 单元测试的环境

完成代码检查后，下一步就是动态测试。由于模块作为整个软件系统的组成部分，不是一个独立的程序，它与系统中其他模块存在着调用与被调用的关系，因此单元测试需要考虑所测模块与其他模块的联系。在动态测试的过程中，需要为每个单元测试开发一个驱动模块和一个或多个桩模块。

（1）驱动模块。驱动模块用来模拟所测模块的上一级模块，相当于是一个接受测试数据，并把数据传送给所测模块，然后打印相关结果的"主程序"。

（2）桩模块。桩模块，又称为"存根程序"，是用来代替被所测模块调用的子模块。它不需要把子模块的所有功能都带进来，但是也不能什么都不做。桩模块不能只简单的给出"曾经进入"的信息，而可能需要使用子模块的接口模拟实际子模块的功能。

所测模块与驱动模块和桩模块构成了如图 6-12 所示的单元测试的环境。

如果当前所测模块的直接下级模块（被调用模块）或直接上级模块（调用模块）事先已经测试完成，则可在当前模块的单元测试过程中直接使用实际的模块，而无需额外编写驱动模块或桩模块，以减少测试中的工作量。

由于单元测试中也包含了集成的概念，因此集成测试与单元测试的分界线已经变得越来越模糊了。在下面一节中，我们将详细介绍多个模块组合在一起进行集成测试的方法。

计算机科学与技术专业规划教材

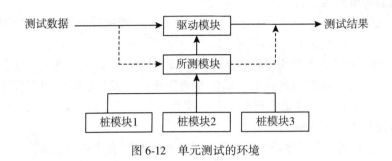

图 6-12　单元测试的环境

6.5.2　集成测试

系统是由可以包括硬件和软件的多个组件或模块组成的。集成定义为组件之间的交互，测试模块之间以及与其他外部系统交互的集成叫做集成测试。集成测试是在模块测试完成后，对由多个相关模块组装在一起的部件进行的测试，又称为"组装测试"。其目的是检验程序单元或部件的接口关系是否符合概要设计阶段要求的程序部件或整个系统。根据测试过程中，单元或部件组装顺序的不同形成了多种不同的集成策略。

集成测试是在单元测试的基础上，将模块按照总体设计时的要求组装成子系统或整个系统进行测试，因此集成测试又被称为组装测试。集成测试关注的问题主要有：各模块间的数据传递是否有问题；各子功能是否能够协调工作，完成系统的功能；全局数据是否被异常修改；单个模块的错误误差是否会被放大达到不可接受的程度等。

系统的集成按级别可分为：模块与模块的集成构成子系统，子系统与子系统集成构成整个软件系统。在不同的集成级别上，可以采用不同的集成策略完成测试。集成测试一般由专门的测试小组来进行。

1. 非增量式集成与增量式集成

（1）非增量式集成。非增量式集成又称为一次性集成，其策略是首先将各模块作为单个的实体进行测试，然后将所有的已经测试好的模块一次性组合到被测系统中，组成最终的系统进行测试。

图 6-13 所示的是某系统的模块层次结构图，系统由 A、B、C、D、E、F 六个模块构成，其中 B、C、D 被顶层模块 A 调用，模块 B 调用模块 E，模块 D 调用模块 F。

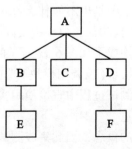

图 6-13　某程序结构图

采用非增量式集成策略，首先将 A、B、C、D、E、F 这六个模块作为独立的个体进行单元测试，因此需要额外编写 5 个驱动模块和 5 个桩模块（顶层模块 A 不需驱动模块，底层模块 E、F 不需桩模块）。然后将六个模块一次性地集成到被测系统中进行整体测试。具体的集成过程见图 6-14，其中：d1、d2、d3、d4、d5 是为各个模块做单元测试而建立的驱动模块，s1、s2、s3、s4、s5 是为单元测试建立的桩模块。

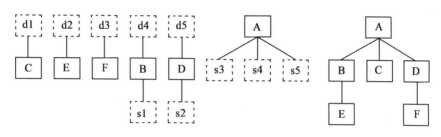

图 6-14　非增量式集成示意图

非增量式集成策略具有以下特点。

①由于在对每个模块进行单元测试时，都需要编写驱动模块和桩模块，因此测试的额外工作量比较大；

②模块间的接口错误发现得比较晚，因为模块之间接口的问题只有在全部模块一次性组合的最后测试阶段才能暴露出来；

③错误的定位和修改比较困难，因为错误可以出现在被测系统的任何一个地方；

④使用桩模块和驱动模块模拟软件的执行环境进行的测试与将测试模块放入到实际运行环境中进行的测试效果是不同的。因此仍然会有许多模块的接口错误躲过单元测试而进入到系统范围测试；

⑤在测试的过程中，除了编写驱动模块和桩模块比较费时，花在每个模块单元测试上的时间相对增量式集成要少；

⑥对于大型程序而言，由于所有的模块的单元测试都可以同时进行，多个测试人员可以并行工作，因此对人力和物力资源的利用率较高。

上述的特点①～④是非增量式集成策略的缺点，⑤～⑥是它的优点。

(2)增量式集成。增量式集成的策略是按不同的顺序依次向被测系统加入新的模块，进行集成测试，新模块可以用来取代被测系统在之前的测试中所使用的相应的驱动模块或桩模块。为了保证在组装过程中不引入新错误，需要进行回归测试，即重新执行以前做过的全部或部分测试，以确保在增加新的模块的同时没有增加新的错误。

对于图 6-13 所示的模块层次结构，可以采用如图 6-15 所示的(自底向上)增量式集成策略。首先完成模块 C、E、F 的单元测试，然后使用 E、F 代替图 6-14 中的桩模块 s1、s2 完成 B、D 的测试，最后加入模块 A 到已测试的系统中，从而逐步完成整个系统的集成测试。在这个过程中，只需编写驱动模块，而无需编写桩模块。

对于图 6-13 所示的模块结构，也可以采用如图 6-16 所示的(自顶向下)增量式集成策略。首先编写桩模块 s1、s2、s3 用来模拟模块 B、C、D 的功能，完成模块 A 的单元测试，然后依次加入 B、E、C、D、F，逐步完成整个系统的测试。在这个过程中，只需编写桩模块，而无需编写驱动模块。

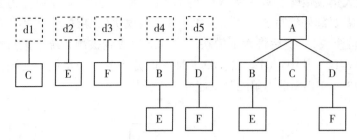

图 6-15　自底向上增量式集成示意图

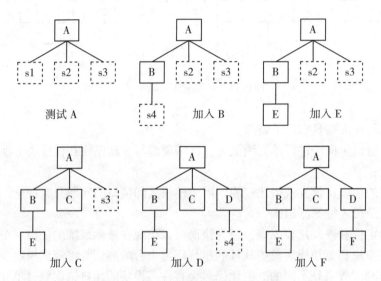

图 6-16　自顶向下增量式集成示意图

增量式集成策略具有以下特点。

①由于事先测试好的模块可以替代新加入模块在非增量式集成测试中所需的驱动模块或桩模块，因此可以减少编写驱动或桩模块的工作量；

②由于模块很早就开始组装在一起进行测试，因此模块接口错误可以较早被发现；

③由于模块是依次加入到已测系统中的，新出现的错误常常与最新加入的测试模块相关，因此比较容易对错误进行定位和修改；

④多次的回归测试，以及被测系统中模块在不同环境下的多次运行，为充分暴露模块接口错误提供了更多的机会，因此测试更彻底；

⑤由于用实际模块替代了驱动模块或桩模块，在测试过程中所测模块的上（下）级模块将会多次重复执行；因此花费在所测模块上的测试时间相对非增量式集成较多；

⑥测试工作的并行程度相对非增量式集成要低一些。

上述的特点①～④是增量式集成策略的优点，⑤～⑥是它的缺点。

从以上的分析可以看到，增量式集成测试策略的优点就是非增量式集成测试的缺点，而前者的缺点就是后者的优点。通过两者的优缺点的对照，不难发现增量式集成测试策略要比非增量式集成测试策略更好。因此，建议使用增量式集成测试策略。

表 6-5　　　　　　　　　　　　非增量式集成与增量式集成测试策略对比表

	非增量式集成	增量式集成
编写驱动模块/桩模块工作量	大	小
接口错误发现的时间	晚	早
错误定位与修改的难度	大	小
测试的彻底程度	低	高
单个模块测试所需时间	少	多
模块单元测试的并行程度	高	低

2. 增量式集成测试的三种不同策略

按照模块被加入到被测系统中次序的不同，增量式集成测试策略又可以细分为自底向上集成、自顶向下集成以及混合式集成。

（1）自底向上集成。自底向上集成的具体策略是：整个测试过程的起点是系统模块层次结构中的最底层模块，然后用待加入的新模块替换被测系统先前所使用的驱动模块，新模块的直接上级模块用驱动模块替换。这个替换的过程一直持续到顶层模块加入被测系统中。

对于图 6-14 所示的模块层次结构，以下的集成测试的过程均是符合自底向上集成策略的。

①C→E→F→B→D→A（图 6-15 所示：自底向上）

②E→F→C→B→D→A

③E→B→C→F→D→A

自底向上集成的主要优点是不需要编写桩模块，设计测试用例比较容易。主要缺点是对主要的控制直到最后才接触到。

（2）自顶向下集成。自顶向下集成的具体策略是：整个测试过程的起点是顶层模块（主控模块），然后用待加入的新模块替换被测系统先前所使用的桩模块，新模块的所有直接下级模块全部用桩模块替换。这个替换的过程将一直持续至所有的模块都加入到被测系统中。

对于图 6-14 所示的模块层次结构，以下的集成测试的过程均是符合自顶向下集成策略的。

①A→B→E→C→D→F（图 6-16 所示：自顶向下）

②A→B→C→D→E→F

③A→B→E→D→F→C

自顶向下集成的主要优点是不需要编写驱动模块，能够较早的发现主要控制方面的问题。主要缺点是需要编写桩模块，而要使桩模块能够模拟实际子模块的功能是十分困难的，特别是一些涉及到输入/输出的模块。

（3）混合式集成。混合式集成的具体策略是：将系统划分成三层，上层采用自顶向下的策略，下层采用自底向上的策略，最后在中间层会合。图 6-17 所示即为混合式集成的一个方案。

混合式集成策略结合了自顶向下集成和自底向上集成策略的优点，当被测软件关键模块比较多时，它是最好的折中方法。

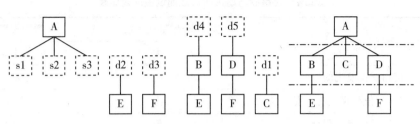

图 6-17　混合式增量集成示意图

6.5.3　系统测试

系统测试是将已经集成好的软件系统，作为整个计算机系统的一个元素，与计算机系统的其他元素(包括硬件、外设、网络和系统软件、支持平台等)结合在一起，在真实运行环境下进行的测试。其目的是检查完整的程序系统能否和系统其他元素正确配置、连接，并满足用户需求。系统测试包括：功能测试、性能测试、强度测试、兼容性测试、可用性测试、安全性测试等。

系统测试是将已经完成的软件系统作为整个计算机系统(包括硬件、软件)的一个组成部分，在实际的或模拟的环境中，对计算机系统进行的一系列的综合性的测试。下面介绍几种常见的系统测试。

1. 功能测试(function testing)

功能测试的目的是找出软件系统的功能与规格说明书中对于产品功能定义之间的差异。

2. 容量测试(volume testing)

容量测试的目的是使系统承受超额的数据容量来发现它是否能够正确处理。

3. 压力测试(stress testing)

压力测试的目的是使软件面对非正常的情形。本质上，进行压力测试的测试人员会问："能将系统折腾到什么程度而不会出错呢?"

压力测试是以一种要求反常数量、频率或容量的方式执行系统。例如：①当平均每秒出现 1~2 次中断的情形下，可以设计每秒产生 10 次中断；②将输入数据的量提高一个数量级以确定输入功能将如何反应；③执行需要最大内存或其他资源的测试用例；④设计可能产生内存管理问题的测试用例；⑤创建可能会过多查找磁盘驻留数据的测试用例；⑥提高一个数量级的并发访问量来测试 Web 应用。

4. 可用性测试(usability testing)

可用性测试是基于程序系统中充分考虑到以人为本的因素而出现的。其目的是检测用户在理解和使用系统方面到底有多好。

5. 安全性测试(security testing)

安全测试的目的是验证建立在系统内的保护机制是否能够实际保护系统不受非法入侵。在安全测试过程中，测试者扮演试图攻击系统的角色。测试者可以试图通过外部手段获取密码，可以通过瓦解任何防守的定制软件来攻击系统；可以"制服"系统使其无法对别人提供服务；可以有目的地引发系统错误，从而在其恢复系统过程中入侵系统；可以通过浏览非保密数据，从中找到进入系统的钥匙等。通过安全性测试找出系统在安全方面的不足与缺陷。

6. 性能测试(performance testing)

性能测试的目标是度量系统相对于预定义的目标的差异。性能要求包括响应时间、吞吐率等。性能功能测试常和压力测试一起进行。

7. 恢复性测试(recovery testing)

多数基于计算机的系统必须从错误中恢复并在一定的时间内重新运行。在有些情况下，系统必须是容错的，也就是说，处理错误绝不能使整个系统功能都停止。而在有些情况下，系统的错误必须在特定的时间内或严重的经济危害发生之前得到改正。

恢复测试是通过各种方式强制地让系统发生故障并验证其能适当恢复的一种系统测试，若恢复是自动的(有系统自身完成)，则对重新初始化、检查点机制、数据恢复和重新启动都要进行正确性评估。若恢复需要人工干预，则估算平均恢复时间(mean-time-to-repair, MTTR)，以确定其是否在可接受的范围之内。

8. 兼容性测试(Compatibility Testing)

兼容性测试的目的是测试应用对其他应用或系统的兼容性。

9. 可安装性测试(Install-ability Testing)

可安装性测试的目的是验证成功安装系统的能力。

10. 文档测试(Documentation Testing)

文档测试的目的是验证用户文档是正确的并且保证操作手册的过程能正确工作。

11. 配置测试(Configuration Testing)

配置测试的目的是验证系统在不同的系统配置下能否正确工作。配置包括：硬件、软件、网络等。

6.5.4　验收测试

验收测试是在整个系统集成测试完毕后，通过检验和提供客观证据证实软件是否满足特定的预期用途而进行的测试。其目的是验证软件是否满足软件需求规格说明书中规定的要求。

验收测试的任务是验证软件的功能和性能以及其他特性是否与用户要求一致。对软件功能和性能的要求在软件需求规格说明书中已经有明确规定。验收测试一般包括有效性测试和软件配置复查，验收测试一般由独立的第三方测试机构进行。

1. 有效性测试

有效性测试是在模拟测试的环境下，运用黑盒测试的方法，验证所测软件是否满足需求规格说明书列出的需求。为此，需要制定测试计划、测试步骤以及具体的测试用例。通过实施预定的测试计划和测试步骤，确定软件的特性是否与需求相符，确保所有的软件功能需求都得到满足，所有的软件性能需求都能够达到。所有的文档都是正确且便于使用的。同时，对于其他的软件需求，例如：可移植性、易用性、可维护性等，也都要进行测试，确认是否满足。

在全部的测试用例运行完后，所有的测试结果可以分为两类。

(1)测试结果与预期结果相符。说明软件的这部分功能或性能特征与需求规格说明书相符合，可以被接受。

(2)测试结果与预期结果不符。说明软件的这部分功能或性能特征与需求规格说明书不相符，需要为软件的这一部分提交问题报告。

2. 软件配置复查

软件配置复查的目的是保证软件配置的所有成分都齐全，各方面的质量都符合要求，具有维护阶段所必需的细节。

在验收测试的过程中，还应当严格遵守用户手册和操作手册中规定的使用步骤，以便检查文档资料的完整性与正确性。

在通过了系统的有效性测试以及软件配置审查后，就应该开始系统的验收测试。验收测试是以用户为主的测试，由用户参加测试用例的设计，使用用户界面输入测试数据，并分析测试的输出结果。一般使用实际的数据进行验收测试。

如果软件是给一个客户开发的，需要进行一系列的验收测试来保证满足客户所有的需求。验收测试主要由用户而不是开发者来进行，可以进行几个星期或者几个月，因而可发现随时间的积累而产生的错误。如果一个软件是给很多客户使用的(例如 Office 软件)，让每一个用户都进行正式的验收测试显然是不切实际的。这时可使用 α 与 β 测试，来发现那些通常只有最终用户才能发现的错误。

(1) α 测试。α 测试是在一个受控的环境下，由用户在开发者的"指导"下进行的测试，由开发者负责纪录错误和使用中出现的问题。

(2) β 测试。β 测试则不同与 α 测试，是由最终用户在自己的场所进行的，开发者通常不会在场，也不能控制应用的环境。所有 β 测试中遇到的问题均由用户纪录，并定期把它们报告给开发者，开发者在接收到 β 测试的问题报告之后，对系统进行最后的修改，然后就开始准备向所有的用户发布最终的软件产品。

α 测试和 β 测试是产品发布之前经常需要进行的两个不同类型的测试。

6.6　面向对象的软件测试

6.6.1　面向对象软件的测试策略

面向对象软件测试的目标与传统测试一样，即用尽可能低的测试成本和尽可能少的测试用例，发现尽可能多的软件缺陷。面向对象的测试策略也遵循从"小型测试"到"大型测试"，即从单元测试到最终的功能性测试和系统性测试。虽然它们的目标是一致的，面向对象机制引入软件开发后，对测试也带了些变化。这些变化带来了产生新错误的可能，带来了测试的变化：

1. 基本功能模块

系统的基本构造单元不再是传统的功能模块，而是类和对象。在测试过程中，不能仅检查输入数据产生的输出结果是否与预期结果相吻合，还要考虑对象的状态变化，方法间的相互影响等。

2. 系统的功能实现

系统的功能体现在对象间的协作上，而不再是简单的过程调用。原有集成测试所要求的逐步将开发的模块搭建在一起进行测试的方法已成为不可能。

3. 封装对测试的影响

封装使对象的内部状态隐蔽，如果类中未提供足够的存取函数来表明对象的实现方式和内部状态，则类的信息隐蔽机制将给测试带来困难。

4. 继承对测试的影响

继承削弱了封装性，产生了类似于非面向对象语言中全局数据的错误风险。由于继承的作用，一个函数可能被封装在具有继承关系的多个类中，子类中还可以对继承的特征进行覆盖或重定义。若一个类得到了充分的测试，当其被子类继承后，继承的方法在子类的环境中的行为特征需要重新测试。

5. 多态对测试的影响

多态依赖于不规则的类层次的动态绑定，可能产生非预期的结果。某些绑定能正确的工作但并不能保证所有的绑定都能正确地运行。以后绑定的对象可能很容易将消息发送给错误的类，执行错误的功能，还可能导致一些与消息序列和状态相关的错误。

传统的单元测试的对象是软件设计的最小单位——模块。单元测试的依据是详细设计的描述，单元测试应对模块内所有重要的控制路径设计测试用例，以便发现模块内部的错误。单元测试多采用白盒测试技术，系统内多个模块可以并行地进行测试。

当考虑面向对象软件时，单元的概念发生了变化。封装驱动了类和对象的定义，这意味着每个类和类的实例(对象)包装了属性(数据)和操纵这些数据的操作。而不是个体的模块。最小的可测试单位是封装的类或对象，类包含一组不同的操作，并且某特殊操作可能作为一组不同类的一部分存在，因此，单元测试的意义发生了较大变化。我们不再孤立地测试单个操作，而是将操作作为类的一部分。

传统的集成测试，有两种方式通过集成完成的功能模块进行测试。(1)自顶向下集成：自顶向下集成是构造程序结构的一种增量式方式，它从主控模块开始，按照软件的控制层次结构，以深度优先或广度优先的策略，逐步把各个模块集成在一起。(2)自底向上集成：自底向上测试是从"原子"模块(即软件结构最低层的模块)开始组装测试。

因为面向对象软件没有层次的控制结构，传统的自顶向下和自底向上集成策略就没有意义，此外，一次集成一个操作到类中(传统的增量集成方法)经常是不可能的，这是由于"构成类的成分的直接和间接的交互"。对 OO 软件的集成测试有两种不同策略，第一种称为基于线程的测试，集成对回应系统的一个输入或事件所需的一组类，每个线程被集成并分别测试，应用回归测试以保证没有产生副作用。第二种称为基于使用的测试，通过测试那些几乎不使用服务器类的类(称为独立类)而开始构造系统，在独立类测试完成后，下一层的使用独立类的类，称为依赖类，被测试。这个依赖类层次的测试序列一直持续到构造完整个系统。

面向对象系统的集成测试有两种不同的策略：

1. 基于线程的测试(thread based testing)

这种策略把响应系统的一个输入或事件所需的一组类集成起来，每个线程被集成并分别测试，应用回归测试以保证没有产生副作用。

2. 基于使用的测试(use based testing)

这种策略首先通过测试很少使用服务类的那些类(称为独立类)开始构造系统，独立类测试完后，利用独立类测试下一层次的类(称为依赖类)，继续依赖类的测试直到测试完整个系统。

当进行面向对象系统的集成测试时，驱动程序和桩程序的使用也发生变化。驱动程序可用于测试低层中的操作和整组类的测试。驱动程序也可用于代替用户界面以便在界面实现之前就可以进行系统功能的测试。桩程序可用于在需要类间协作但其中的一个或多个协作类仍未完全实现的情况下。类簇测试是面向对象软件集成测试中的一个环节。

6.6.2　面向对象软件的测试方法

传统的单元测试主要关注模块的算法，而面向对象软件的类测试主要是测试封装在类中的操作以及类的状态行为。为此需要分两步走：

（1）测试与对象相关联的单个操作。它们是一些函数或程序，传统的白盒测试和黑盒测试方法都可以使用。单独地看类的成员函数，与过程性程序中的函数或过程没有本质的区别，几乎所有传统的单元测试中使用的方法，都可在面向对象的单元测试中使用。

（2）测试单个对象类。黑盒测试的原理不变，但等价划分的概念要扩展以适合操作序列的情况。

在面向对象程序中，对象的操作(成员函数)通常都很小，功能单一，函数间调用频繁，易出现一些不宜发现的错误。如：if(write(fid, buffer, amount) = = −1) error_out( )；该语句没有全面检查 write( )的返回值，无意中假设了只有数据被完全写入和没有写入两种情况。此测试还忽略了数据部分写入的情况，就给程序遗留了隐患。按程序的设计，使用函数 strrchr( )查找最后的匹配字符，但程序中误写成了函数 strchr( )，使程序功能实现时查找的是第一个匹配字符。程序中将 if(strncmp(str1, str2, strlen(str1))) 误写成了 if(strncmp(str1, str2, strlen(str2)))。如果测试用例中使用的数据 str1 和 str2 长度相同，就无法检测出。因此，在设计测试用例时，应对以函数返回值作为条件判断，字符串操作等情况特别注意。

面向对象编程的特性使得对成员函数的测试，又不完全等同于传统的函数或过程测试。尤其是继承特性和多态特性，Brian Marick 提出了两点：

1. 继承的成员函数可能需要重新测试

对父类中已测试过的成员函数，两种情况需要在子类中重新测试：

（1）继承的成员函数在子类中做了改动；

（2）成员函数调用了改动过的成员函数。

如：假设父类 Bass 有两个成员函数：Inherited( )、Redefined( )若子类 Derived 对 Redefined( )做了改动，Derived∷Redefined( )必需重新测试。如果 Derived∷Inherited( )调用了 Redefined( )(如：x = x/Redefined( ))，也需要重新测试；反之，则不必重新测试。

2. 对父类的测试用例不能照搬到子类

（1）根据以上的假设，Base∷Redefined( )和 Derived∷Redefined( )是不同的成员函数，它们有不同的说明和实现。对此，应该对 Derived∷Redefined( )重新设计测试用例。

（2）由于面向对象的继承性，使得两个函数还是有相似之处，故只需在 Base∷Redefined( )的测试用例基础上添加对 Derived∷Redfined( )的新测试用例。例如：Base∷Redefined( )含有如下语句

if(value<0) message ("less")；

else if (value = =0) message ("equal")；else message ("more")；Derived∷Redfined( ) 中定义为

if (value < 0) message ("less")；

else if (value = = 0) message ("It is equal")；

else ｛ message ("more")；

if (value = = 88)

```
message("luck");
}
```

在原有的测试上，对 Derived∷Redfined( ) 的测试只需做如下改动：改动 value==0 的预期测试结果，并增加 value==88 的测试。包含多态和重载多态在面向对象语言程序中通常体现在子类与父类的继承关系上，对这两种多态的测试可参照对父类成员函数继承和重载的情况处理。

和前面描述的软件测试一样，从"小型测试"开始，逐步过渡"大型测试"。对面向对象的软件来说，小型测试着重测试单个类和类中封装的方法。测试单个类的方法主要有随机测试、划分测试和基于故障的测试等三类。

1. 面向对象类的随机测试

下面通过银行应用系统的例子，简要说明这种测试方法。该系统的 Account 类(账户)有下列操作：open(打开)，setup(建立)，deposit(存款)，withdraw(取款)，balance(余额)，summarize(清单)，creditLimit(信用额度)和 close(关闭)，上列每一个操作均可应用于 Account 类的实例。但是，该系统隐含了一些限制。例如，账号必须在其他操作可应用之前被打开，在完成所有操作之后才关闭。即使有了这些限制，可做的操作也有许多种排列方法。一个 Account 对象的最小的行为生命历史包括以下操作：

open→setup→deposit→withdraw→close

这表示 Account 类测试的最小测试序列，然而，在下面序列中可能发生许多其他行为：

open→setup→deposit→[deposit | withdraw | balance | summarize | creditLimit]^n withdraw →close

从上列序列可以随机产生一系列不同的操作序列，例如：

测试用例#r1：

open→setup→deposit→deposit→balance→summarize→withdraw→close

测试用例#r2：

open→setup→deposit→withdraw→deposit→balance→creditLimit→withdraw→close

执行这些和其他的随机产生的测试用例，可以测试类实例的不同生存历史。

2. 在类级别上的划分测试

与测试传统软件时采用等价划分类似，采用划分测试(partition testing)可以来减少测试类时所需的测试用例的数量。首先，把输入和输出分类，然后设计测试用例以测试划分出的每个类别。下面介绍划分类别的方法。

(1)基于状态的划分。基于状态的划分是根据类操作改变类的状态的能力来划分类操作的。再次考虑 Account 类，如图 6-18 所示，其状态操作包括 deposit 和 withdraw，而非状态操作包括 balance、summarize 和 creditLimit。设计测试用例，以分别独立测试改变状态的操作和不改变状态的操作。例如，用这种方法可以设计如下的测试用例：

测试用例#p1：open→setup→deposit→deposit→withdraw→withdraw→close

测试用例#p2：open→setup→deposit→summarize→creditLimit→withdraw→close

测试用例#p1 改变状态，而测试用例#p2 测试不改变状态的操作(那些在最小测试序列中的操作除外)。

(2)基于属性的划分。基于属性的划分是根据操作使用的属性来划分类操作。对于 Account 类来说，可以使用属性 balance 和 creditLimit 来定义划分，操作被分为三个类别：①

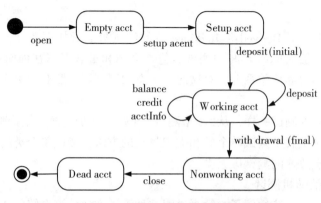

图 6-18　Account 类的状态转换图

使用 creditLimit 的操作，②修改 creditLimit 的操作，和③不使用或不修改 creditLimit 的操作。然后为每个类别或者划分设计测试序列。

（3）基于功能的划分。基于功能的划分是根据类操作各自完成的功能来划分类操作。例如，在 Account 类中的操作可被分类为初始化操作（open、setup）、计算操作（deposit、withdraw）、查询操作（balance、summarize、creditLimit）和终止操作（close）。然后为每个类别设计测试序列。

3. 基于故障的测试

基于故障的测试（fault_based testing）与测试传统软件时采用的错误推测法类似，也是首先推测软件中可能有的错误，然后设计出最可能发现这些错误的测试用例。在面向对象系统中，基于故障的测试的目标是设计最有可能发现似乎可能的故障的测试，完成基于故障的测试所需的初步计划是从分析模型开始。例如，软件工程师经常在问题的边界处犯错误。因此，在测试 SQRT（计算平方根）操作（该操作在输入为负数时返回出错信息）时，应当重点检查边界情况：一个接近零的负数和零本身，其中"零本身"用于检查程序员是否犯了如下错误：

把语句 if(x>=0) calculate_the_square_root( )；

误写成 if(x>0) calculate_the_square_root( )；

考虑另一个例子，对于布尔表达式 if(a&&! b ‖ c)，多条件测试和相关的用于探查在该表达式中可能存在的故障的技术，"&&"应该是" ‖ "，"!"在需要处被省去，应该有括号包围"! b ‖ "，对每个可能的故障，都设计迫使不正确的表达式失败的测试用例。在上面的表达式中，(a=0，b=0，c=0)将使得表达式得到预估的"假"值，如果"&&"已改为" ‖ "，则该代码做了错误的事情，有可能分叉到错误的路径。

为了推测出软件中可能有的错误，应仔细研究分析模型和设计模型，而且在很大程度上要依靠测试人员的经验和直觉。如果推测的比较准确，则使用基于故障的测试方法能够用相当低的测试工作量来发现大量的错误；反之，如果推测不准，则这种方法的效果并不没有随机测试技术的效果那么好。

开始面向对象系统的集成工作之后，测试用例的设计变得更复杂。正是在此阶段，必须开始对类间的协作测试。为了举例说明设计类间测试用例的生成方法，我们扩展前面引入的银行例子，使它包含图 6-20 所示类的通信图，图中箭头的方向指明消息的传递方向，箭头线上的标注则指明被作为消息所蕴含的一系列协作的结果而调用的操作。

和单个类的测试一样，测试类协作可通过使用随机和划分方法以及基于场景的测试和行为测试来完成。

1. 多类测试

Kirani 和 Tsai 建议采用下面的步骤序列以生成多个类随机测试用例：

（1）对每个客户类，使用类操作符列表来生成一系列随机测试序列，这些操作符将发送消息给服务器类实例。

（2）对所生成的每个消息，确定协作类和在服务器对象中的对应操作符。

（3）对在服务器对象中的每个操作符（已经被来自客户对象的消息调用），确定传递的消息。

（4）对每个消息，确定下一层被调用的操作符，并结合这些操作符到测试序列中。

为了说明怎样用上述步骤生成多个类的随机测试用例，考虑 Bank 对象相对于 ATM 对象的（图 6-19）的操作序列：

verifyAccount→verifyPIN→[（verifyPolicy→withdrawReq）| depositReq | acctlnfoREQ]^n

对 bank 类的随机测试用例可能是：

测试用例#r3：verifyAccount→verifyPIN→depositReq

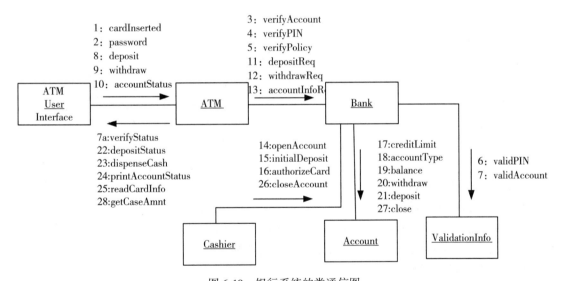

图 6-19　银行系统的类通信图

为了考虑上述这个测试类中涉及到该测试的协作者，需要考虑与测试用例#r3 中提到的每个操作相关联的消息。Bank 必须和 ValidationInfo 协作以执行 verifyAcco-unt 和 verifyPIN，Bank 还必须和 Account 协作以执行 depositReq，因此，测试上面提到的协作的新测试用例是：

测试用例#r4：

verifyAccount→[validAccount]→verifyPIN→[validPIN]→depositReq→[deposit]

多个类划分测试的方法类似于单个类划分测试的方法，然而，对于多类测试来说，应该扩展测试序列以包括那些通过发送给协作类的消息而被调用的操作。另一种划分测试的方法是根据与特定类的接口来划分类操作。如图 6-19 所示，Ban 对象接收来自 ATM 和 Cashier 对象的消息，因此，可以通过将 Bank 类中的方法划分成服务于 ATM 和服务于 Cashier 的两类来测试它们。还可以用基于状态的划分进一步精化划分。

2. 从行为模型导出的测试

使用状态转换图(STD)是可以作为表示类的动态行为的模型的。类的状态转换图可以帮助我们导出测试类(和那些与其通信的类)的动态行为的测试用例。图 6-19 给出了前面讨论的 Account 类的状态转换图，根据该图，初始转换经过了 empty acct 和 setup acct 这两个状态，而类的实例的大多数行为发生在 working acct 状态，最终的 withdraw 和 close 使得 Account 类分别向 Nonworking acct 或 Dead acct 状态转换。

设计出的测试应该涵盖所有的状态，也就是说，操作序列应该使得 Account 类实例遍历所有允许的状态转换：

测试用例#s1：open→setupAccount→deposit(initial)→withdraw(final)→close

应该注意，该序列等同于前面讨论的最小测试序列。向最小序列中加入附加的测试序列，可以得出其他测试用例：

测试用例#s2：

open→setupAccount→deposit(initial)→deposit→balance→credit→
withdraw(final)→close

测试用例#s3：

open→setupAccnt→deposit(initial)→deposit→withdraw→accntlnfo→withdraw(final)→close

还可以导出更多的测试用例，以保证该类的所有行为都被适当地测试了。在类的行为导致与一个或多个类协作的情况下，使用多个状态图去跟踪系统的行为流。

一个测试用例测试单个转换，并且当测试新的转换时，仅使用以前被测试的转换。在这种情况下，来进行宽度优先遍历状态模型。例如，对于 credit card 对象，credit card 的初始状态是 undefined(即，没有提供信用卡号)，通过在销售中读信用卡，对象进入 defined 状态，即定义属性 card number 和 expirationdate 以及银行特定的标识符。当发送请求授权时，信用卡被提交(submitted)；当授权被接收时，信用卡被核准(approved)。credit card 从一个状态到另一个状态的变迁可以通过导出引致变迁发生的测试用例来测试。对这种测试类型的宽度优先的方法将不会在测试 undefined 和 defined 之前测试 submitted，如果这样做了，它将使用了以前尚未测试的变迁，因此违反了宽度优先准则。

3. 基于故障的集成测试

如前所述，基于故障的测试技术的有效性依赖于测试员如何感觉"似乎可能的故障"，如果面向对象系统中的真实故障被感觉为"难以置信的"，则本方法实质上不比任何随机测试技术好。然而，如果分析和设计模型可以提供对什么可能出错的深入洞察，则基于故障的测试可以以相当低的工作量花费来发现大量的错误。

基于故障的集成测试在消息连接中查找似乎可能的故障，将会考虑三种类型的故障：未期望的结果、错误的操作/消息使用、不正确的调用。为了在函数(操作)调用时确定似乎可能的故障，必须检查操作的行为。

在集成测试阶段，对象的"行为"通过其属性被赋予的值而定义，测试应该检查属性以确定是否对对象行为的不同类型产生合适的值。

应该注意，集成测试试图在客户对象，而不是服务器对象中发现错误，即集成测试的关注点是确定是否调用代码中存在错误，而不是被调用代码中。用调用操作作为线索，这是发现实施调用代码的测试需求的一种方式。

6.7　测试计划与测试报告

软件测试的全过程由测试计划过程、测试设计过程、测试执行过程以及测试结束过程四个阶段构成。在测试过程的不同阶段将会产生相应的文档输出。

(1)测试计划过程输出文档：测试计划与测试需求

(2)测试设计过程输出文档：测试说明与测试方案

(3)测试执行过程输出文档：测试用例、测试规程

(4)测试结束过程输出文档：测试结论与测试报告

本节将介绍软件测试过程中测试计划与测试报告的主要内容。

6.7.1　测试计划

软件测试是一项风险比较大的工作，在测试过程中有许多不确定性，包括测试范围、代码质量和人为因素等。这种不确定性的存在，就是一种风险，测试计划的过程就是逐渐消除风险的过程。

1. 测试计划的依据

制定测试计划，是为了确定测试目标、测试范围和任务，掌握所需的各种资源和投入，预见可能出现的问题和风险，采取正确的测试策略以指导测试的执行，最终按时按量地完成测试任务，达到测试目标。在测试计划活动中，测试计划人员首先要仔细阅读有关资料，包括用户需求规格说明书、设计文档等，全面熟悉系统，并对软件测试方法和项目管理技术有着深刻的理解，完全掌握测试的输入。测试输入是测试计划制订的依据，制定测试计划主要依据有下列几项内容：

(1)项目背景和项目总体需求，如项目可行性分析报告或项目计划书。

(2)需求文档，用户需求决定了测试需求，只有真正理解实际的用户需求，才能明确测试需求和测试范围。

(3)产品规格说明书会详细描述软件产品的功能特性，这是测试参考的标准。

(4)技术设计文档，从而使测试人员了解测试的深度和难度，可能遇到的问题。

(5)当前资源状况，包括人力资源、硬件资源、软件资源和其他环境资源。

(6)业务能力和技术储备情况，在业务和技术上满足测试项目的需求。

2. 测试计划的主要内容

在掌握了项目的足够信息，就可以开始起草测试计划。起草测试计划，可以参考相关的测试计划模版。测试计划以测试需求和范围的确定、测试风险的识别、资源和时间的估算等为中心工作，完成一个现实可行的、有效的计划。一个良好的测试计划其主要内容包括以下几个方面：

(1)测试目标：包括总体测试目标以及各阶段的测试对象、目标及其限制。

(2)测试需求和范围：确定哪些功能特性需要测试、哪些功能特性不需要测试，包括功能特性的分解、具体测试任务的确定，如功能测试、用户界面测试、性能测试和安全性等。

（3）测试风险：潜在的风险分析、风险识别，以及风险回避、监控和管理。

（4）项目估算：根据历史数据和采用恰当的评估技术，对测试工作量、测试周期以及所需资源做出合理的估算。

（5）测试策略：根据测试需求和范围、测试风险、测试工作量和测试资源限制等来决定测试策略，是测试计划的关键内容。

（6）测试阶段划分：合理的阶段划分，并定义每个测试阶段进入要求及完成的标准。

（7）项目资源：各个测试阶段的资源分配，软、硬件资源和人力资源的组织管理，包括测试人员的角色、责任和测试任务。

（8）日程：确定各个测试阶段的结束日期以及最后测试报告递交日期，并采用时限图、甘特图等方法制定详细的事件表。

（9）跟踪和控制机制：问题跟踪报告、变更控制、缺陷预防和质量管理等，如可能导致测试计划变更的事件，包括测试工具的改进、测试环境的影响和新功能的变更等。

一般来说，在制定测试计划过程中，首先需要对项目背景全面了解，如产品开发和运行平台、应用领域、产品特点及其主要的功能特性等，也就是掌握软件测试输入的所有信息。然后根据测试计划模版的要求，准备计划书中的各项内容。测试计划不可能一气呵成，而是经过计划初期、起草、讨论、审查等不同阶段，最终完成测试计划。

3. 测试计划的格式模板

制定测试计划是软件测试的第一个步骤。在测试计划中将对测试计划的制定、测试的实施以及测试总结各阶段的任务进行详细的规划。测试计划的格式模板如下。

测 试 计 划
变动记录

版本号	日期	作者	参与者	变动内容说明

目录索引

1. 前言

1.1　测试目标：通过本计划的实施，测试活动所能达到的总体的测试目标。

1.2　主要测试内容：主要的测试活动，测试计划、设计、实施的阶段划分及其内容。

1.3　参考文档及资料

1.4　术语的解释

2. 测试范围

测试范围列出所有需要测试的功能特性及其测试点，并要说明哪些功能特性将不被测试。

应列出单个模块测试、系统整体猜测中的每一项测试的内容（类型）、目的及其名称、标识符、进度安排和测试条件等。

2.1　功能特性的测试内容

功能特性	测试目标	所涉及的模块	测试点
· ·			

2.2 系统非特性的测试内容

测试标识	系统指标要求	测试内容	难点
·			

3. 测试风险和策略

描述测试的总体方法，重点描述已知风险、测试阶段划分、重点、风险防范措施等，包括测试环境的优化组合、识别出用户最常用的功能等。

测试阶段	测试重点	测试风险	风险防范措施
·			

4. 测试设计说明

测试设计说明，针对被测项的特点，采取合适的测试方法和相对应的测试准则等。

4.1 被测项说明

描述被测项的特点，包括版本变化、软件特性组合及其相关的测试设计说明。

4.2 测试方法

描述被测项的测试活动和测试任务，指出所采用的方法、技术和工具，并估计执行各项任务所需的时间、测试的主要限制等。

4.3 环境要求

描述被测项所需的测试环境，包括硬件配置、系统软件和第三方应用软件等。

4.4 测试准则

规定各测试项通过测试的标准。

5. 人员分工

测试小组各人员的分工及其相关的培训计划

人员	角色	责任、负责的任务	进入项目时间
·			

6. 进度安排

测试不同阶段的时间安排、进入标准、结束标准。

里程碑	时间	进入标准	阶段性成果	人力资源
. .				

6.7.2　测试报告

　　测试报告是软件测试结束后的输出文档。测试报告记录了测试的过程和结果，并对发现的问题和缺陷进行分析，为纠正软件存在的质量问题提供依据，同时为软件验收和交付打下基础。测试报告的模板格式如下。

测 试 报 告
《项目测试报告名称》

项目名称		版本号	
发布类型		测试负责人	
测试完成日期		联系方式	
评审人		批准人	
评审日期		批准日期	

变动记录

版本号	日期	作者	参与者	变动内容说明

目录索引

1. 项目背景
1.1　测试目标及测试任务概述
1.2　被测试的系统、代码及其文档等的信息
1.3　所参考的产品需求和设计文档的引用和来源
1.4　测试环境描述：硬件和软件环境配置、系统参数、网络拓扑图等
1.5　测试的假定和依赖
2. 所完成的功能测试
2.1　测试的阶段及时间安排

阶段	时间	测试的注意任务	参与的测试人员	测试完成状态

2.2　所执行的测试记录

在测试管理系统中相关测试执行记录的连接。

2.3　已完成测试的功能特性

标识	功能特性描述	简述存在的问题	测试结论(通过、部分通过、失败)	备注

2.4　未被测试的功能特性

未被测试项的列表，并说明为什么没有被测试的原因。

2.5　测试覆盖率和风险分析

给出测试代码、需求或功能点灯覆盖率分析结果，并说明还有哪些测试风险，包括测试不足、测试环境和未被测试项等引起的、潜在的质量风险。

2.6　最后的缺陷状态表

严重程度	全部	未被修正的	已修正	功能增强	已知问题	延迟修正	关闭

3. 系统测试结果

3.1　安装测试

按照指定的安装文件，完成相应的系统及其设置等相关测试。

3.2　系统不同版本升级、迁移测试

3.3　系统性能测试

标识	所完成的测试	系统所期望的性能指标	实际测试结果	差别分析	性能问题及其改进建议

3.4　安全性测试

描述所完成的测试、安全性所存在的问题等。

3.5　其他测试

4. 主要存在的质量问题

4.1　存在的严重缺陷

列出未被解决而质量风险较大的缺陷。

4.2　主要问题和风险

对上述缺陷进行分析，归纳出主要的质量问题。

5. 总体质量评估

5.1 产品发布的质量标准

根据在项目计划书、需求说明书、测试计划中所要求的的质量标准，进行概括性描述。

5.2 总体质量评估

根据测试的结果，对目前的产品进行总体的质量评估，包括高质量的功能特性、一般的功能特性、担心的质量问题。

5.3 结论

就产品能不能发布，给出结论。

6. 附录

6.1 未尽事项

6.2 详细的测试结果

例如，给出性能测试的总结数据及其分析的图表。

6.3 所有未被解决的缺陷的详细列表

6.8 本章小结

软件测试是保证软件可靠性的重要手段。软件测试的目的是使用尽量少的资源发现软件中尽可能多的错误和缺陷，以确保软件产品的质量达到产品能够交付时使用的要求。软件测试是贯穿软件生命周期的一个活动，涉及软件的需求分析、设计与开发实现阶段，而不仅仅是软件编码完成后的一个独立阶段。

软件测试在开发阶段大概要经历单元测试、集成测试、验收测试和系统测试四个阶段，每个阶段都有各自不同的测试目标和测试的对象。

根据是否需要计算机实际执行软件来实施测试将软件测试的方法分为静态方法与动态方法。其中动态测试采用的主要技术为白盒测试与黑盒测试。在进行测试用例的设计时，这两种技术互为补充，不可相互替代。

白盒测试技术的主要方法有逻辑覆盖法与基本路径分析法。黑盒测试技术的主要方法有等价类划分法、边界值分析法、因果图法以及错误推测法等。

在实施软件测试之前首先应该对测试的全过程进行计划，生成测试计划文档；在软件测试执行完毕之后应该对测试的结果进行分析生成测试报告文档。

习　题

(1)什么是静态测试？什么是动态测试？

(2)什么是白盒测试？什么是黑盒测试？

(3)简要说明如何划分等价类？用等价类划分的方法设计测试用例的步骤是什么？

(4)程序规格说明如下：要求输入1800年至2000年中的某个年份，判断该年份是否是闰年。闰年的条件是能被4整除但不能被100整除或能被100整除且能被400整除。

①请根据上述的规格说明进行基本路径测试，并取定线性独立的基本路径集合，然后设计测试用例。

②请判断下面的关于判断闰年的程序中的错误。

```
main( ){
    int year , leap ;
    printf ("输入年份：\ n ") ;
    scanf ("%d " , &year ) ;
    if ( year%4 = = 0 ){
        if ( year%100 = = 0 ){
            if ( year%400 = = 0 ){
                leap = 1 ;
            else
                leap = 0 ;
        }
        else
            leap = 0 ;
    }
    if ( leap = = 1 )
        printf ("%d 是：\ n " , year ) ;
    else
        printf ("%d 不是：\ n " , year ) ;
    printf (" 闰年 \ n ") ;
}
```

③设计一组测试用例，尽量使 main 函数的语句覆盖率能达到100%。如果认为该函数的语句覆盖率无法达到100%，需说明原因。

(5)在三角形计算中，要求三角型的三个边长：A、B 和 C。当三边不可能构成三角形时提示错误，可构成三角形时计算三角形周长。若是等腰三角形打印"等腰三角形"，若是等边三角形，则提示"等边三角形"。画出程序流程图、控制流程图、找出基本测试路径，对此设计一个测试用例。

(6)学生成绩查询程序，最多可以存放100个学生的成绩，按学号排序。如果输入的学号在这批学生内，就输出该学生的成绩，否则便回答"学号?? 没有找到"。程序采用折半查找，另外，当输入学号为"0"时，即结束查找。为该程序设计测试用例。

第7章 软件项目管理概述

【学习目的与要求】 软件项目管理是软件工程学研究的重要内容，其根本目的是为了让软件项目尤其是大型项目的整个软件生命周期(从分析、设计、编码到测试、维护全过程)都能在管理者的控制之下，以预定成本按期、按质的完成软件交付用户使用。本章重点介绍软件项目估算、进度和成本管理、人员组织管理、软件质量管理等。通过本章学习，要求掌握软件项目管理的基本概念，熟悉软件项目管理的方法、流程和工具，培养具备软件开发过程中人员组织协调、进度成本控制、质量评价等项目管理的基本能力。

7.1 基本概念

7.1.1 软件项目管理本质

1. 什么是项目

《项目管理质量指南(ISO10006)》定义项目为："具有独特的过程，有开始和结束日期，由一系列相互协调和受控的活动组成。过程的实施是为了达到规定的目标，包括满足时间、费用和资源等约束条件"。简而言之，项目是指一系列独特的、复杂的并相互关联的活动，这些活动有着一个明确的目标或目的，必须在特定的时间、预算、资源限定内，依据规范完成。

2. 项目管理

所谓项目管理就是通过计划、组织和控制等一系列活动，合理地配置和使用各种资源，以达到既定目标的过程。

3. 软件项目管理

软件项目管理是为了使软件项目能够按照预定的成本、进度、质量顺利完成，而对人员、产品、过程等要素进行组织、计划和控制的活动。其根本目的就是为了让软件项目尤其是大型项目的整个软件生命周期(从分析、设计、编码到测试、维护全过程)的活动都能在管理者的控制之下，以预定成本按期、按质的完成软件交付用户使用。

7.1.2 软件项目管理特点

软件开发不同于其他产品的制造，软件开发的整个过程都是复杂而抽象的设计过程，它把思想、概念、算法、流程、组织、效率、优化等融合在一起，与其他领域中大规模现代化生产有着很大的差别；软件开发主要使用人力资源，智力密集而自动化程度低；软件开发的产品是由程序代码、数据和技术文档构成的无形逻辑实体，产品质量难以用简单的尺度加以度量等等。基于上述特点，软件项目管理与其他项目管理相比，有很大的独特性。

7.1.3 软件项目管理内容

软件项目管理的主要任务就是为了使软件项目开发成功，必须对软件开发项目的工作范围、可能遇到的风险、需要的资源(人、资金、设备)、要实现的任务、经历的里程碑、花费的工作量(成本)，以及进度的安排做到心中有数。软件项目管理的内容包括计划、组织、指导、控制等几方面，具体见表7-1。

表 7-1 项目管理基本内容

序号	内 容	意 义
1	问题定义与风险评估	为什么要做？有何风险？
2	确定项目的范围和目标	做到什么程度？
3	建立项目组织、调配人力资源、明确职责	谁来做？
4	分解工作、明确工作内容、层次和顺序	做什么？如何做？
5	制定项目计划、控制进度	何时做？先后顺序？
6	跟踪工作进程、评价工作质量、控制项目预算	做得如何？
7	审查工作成果	做的结果满意否？
8	研究下一步工作	还要做什么？

7.2 软件项目估算

7.2.1 估算内容步骤和方法

软件开发是一项复杂的工程项目，为了对软件项目实施科学的、有效的管理，必须对软件开发过程进行估算，主要内容包括软件规模、周期、工作量、成本等。估算一般可能做不到非常精确，尤其软件更是如此。

对软件项目进行估算，一般采取4个步骤：第一步是对软件规模进行估算，第二步是估算软件项目所需的工作量，第三步是估算项目的时间(进度)，第四步是估算项目成本。

根据软件的需求等进行软件估算，通常采用德尔菲法、代码行分析法、功能点法和COCOMO方法。

7.2.2 德尔菲法

德尔菲法是在20世纪60年代由美国兰德公司首创和使用的一种特殊的策划方法，在没有历史数据的情况下，德尔菲法确实可以减少估算的偏差。

德尔菲法采用匿名发表意见的方式，即专家之间不互相讨论和联系，只能与调查员(组织者)通信，通过多轮次调查专家对问卷所提问题的看法，经过反复征询、归纳、修改，最后汇总成专家基本一致的看法，作为预测的结果。

德尔菲法的一般程序如下：

（1）确定调查目的和问题，拟订调查提纲。首先必须确定目标，拟订出要求专家回答问题的详细提纲，并同时向专家提供有关背景材料，包括预测目的、期限、调查表填写方法及其他希望要求等说明；

（2）选择一批熟悉本问题的专家组成专家组，一般为15~20人，包括理论和实践等各方面专家；

（3）以通信方式向各位选定专家发出调查表，征询意见，每位专家提出3个估计值：最小值 ai、最可能值 mi 和最大值 bi；

（4）组织者分析整理，计算每位专家的平均值：

$$Ei = (ai+4\ mi+bi)/6 \tag{7-2-1}$$

和期望值：

$$E = (E1+\cdots\cdots+En)/n; \tag{7-2-2}$$

（5）综合结果后，再次请成员提出方案。第一轮的结果常常是激发出新的方案或改变某些人的原有观点；

（6）重复（3）、（4）、（5）直到取得大体上一致的意见（见图7-1）。

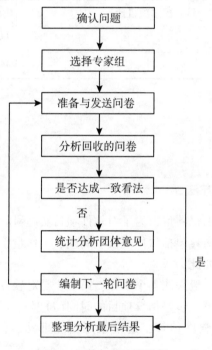

图 7-1　德尔菲法流程图

这种策划方法的优点是：专家们互不见面，不会产生权威压力，因此，可以自由地充分地发表自己的意见，从而得出比较客观的结果。但是这种方法缺乏客观标准，主要凭专家判断，再者由于次数较多，反馈时间较长，有的专家可能因工作忙或其他原因而中途退出，影响结果的准确性。

7.2.3　代码行分析法

代码行分析方法（LOC，Line of Code）是最流行的软件项目规模的定量估算方法，它根据以往开发类似项目的经验和历史数据来估算一个功能可能需要的源程序代码的行数，以KLOC（千代码行）作为计量单位。当以往开发类似项目的历史数据丰富时，用这种方法估计出的代码行数是比较准确的。估算的步骤如下。

（1）多名有经验的软件开发人员对软件项目的某个功能（或过程）估计源程序代码的行数大小。每人分别给出3个估计值：最小行数（a）、最大行数（b）、最有可能的行数（m）。

（2）计算最小行数、最大行数、最有可能的行数的平均值：$\bar{a}$、$\bar{m}$、$\bar{b}$。

（3）使用公式求出估计的代码行数（L）。

$$L=\frac{\bar{a}+4\bar{m}+\bar{b}}{6} \tag{7-2-3}$$

（4）估算工作量=代码总估算长度/估算生产率

（5）估算总成本=月平均薪水×估算工作量

7.2.4　功能点分析法

代码行估算法没有考虑软件功能特性的复杂性，更没有对开发环境变化的预测，功能点法则在这些方面有很大的改进。功能点技术是依据对软件产品提供的功能点度量作为规范值的估算方法，它把软件功能的复杂程度的影响因素（功能点数）以及软件技术复杂度的影响因素（技术因子）都作为估算参数。功能点的估算值则由软件的信息域特性和软件复杂性的评估结果而导出。

1. 信息域特性

功能点技术定义了信息域的5个特性来描述软件功能的复杂度，这5个特性分别是：

（1）输入项数（Inp）：用户向软件输入的提供应用的数据项数，不包括用于查询的输入数。

（2）输出项数（Out）：软件输出的项数。报表、屏幕、出错信息等（不包括报表中的数据项）。

（3）查询项数（Inq）：用户所有可能的查询数。

（4）主文件项数（Maf）：逻辑主文件的项数。（如数据的一个逻辑组合，它可能是某个大型数据库的一部分或是一个独立的文件）

（5）外部接口数（Inf）：机器可读的全部接口数。

2. 估算功能点的步骤

（1）计算未调整的功能点数 UFP。与 LOC 方法不同，计算 UFP 要以软件功能复杂性的度量值作为估算参数。软件产品中的度量项有5项，即 Inp、Out、Inq、Maf、Inf，其中每一项度量点又有分派了经验参数等级的功能点数，然后按照公式（7-2-2）计算 UFP：

$$UFP = a_1 \times Inp + a_2 \times Out + a_3 \times Inq + a_4 \times Maf + a_5 \times Inf \tag{7-2-4}$$

公式中 a_3 至 a_5，有简单的、平均的、复杂的3种取值范围。要根据软件功能的具体情况选取相应的参数值。各参数值的取值范围见表7-2。

UFP 的计算值，表现的是软件功能的特性因素，还没有考虑软件技术方面的复杂程度，所以不能作为最终的 FP 值。

表 7-2 度量项不同级别的功能点分配值

度量项	简单级	平均级	复杂级
Inp	3	4	6
Out	4	5	7
Inq	3	4	6
Maf	7	10	15
Inf	5	7	10

(2)计算技术复杂因子 TCF。计算技术复杂因子(TCF)将度量 14 种技术因素对软件规模的影响程度,包括:数据通信、分布式数据处理、性能计算、高负荷的硬件、高处理率、联机数据输入、终端用户效率、联机更新、复杂的计算、重用性、安装方便、操作方便、可移植性、可维护性。每一项的取值范围在 0 到 5 之间(0 表示无,5 表示最大)。

TCF 的计算有 2 步:

①计算总影响程度(DI,Degree of Influence):对 14 项因子各分配一个影响值,然后求 14 项因子之和得到 DI 的值。

②运用公式(7-2-5)计算 TCF。

$$TCF = 0.65 + 0.01 \times DI \tag{7-2-5}$$

(3)计算功能点数 FP。运用公式(7-2-6)计算 FP 的值:

$$FP = UFP \times TCF \tag{7-2-6}$$

功能点数与所用的编程语言无关,因此,功能点技术比代码行技术更为合理,同时,由于考虑了软件的功能特性与技术复杂性,估算的结果也比较准确。

(4)估算工作量=项目估算 FP/估算生产率(由经验获得)。

(5)估算总成本=平均月工资×估算工作量。

根据统计分析,采用功能点方法比代码行方法误差明显减少。若用代码行方法,最大可能的平均误差是一般情况的 8 倍,而功能点方法平均误差可缩小到最多 2 倍。

7.2.5 COCOMO 方法

这是由 TRW 公司开发。Boehm 提出的结构型成本估算模型,是一种精确、易于使用的成本估算方法。

COCOMO 模型(Constructive Cost Model)考虑开发环境,将软件开发项目的总体类型分为以下 3 种。

(1)结构型(organic):相对较小、较简单的软件项目。开发人员对开发目标理解比较充分,与软件系统相关的工作经验丰富,对软件的使用环境很熟悉,受硬件的约束较小,程序的规模不是很大(<50000 行)。

(2)嵌入型(embedded):要求在紧密联系的硬件、软件和操作的限制条件下运行,通常与某种复杂的硬件设备紧密结合在一起。对接口,数据结构,算法的要求高。软件规模任意。如大而复杂的事务处理系统、大型/超大型操作系统、航天用控制系统、大型指挥系统等。

（3）半独立型（semidetached）：介于上述两种软件之间。规模和复杂度都属于中等或更高。最大可达 30 万行。

COCOMO 模型由工作量决定。该模型分为基本、中间、详细 3 个层次，分别运用于软件开发的 3 个不同阶段。

（1）基本 COCOMO 模型用于系统开发的初期，估算整个系统（包括维护）的工作量和软件开发所需要的时间，程序规模用估算的代码行表示。

基本 COCOMO 模型的估算公式：

工作量：

$$MM = a \times (KDSI)^b \tag{7-2-7}$$

进度：

$$TDEV = c \times (MM)^d \tag{7-2-8}$$

其中，

DSI——源指令条数，即代码或卡片形式的源程序行数。若一行有两个语句，则算做一条指令。不包括注释语句。KDSI = 1000DSI。

MM——表示开发工作量，度量单位为人月。

TDEV——表示开发进度，度量单位为月。

经验参数 a，b，c，d 取决于项目的总体类型：结构型（organic）、半独立型（embedded）或嵌入型（embedded），通过统计 63 个历史项目的历史数据，得到如下模型参数（见表 7-3）。

表 7-3　　　　　　　　　　　　　基本 COCOMO 模型参数

总体类型	a	b	c	d	适用范围
结构型	2.4	1.05	2.5	0.38	各类应用程序
半独立型	3.0	1.12	2.5	0.35	各类实用程序、编译程序
嵌入型	3.6	1.20	2.5	0.32	实时处理、控制程序、操作系统

（2）中间 COCOMO 模型用于估算各个子系统的工作量和开发时间，软件开发工作量表达为与代码行和一组工作量调节因子相关的函数。

中间 COCOMO 模型的形式是在基本 COCOMO 模型的基础上增加一个工作量调节因子 EAF 构成的。

$$MM = a \times (KDSI)^b \times EAF \tag{7-2-9}$$

其中，a、b 是常数，取值如表 7-4 所示。

表 7-4　　　　　　　　　　　　　中间 COCOMO 模型参数

总体类型	a	b
结构型	3.2	1.05
半独立型	3.0	1.12
嵌入型	2.8	1.20

工作量调节因子 EAF 与软件产品属性、计算机属性、人员属性和项目属性的共 15 个要素 $F_i(i=1, 2, \cdots, 15)$ 有关。

$$EAF = \prod_{i=1}^{15} F_i \qquad (7\text{-}2\text{-}10)$$

表 7-5 　　　　　　　　　　中间 COCOMO 模型的工作量调节因素 F_i

成本因素	级别					
	很低	低	正常	高	很高	极高
软件可靠性	0.75	0.88	1.00	1.15	1.40	
数据库规模		0.94	1.00	1.08	1.16	
数据复杂性	0.70	0.85	1.00	1.15	1.30	1.65
程序执行时间			1.00	1.11	1.30	1.66
程序占用内存大小			1.00	1.06	1.21	1.56
软件开发环境的变化		0.87	1.00	1.15	1.30	
开发环境的响应速度		0.87	1.00	1.07	1.15	
系统分析员的能力	1.46	1.19	1.00	0.86	0.71	
应用经验	1.29	1.13	1.00	0.91	0.82	
程序员的能力	1.42	1.17	1.00	0.86	0.70	
开发环境的经验	1.21	1.10	1.00	0.90		
程序设计语言的经验	1.14	1.07	1.00	0.95		
程序设计的实践	1.24	1.10	1.00	0.91	0.82	
软件工具的质量数量	1.24	1.10	1.00	0.91	0.83	
开发进度的要求	1.23	1.08	1.00	1.04	1.10	

(3) 详细 COCOMO 模型适用于完成体系结构设计之后的软件开发阶段，它包含中间模型的所有特性，并详细对工作量调节因子在软件过程中每个步骤的影响做出评估。首先把系统分为系统、子系统和模块多个层次，然后先在模块层利用估算方法得到它们的工作量，再估算子系统层，最后算出系统层。详细的 COCOMO 对于生存期的各个阶段使用不同的工作量系数，比较繁琐，适用于大型复杂项目。

目前，还没有一种估算模型能够适用于所有的软件类型和开发环境，从这些模型得到的结果必须根据项目的实际情况慎重使用，或者采用多个模型进行估算、掌握工作量的基本范围并与实际的工作量计划比较。

7.3　进度和成本管理

7.3.1　任务分解

任务分解就是把复杂的项目任务逐步分解成一层一层的要素(工作)，直到具体明确为止。通过分解可以得到两项可操作的结果：一是通过项目工作由粗到细的分解过程，得到可操作的简单任务；二是能够落实各项工作的具体责任部门和人员。任务分解的常用工具是工作分解结构(Work Breakdown Structure，简称 WBS)技术。

WBS 是一个分级的树型结构，是一个对项目工作由粗到细的分解过程。主要是将一个项目分解成易于管理的几个部分或几个任务包，以便确保找出完成项目工作范围所需的所有工作要素。它是一种在项目全范围内分解和定义各层次工作包的方法，WBS 按照项目发展的规律，依据一定的原则和规定，进行系统化的、相互关联和协调的层次分解。结构层次越往下层则项目组成部分的定义越详细，WBS 最后构成一份层次清晰，可以具体作为组织项目实施的工作依据。

1. 工作分解的主要原则

(1)分解应包括项目活动的全部工作内容，并能够充分使用范围、时间和成本进行定义。

(2)项目分解应适应组织管理的需要，确保能把职责赋予完成该项工作的单位(如部门、班子或者个人)。

(3)分解后的任务应该是可管理的、可定量检查的、可分配任务的和独立的。

(4)根据项目的特点或差异将大项目分为几个不同的子项目，复杂工作至少应分解成二项任务。

(5)表示出任务间的联系，但不表示顺序关系。

(6)最低层的工作叫做工作包，工作包是完成一项具体工作所要求的一个特定的、可确定的、可交付以及独立的工作单元，需为项目控制提供充分且合适的管理信息。一般要有全面、详细和明确的文字说明。完成时间一般不超过两周。

(7)规划好约定和编码的层次，便于用计算机软件进行计划的自动汇总。

2. 工作分解的方法

制定工作分解结构的方法多种多样，主要包括类比法、自上而下法、自下而上法等。

(1)类比法：就是以一个类似项目的 WBS 为基础，制定本项目的工作分解结构。

(2)自上而下法：是从项目最大的单位开始，逐步将它们分解成下一级的多个子项，直至到达需要进行报告或控制的最低层水平为止。自上而下法常常被视为构建 WBS 的常规方法。一般步骤如下。

①总项目；

②子项目或主体工作任务；

③主要工作任务；

④次要工作任务；

⑤小工作任务或工作元素(工作包)。

(3)自下而上法：是要让项目团队成员从一开始就尽可能的确定项目有关的各项具体任务，然后将各项具体任务进行整合，并归总到一个整体活动或 WBS 的上一级内容当中去。自下而上法一般都很费时，但这种方法对于 WBS 的创建来说，效果特别好。项目经理经常对那些全新系统或方法的项目采用这种方法，或者用该法来促进全员参与或项目团队的协作。

3. WBS 工作编码

在工作分解的基础上通过对各项任务进行编码，把项目的所有要素在一个共同的基础（WBS）上建立关联，在此基础上建立各管理过程的所有信息沟通。

编码应具备以下基本原则：

(1)编码应能反映出任务单元在整个项目中的层次和位置。

(2)当发生任务增加和删减时，整个的层次体系不会发生巨大变化，只是在恰当的位置，进行增删。

(3)编码方便进行任务的索引。

(4)编码方便与其他过程管理的相互参照。

编码方法：

代码与结构是有对应关系的。结构的每一层次代表代码的某一位数，由高层向低层用多位码编排，要求每项工作有唯一的编码。在一个既定的层次上，应尽量使同一代码适用于类似的信息，这样可以使代码更容易理解。此外，设计代码时还应考虑到用户的方便，使代码以用户易于理解的方式出现。例如，在有的 WBS 设计中，用代码的第一个字母简单地给出其所代表的意义，例如用 M 代表人力，用 E 代表设备。

4. WBS 的层次设计

WBS 结构的层次设计对于一个有效的工作系统来说是个关键。结构应以等级状（层次结构）（图 7-2）或目录树状（组织结构）（图 7-3）来构成，使底层代表详细的信息，而且其范围很大，逐层向上。即 WBS 结构底层是管理项目所需的最低层次的信息，在这一层次上，能够满足用户对交流或监控的需要，这是项目经理、项目组成员管理项目所要求的最低水平。

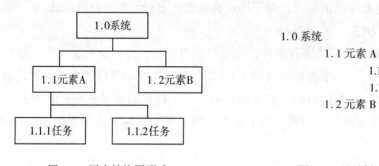

图 7-2　层次结构图形式　　　　　　　图 7-3　目录树形式

结构上的第二个层次将比第一层次要窄，而且提供信息的对象层次，也应比低一层WBS 的用户层次要高，以后依此类推。

结构设计的原则是必须有效和分等级，但不必在结构内，建立太多的层次，因为层次太多了不易有效管理。对一个大项目来说，4 到 6 个层次就足够了。

在设计结构的每一层中，必须考虑信息如何向上流入第二层次。原则是从一个层次到另一个层次的转移应当以自然状态发生。此外，还应考虑到使结构具有能够增加的灵活性，并从一开始就注意使结构被译成编码时对于用户来说是易于理解的。

示例：一个软件项目的 WBS 层次结构（图 7-4）。

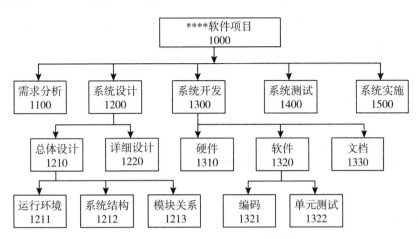

图 7-4 软件项目 WBS 层次结构

表 7-6   **项目工作分解结构表**

项目名称：		项目负责人：	
单位名称：		制表日期：	
工作分解结构			
任务编码	任务名称	主要活动描述	负责人
1000	软件项目		
1100	需求分析		
1200	系统设计		
1x00			
1x10			
1x11			
项目负责人审核意见：			

7.3.2 进度计划

进度安排就是在确定的工期和任务基础上制定进度计划。软件项目的进度安排与其他任何多任务工作的进度安排几乎没有什么不同。所以,一般的项目安排技术和工具不需做大的修改就可用于软件项目的进度安排。

常用的制定进度计划的方法有以下几种:时间进度表(甘特图)、关键路径网络计划(Critical Path Method,简称 CPM 网络计划)等。

1. 时间进度表(甘特图)

这是最简单的一种进度计划表,所有的项目任务以及相关责任人等,都列在甘特表左边,甘特表的右边是时间进度,时间进度的单位要根据项目的总体时间来部署。在甘特表中的每一个水平行,用水平条线段说明每个任务的持续时间,线段的起点和终点,对应着任务的开始时间和结束时间。当多个水平条在同一时间段出现时，则蕴含着任务的并发进行，当完成某个任务单元时，则画出菱形，表示一个里程碑，在甘特图中文档编制与评审是软件开发进度的里程碑(见图7-5)。

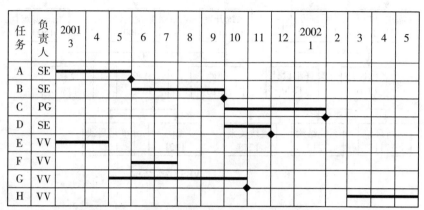

注：SE 系统工程师；PG 程序号；VV 质量保证人员

图 7-5　甘特图

2. 关键路径网络计划法(Critical Path Method，简称 CPM 网络计划)

关键路径法是项目时间管理中的最常用技术，是以网络图为基础的计划模型。它的基本原理是利用网络图表示计划任务的进度安排及其中各项工作之间的相互关系，在此基础上进行网络分析，计算网络时间，确定关键活动和关键路径，并利用时差不断改善 CPM 网络计划，求得工期、资源与成本的优化方案。

关键路径法的主要目的就是确定项目中的关键工作，以保证实施过程中能重点监控，保证项目按期完成。

网络图由箭线、结点和由结点与矢线连成的通路组成。

(1)结点又称事件(任务)：网络图中两条或两条以上的箭线交接点就是结点，结点是前一个工序结束，后一工序开始的瞬间，是两个工序间的连接点，既不消耗资源，也不占用时间，起承上启下的作用。用圆圈加上数字表示。

(2)矢线：是项目中的一项具体工序。其中有人力、物力、财力的付出。箭尾表示活动的开始，箭头表示活动的结束。箭头的方向表示活动前进的方向。通常把活动的代号标在矢线的上方，工序时间标在箭线的下方。虚矢线：只是为了表达各项工序的逻辑关系，本身不消耗任何资源。

(3)通路：从网络图的始点事件开始到终点事件为止，由一系列首尾相连的矢线和结点所代表的活动和事件所组成的通道。网络图一般有多条线路。一条线路上各工序时间的总和称为路长。线路上工序时间之和最大的一条线路，称为关键路径，通常用粗矢线或双矢线表示。

绘制网络图的 7 项原则如下。

(1)相邻两个结点之间的矢线唯一，进入某一个结点的箭线可以有多条，但其他任何结点直接连接该结点的矢线只能有一条；

(2)网络图的始点、终点各有一个；

（3）矢线一般指向右边，不允许出现循环线路；

（4）每项活动都应有结点表示其开始和结束，即矢线首尾都应有一结点。不能从一矢线中间引出另一矢线；

（5）如果在两结点之间有几项活动平行进行，除一项活动可以直接相连接外，其余活动都必须增加结点和引用虚矢线予以分开；

（6）网络图中，进入某一节点的矢线所代表的工序必须全部完成，从该节点引出的矢线所代表的工序才能开始。

（7）箭头结点的编号要大于箭尾结点的编号，编号可以不连续。

编制网络计划的基本步骤见图7-6。具体解释如下。

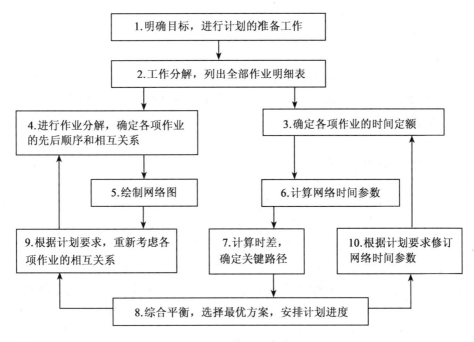

图 7-6　网络图基本步骤

（1）工作分解：将一个项目根据需要分解成各种活动，可采用工作分解结构（WBS）技术进行。越过整个项目分解结构阶段而直接进入网络计划，可能会漏掉一些重要的工作，造成工作被动或工作失效。

（2）确定工序时间定额：工序时间就是完成一项活动（或工序）所需要的时间。有单点时间估计法和三点时间估计法两种估计方法。

单点时间估计法：对各项活动的工序时间仅确定一个时间值，估计时，应以完成任务可能性最大的时间为准。应用于不可知因素很少，有同类工程或类似产品的工时资料可供借鉴的情况下。

三点时间估计法：需要三个时间估计，包括最有利时间 a、正常时间 m 及最不利时间 b：

$$工序时间 T = (a+4m+b)/6$$

（3）计算网络时间参数。有图上计算法和表上计算法。主要的时间参数如下。

结点最早开始时间：指从该结点开始的各项工序最早可以开始的时刻，在此时刻之前，各项工序不具备开工的条件。计算方法：按结点编号由小到大，逐个由左向右计算。

结点最迟结束时间：指以该结点为结束的各项工序最迟必须结束的时刻，若在此时刻不能完工，则会影响后续工序的开工。计算方法：按结点编号的反顺序，从大到小，逐个由右向左计算。

工序最早开始时间：指该工序最早可能开始时间，它等于代表该活动的矢线的箭尾结点的最早开始时间。

工序最早结束时间：指该工序最早可能结束的时间，它等于代表该活动的矢线的箭尾结点的最早开始时间加上该工序的工序时间。(既等于该工序的最早开始时间与本工序的工序时间之和)。

工序最迟结束时间：指该工序最迟可能结束的时间，它等于箭头结点的最迟结束时间。

工序最迟开始时间：指该工序最迟可能开始的时间，它等于该项工序的最迟结束时间减去该工序的工序时间。

时差：指在不影响整个工程项目完工时间的条件下，某项工序的最迟开始时间与最早开始时间之差，或某项工序的最迟结束时间与最早结束时间之差。这一差值表明该项工序的开始(结束)时间允许延迟的最大限度。时差又称为"宽裕时间"和"机动时间"。时差可分为总时差和单时差。

总时差是指在不影响项目周期的前提下，工序可以推迟开始或推迟结束的一段时间。它等于工序的最迟开始时间和最早开始时间之差。

单时差是指在不影响紧后工序最早开始时间的前提下，该工序可以推迟开始或结束的一段时间。它等于工序的箭头结点的最早开始时间与活动的最早结束时间之差。

(4)确定关键路径。关键路径是网络计划中总时差最小的工作，当计划工期等于计算工期的时候，总时差为零的路线。总时差为零的工序为关键工序，项目工期等于关键路径的长度。通路时差是关键路径和非关键路径的时间之差，它等于线路上各工序的单时差之和。

(5)优化。所谓的优化是指在总成本和总工期不变的情况下，如何使每个任务作业的资源(人力、时间)消耗量最少。例如可以将非关键路径上的某个任务的人员安排适当缩减，适当延长持续时间，以节约人力资源。

【例7-1】假设有一软件项目，其各工序之间的逻辑关系如表7-7和图7-7所示，用CPM方法求关键路径。

表7-7　　　　　　　　　　　　各工序之间的关系

节点 (i, j)	工序 名称	紧前 工序	工序 时间	节点 (i, j)	工序 名称	紧前 工序	工序 时间
(1, 2)	A	—	4	(3, 6)	F	B	4
(1, 3)	B	—	5	(3, 7)	G	B	6
(1, 4)	C	—	2	(4, 6)	H	C	5
(1, 5)	D	—	3	(5, 7)	I	B, D, E	2
(2, 5)	E	A	3	(6, 7)	J	H, F	4

其网络图，如图所示：

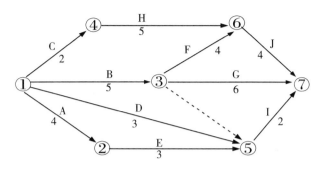

图 7-7　例 7-1 网络图

网络图时间参数计算及关键路径确定

(1)工序时间参数计算(见表 7-8)，其中：

$$t_{EF}(i,\ j)=t_{ES}(i,\ j)+t(i,\ j)$$

$$t_{LS}(i,\ j)=t_{LF}(i,\ j)-t(i,\ j)$$

(2)节点(事项)时间参数及计算：

节点最早开始时间 $T_E(i)$

$$T_E(1)=0$$

$$T_E(j)=\underset{i}{Max}\{T_E(i)+t(i,\ j)\}\quad(<i,\ j>\in T,\ 2\leqslant j\leqslant n)$$

其中，T 是所有以 j 为头的弧的集合。

节点最迟结束时间 $T_L(i)$：

$$T_L(n)=T_E(n)$$

$$T_L(i)=\underset{j}{Min}\{T_L(j)-t(i,\ j)\}\ (<i,\ j>\in S,\ 1\leqslant j\leqslant n-1)$$

其中，S 是所有以 i 为尾的弧的集合。

节点时间计算完成后，各工序时间就可容易地求出：

$$t_{ES}(i,\ j)=T_E(i),\ t_{EF}(i,\ j)=T_E(i)+t(i,\ j)$$

$$t_{LF}(i,\ j)=T_L(j),\ t_{LS}(i,\ j)=T_L(j)-t(i,\ j)$$

(3)工序时差的计算：

工序的总时差 $R(i,\ j)$，

$$R(i,\ j)=t_{LS}(i,\ j)-t_{ES}(i,\ j)=T_L(j)-T_E(i)-t(i,\ j)=t_{LF}(i,\ j)-t_{EF}(i,\ j)$$

表 7-8　　　　　　　　　　　　时间参数表

工序	工序时间 $t(i,\ j)$	最早开始 $t_{ES}(i,\ j)$	最早结束 $t_{EF}(i,\ j)$	最迟开始 $t_{LS}(i,\ j)$	最迟结束 $t_{LF}(i,\ j)$	总时差 $R(i,\ j)$
A(1, 2)	4	0	4	4	8	4
B(1, 3)	5	0	5	0	5	0
C(1, 4)	2	0	2	2	4	2

工序	工序时间 t(i, j)	最早开始 $t_{ES}(i, j)$	最早结束 $t_{EF}(i, j)$	最迟开始 $t_{LS}(i, j)$	最迟结束 $t_{LF}(i, j)$	总时差 R(i, j)
D(1, 5)	3	0	3	8	11	8
E(2, 5)	3	4	7	8	11	4
(3, 5)	0	5	5	11	11	6
F(3, 6)	4	5	9	5	9	0
G(3, 7)	6	5	11	7	13	2
H(4, 6)	5	2	7	4	9	2
I(5, 7)	2	7	9	11	13	4
J(6, 7)	4	9	13	9	13	0

总时差为零的工序是关键工序，则关键路径是关键工序的集合，即为 B→F→J。

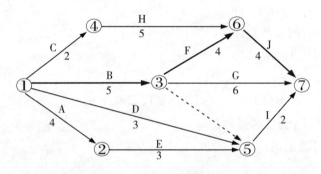

图 7-8　计算关键路径

7.3.3　进度和成本控制

1. 项目进度和成本平衡

进度控制的目标与成本控制的目标、范围控制的目标、质量控制的目标是对立统一的关系。进度和成本的计划和控制随着项目进展在时间上有相互对应的关系，进度和成本控制都是按照计划来控制项目变化的(见图 7-9 和图 7-10)。

2. 赢得值法

赢得值法(Earned value Management，EVM)是一种能全面衡量项目进度、成本状况的整体方法，其基本要素是用货币量代替工程量来测量项目的进度，它不以投入资金的多少来反映工程的进展，而是以资金已经转化为工程成果的量来衡量，是一种完整和有效的工程项目监控指标和方法。

它使用三个基本参数 BCWS(计划工作的预算值)、BCWP(已完工作的预算值)、ACWP(已完工作的实际消耗值)，对项目在各时点上的执行效果实施定量评估，使项目的进度、费用执行情况一目了然，从而能使管理者及时发现问题，采取纠偏措施，确保项目控制目标的实现(见图 7-11)。

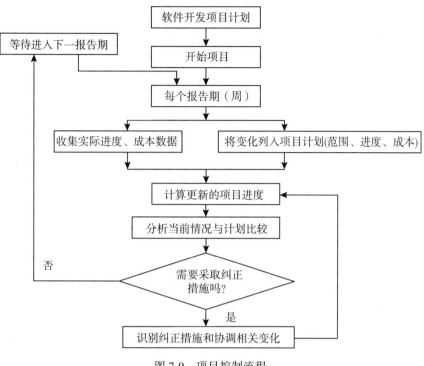

图 7-9 项目控制流程

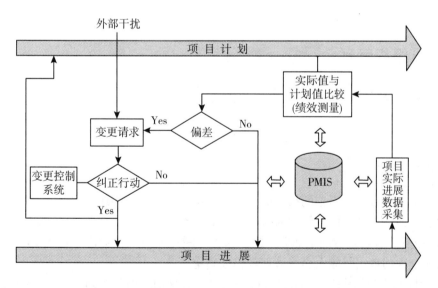

图 7-10 项目跟踪控制过程

已完工作预算费用 BCWP＝已完成工作量×预算单价

计划工作预算费用 BCWS＝计划工作量×预算单价

已完工作的实际消耗值 ACWP＝已完成工作量×实际单价

费用偏差 CV＝BCWP−ACWP 或 CV＝EV−AC，当 CV<0 时，项目费用超出预算，当 CV>0 时节约。

进度偏差 SV＝BCWP−BCWS 或 SV＝EV−PV，当 SV<0 时，项目进度延迟，当 SV>0 时，进度超前。

费用绩效指数 CPI＝BCWP/ACWP 或 CPI＝EV/AC，当 CPI<1 时，项目费用超出预算，反之节约。

进度绩效指数 SPI＝BCWP/BCWS 或 SPI＝EV/PV，当 SPI<1 时，表示进度延误，即实际进度比计划进度落后，当 SPI>1 时，表示进度提前，即实际进度比计划进度快。

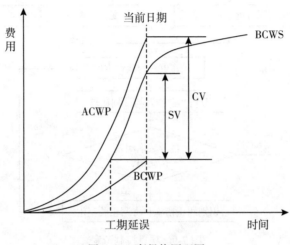

图 7-11　赢得值原理图

7.4　人员组织管理

组织管理是项目管理基本任务之一。人员组织管理就是通过建立组织结构，规定职务或职位，明确责权关系，以使组织中的成员互相协作配合、共同劳动，有效实现组织目标的过程。

7.4.1　组织结构

项目组织是项目正常实施的组织保证体系，组织管理包括组织建设、人员配备等人力资源管理的多方面。参与软件项目的人员可以分为五类。

（1）高级管理者：负责确定商业问题，这些问题往往对项目会产生很大影响。所有涉及外部组织和个人的承诺只能由高级管理者验证确定。

（2）项目（技术）管理者：对项目的进展负责。包括制定项目计划、组织、控制并激励软件开发人员展开工作。负责和用户代表交流，获取项目的需求与约束条件。和用户代表协商，进行变更控制。协调内部软件相关组的工作，安排必要的培训。

（3）开发人员：负责开发一个产品或者应用软件所需的各类专门技术人员。根据工作性质的不同，又可以划分成不同的角色，比如系统分析员、系统架构师、程序员、测试工程师等等。按照项目开发计划所赋予的任务和角色的岗位职责开展工作。

（4）用户代表：负责说明待开发软件需求的人员。同时和项目管理者协作控制项目开发过程中的各类变更，负责系统确认测试的实施。

（5）辅助人员：如文档录入员，技术秘书等。

按树形结构组织软件开发人员是一个比较成功的经验，常见的项目管理结构可以如图7-12所示。

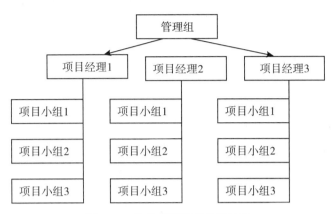

图 7-12 软件项目管理组织结构

树的根是管理组，树的结点是项目小组。为了减少系统复杂性、便于项目管理，树的结点每层不要超过 7 个，在此基础上尽量降低树的层数。小组的人数应视任务的大小和完成任务的时间而定，一般是 3~5 人。为降低系统开发过程的复杂性，小组之间，小组内程序员之间的任务界面必须清楚并尽量简化。

管理组中一般包括：高层经理、项目总监等，在项目开发的各个阶段进行技术审查、管理监督和协调作用，重点是质量保证活动。

项目经理负责一个具体项目的活动，如：计划、进度、审查、复审等，通常领导 1~3 个项目小组。项目经理的责任是制定软件开发工程计划，监督与检查工程进展情况，保证工程按照要求的标准，在预算成本内完成。项目经理有相当大的独立性和权限。

对于大型应用软件开发项目组织中，首先从整体考虑项目组织的组成，然后再重点考虑项目内部组织的结构。从整体上考虑，还可分为若干个按项目小组，如：用户代表组、技术开发组、质量保证组、支持组等。

用户代表组一般包括：用户方的项目经理、用户方技术工程师、最终使用者、咨询顾问等。

技术开发组一般包括：系统架构师、设计师、程序员等。

质量保证组一般包括：测试经理、质量保证经理、测试员等。

支持组一般包括：配置管理员、数据迁移工程师、培训师、文档员等。

在项目开发的实现阶段，开发人员的组织主要是程序员的组织，其形式通常有以下3 种。

1. 民主制小组（图 7-13A）

民主制程序员组的一个重要特点是平等和民主，在民主小组内，没有固定的负责人，所有成员完全平等，享受充分的民主权利，大家通过协商的方式，做出技术决策。小组成员间的通讯是平行的(互相之间有用箭头表示的通讯)，对于有 n 个成员的小组而言可能的通讯信道会有 $n(n-1)/2$ 条。民主小组的成员比较少，一般情况下由 3~5 人组成，有一个成员担任组长，他是个召集人的角色作用。民主小组的主要优点是充分民主，互相尊重，集体决策，成员能最大限度地发挥各自的优势，对发现错误的态度非常积极，这些有利于增强成员的团结，提高工作效率。民主小组也有不足的地方，成员可能过分偏爱自己的程序，从而难以发现自己的错误，影响开发质量，同时，由于没有一个有权威的领导，当小组成员的技术水平不高时，可能导致工程失败。

2. 主程序员组（图 7-13B）

主程序员组由主程序员、程序员、后备程序员、编程秘书组成，其组成原则与民主小组不同，注重的是"权威"性。主程序员组有两个关键特征：专业化、层次分明。主程序员组的每名成员只完成经过专业培训的那部分工作，工作内容具有很强的"专业"性；主程序员具有权威性，他既是成功的管理者又是经验丰富的高级程序员，负责软件体系结构和关键部分的设计，他与所有成员有通讯和指导联系（单向箭头表示），并且负责指导其他程序员完成详细设计和编码，其他成员之间没有通讯联系；后备程序员协助程序员工作，在必要的时候接替程序员的工作。编程秘书主要完成与项目相关的事务工作，例如管理文档资料、执行源程序、软件测试等等。主程序组织方式的关键是物色理想的技术熟练而又有丰富管理经验的主程序员。

3. 层次小组（图 7-13C）

当一个软件项目比较大时，可以将任务分解，组织多个类似于主程序员的小组，统一由项目经理管理，人员组织形成层次结构。上级计划和指导下级（单向箭头），下级之间可以通讯（双向箭头），这种方式既体现了上级的统一管理，又适度地开放了下级之间的交流，既有集中又有民主，是一种开发大型项目的好形式。

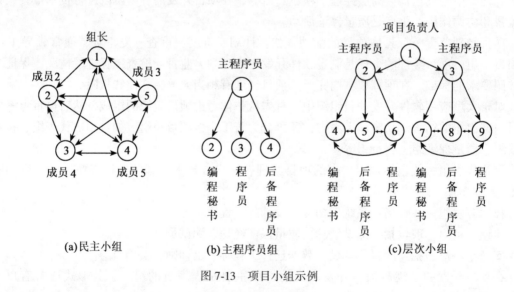

(a)民主小组　　　(b)主程序员组　　　(c)层次小组

图 7-13　项目小组示例

7.4.2　人员配置

人力资源的组织是个科学的管理过程，有一定的规律。根据许多大、中型软件开发项目的统计，对开发人员资源的需求与项目推进时间形成一个指数变化规律，项目开始时，人员需求较小，然后逐渐上升，到达某个时间段时，人员需求达到高峰，而后逐渐下降，其规律可用图 7-14 表示。

　　软件工程的各个阶段需要不同的人力资源,阶段不同,参与的人员不同,参与人员的层次也不同。参与的人员既不能平均分配,也不能没有层次的区别,各类人员的参与程度也要有所侧重。图 7-15 表示了各个阶段对人员参与的要求情况。这个规律表明,在软件项目的开发全过程中,人员分配不可能是平均的,要根据不同阶段合理安排。

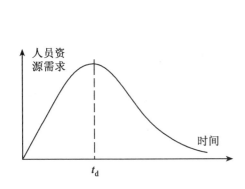

图 7-14　人员需求曲线

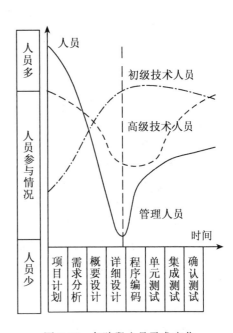

图 7-15　各阶段人员需求变化

　　在制定人力资源计划时,就要在基本按照上述曲线配备人力的同时,尽量使某个阶段的人力稳定,并且确保整个项目期人员的波动不要太大,这就是人力资源计划的平衡。

　　图 7-16 中以横坐标表示距开发起点的时间,纵坐标代表在不同时间点需要的人力。图中用虚线画出的矩形,显示了平均使用人力所造成的问题:开始阶段人力过剩,造成浪费(图中①),到开发中期需要人力时,又显得人手不足(图中②),以后再来补偿,已为时过晚了(图中③),甚至可能如 Brooks 定律所说,导致越帮越忙的结果。

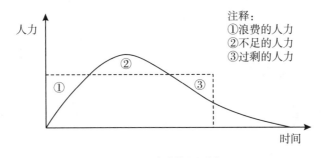

图 7-16　人力资源平衡

7.4.3 激励与考核

1. 激励机制

激励就是激发鼓励，是激发人的动机，调动人的积极性、主动性和创造性，进而影响人的行为，以实现特定目标的心理活动过程。企业管理的核心是对人力资源的管理。因此企业管理面临的首要任务就是引导和促使员工为实现特定的组织目标做出最大的努力。在构建中小企业激励机制的过程中，应分析主要的影响因素并遵循一些基本原则。

(1)针对性：即激励形式应根据实际情况具有针对性，并能够满足员工的具体需求。激励过程可简单地概括为：需要引起动机，动机决定行为。

(2)全面性：主要是指要兼顾物质与精神激励，并实施全面薪酬激励机制。所谓"全面薪酬战略"，是将薪酬分为外在的和内在的两大类，并将两者有机地组合。外在的激励主要是指可量化的货币性(或物质性)薪酬，包括基本工资、奖金等短期激励薪酬，股票期权等长期激励薪酬，失业保险金、医疗保险等货币性的福利以及公司支付的其他各种货币性的开支等。内在的激励则是指那些不能以量化的货币形式(或物质形式)表现的各种奖励。比如对工作的满意度、为完成工作而提供的各种顺手的工具(比如好的电脑)、培训的机会、提高个人名望的机会、吸引人的公司文化、相互配合的工作环境以及公司对个人的表彰和谢意等。

(3)个体差异性：在制定激励机制时一定要考虑到员工个体差异。例如一般年轻员工自主意识比较强，对工作条件等各方面要求的比较高，因此"跳槽"可能性较多。而较年长员工则因家庭等原因比较安于现状，相对而言比较稳定。从受教育程度看，有较高学历的人一般更看重自我价值的实现，既包括物质利益方面的，但他们更看重的是精神方面的满足，例如工作环境、工作兴趣、工作条件等，这是因为他们在基本需求能够得到保障的基础上而追求精神层次的满足，而学历相对较低的人则首要注重的是基本需求的满足。在职务方面，管理人员和一般员工之间的需求也有不同。因此，企业在制定激励机制时一定要考虑到企业的特点和员工的个体差异，这样才能做到有效地激励。

2. 绩效考核

绩效考核是企业为了实现生产经营目的，运用特定的标准和指标，采取科学的方法，对承担生产经营过程及结果的各级人员完成指定任务的工作实绩和由此带来的诸多效果做出价值判断的过程。其核心是促进企业获利能力的提高及综合实力的增强，其目的是做到人尽其才，使人力资源作用得到更好的发挥。

绩效考核的形式有以下3种。

(1)按考核时间分类：可分为日常考核与定期考核。

(2)按考核主体分类：可分为上级考核、自我考核、同行考核和下属考核。

(3)按考核结果的表现形式分类：可分为定性考核与定量考核。

为了达到考核的目的，应遵循绩效考核的基本原则，如：客观公平原则、严格原则、结果公开原则、奖惩结合原则等等。

7.5 软件质量管理

7.5.1 软件质量及评价模型

1. 软件质量的定义

什么是软件质量？有多种关于软件质量的定义。

美国国家标准协会(American National Standards Institute，ANSI)对软件质量的定义是："软件质量是软件产品或服务特性的整体"。

国际标准 ISO6402 对质量定义，质量是反映实体满足规定或潜在需要的特性总和。质量特性就是产品或服务为满足人们明确或隐含的需要所具备的能力、属性和特征的总和。现行的质量定义特别强调要满足顾客的需要。

2. 软件质量评价的 6 个特征指标

(1)功能特征：与一组功能及其指定性质有关的一组属性，这里的功能是满足明确或隐含需求的那些功能。

(2)可靠性特征：与在规定的一段时间和条件下能维持其性能程度有关的一组属性。

(3)易用性特征：由一组规定或潜在的用户为使用软件所需作的努力和所作的评价有关的一组属性。

(4)效率特征：与在规定条件下软件的性能水平与所使用资源量之间关系有关的一组属性。

(5)可维护性特征：与进行指定的修改所需的努力有关的一组属性。

(6)可移植性特征：与软件从一个环境转移到另一个环境的能力有关的一组属性。其中每一个质量特征都分别与若干子特征相对应。

3. 软件质量评价模型

人们通常用软件质量模型来描述影响软件质量的特性。已有多种软件质量的模型，它们共同的特点是把软件质量特性定义成分层模型。在这种分层的模型中，最基本的叫做基本质量特性，它可以由一些子质量特性定义和度量。二次特性在必要时又可由它的一些子质量特性定义和度量。具有代表性的软件质量评价模型是 ISO 软件质量评价模型。

按照 ISO/TC97/SC7/WG3/1985—1—30/N382，软件质量度量模型由三层组成。

(1)高层(toplevel)：软件质量需求评价准则(SQRC)。

(2)中层(midlevel)：软件质量设计评价准则(SQDC)。

(3)低层(lowlevel)：软件质量度量评价准则(SQMC)。

ISO 认为，应对高层和中层建立国际标准，在国际范围内推广软件质量管理(SQM)技术，而低层可由各使用单位视实际情况制定。ISO 的三层次模型来自 McCall 等人的模型。高层、中层和低层分别对应于 McCall 模型中的特性、度量准则和度量。其中，SQRC 由 8 个元素组成(见图 7-17)。由于许多人纷纷提出意见，按 1991 年 ISO 发布的 ISO/IEC 9126 质量特性国际标准，SQRC 已降为 6 个。在这个标准中，三层次中的第一层称为质量特性。该标准定义了 6 个质量特性，即功能性、可取性、可维护性、效率、可使用性、可移植性；第二层称为质量子特性。推荐了 21 个子特性，如适合性、准确性、互用性、依从性、安全性、成熟性、容错性、可恢复性、可理解性、易学习性、操作性、时间特性、资源特性、可分析性、可变更性、稳定性、可测试性、适应性、可安装性、一致性、可替换性等，但不作为标准。第三层称为度量。

7.5.2　软件可靠性评价

软件可靠性(software reliability)的含义是：软件系统在规定的时间间隔内，按照规定的条件，完成规定功能而不发生故障的概率。在这个定义中包含的随机变量是"时间间隔"。显然随着运行时间的增加，运行时遇到程序故障的概率也将增加，即可靠性随着时间间隔的

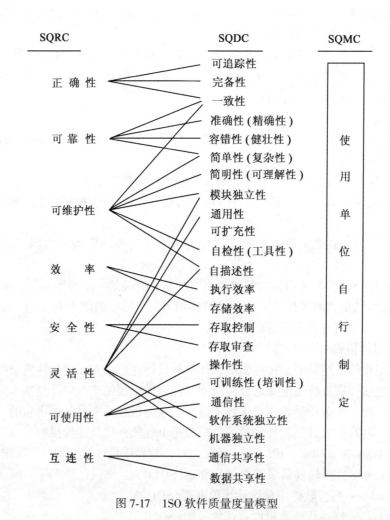

图 7-17 1SO 软件质量度量模型

加大而减小。

对于软件的可靠性评价主要采用定量评价方法。选择合适的可靠性度量因子(可靠性参数),然后分析可靠性数据而得到具体参数值,最后进行综合评价。具体的评价指标如下:

1. 可用性

可用性指软件运行后在任一随机时刻需要执行规定任务或完成规定功能时,软件处于可使用状态的概率。可用性是对应用软件可靠性的综合(即综合各种运行环境以及完成各种任务和功能)度量。简而言之,就是系统完成特定功能的时间总量。

2. 初期故障率

初期故障率是指软件在初期故障期(一般以软件交付给用户后的三个月内为初期故障期)内单位时间的故障数。一般以每 100 小时的故障数为单位。可以用它来评价交付使用的软件质量与预测软件什么时候可靠性基本稳定。初期故障率的大小取决于软件设计水平、检查项目数、软件规模、软件调试彻底与否等因素。

3. 偶然故障率

此故障率指软件在偶然故障期(一般以软件交付给用户后的四个月以后为偶然故障期)

内单位时间的故障数。一般以每 1000 小时的故障数为单位，它反映了软件处于稳定状态下的质量。

4. 平均失效前时间（MTTF）

MTTF 指软件在失效前正常工作的平均统计时间。

5. 平均失效间隔时间（MTBF）

MTBF 指软件在相继两次失效之间正常工作的平均统计时间。在实际使用时，MTBF 通常是指当 n 很大时，系统第 n 次失效与第 n+1 次失效之间的平均统计时间。对于失效率为常数和系统恢复正常时间很短的情况下，MTBF 与 MTTF 几乎是相等的。国外一般民用软件的 MTBF 大体在 1000 小时左右。对于可靠性要求高的软件，则要求在 1000～10000 小时之间。

6. 缺陷密度（FD）

FD 指软件单位源代码中隐藏的缺陷数量。通常以每千行无注解源代码为一个单位。一般情况下，可以根据同类软件系统的早期版本估计 FD 的具体值。如果没有早期版本信息，也可以按照通常的统计结果来估计。典型的统计表明，在开发阶段，平均每千行源代码有50～60 个缺陷，交付后平均每千行源代码有 15～18 个缺陷。

7. 平均失效恢复时间（MTTR）

MTTR 指软件失效后恢复正常工作所需的平均统计时间。对于软件，其失效恢复时间为排除故障或系统重新启动所用的时间，而不是对软件本身进行修改的时间（因软件已经固化在机器内，修改软件势必涉及重新固化问题，而这个过程的时间是无法确定的）。

8. 平均不工作时间（MTBD）

MTBD 指软件系统平均不工作时的间隔时间，MTBD 一般比 MTBF 要长，它反映了系统的稳定性。

9. 平均操作错误时间（MTBHE）

MTBHE 指软件操作错误的平均间隔时间。它一般与软件的易操作性和操作人员的训练水平、因软件缺陷造成的不工作时间、因软件缺陷而损失的时间等有关。

10. 软件系统不工作时间均值（MDT）

MDT 指软件因系统故障不工作时间的平均值。

11. 初始错误个数（NC）

NC 指在软件进行排错之前，估计出的软件中含有错误的个数。

12. 剩余错误个数（ND）

ND 指在软件经过一段时间的排错之后，估计出软件中含有错误的个数。

7.5.3　软件质量保证体系

软件的质量保证活动，涉及到各个部门的活动，贯穿在软件生命周期的每个阶段。例如，如果在用户处发现了软件故障，用户服务部门就应听取用户的意见，再由检查部门调查该产品的检验结果，进而还要调查软件实现过程的状况，并根据情况确定故障原因，对不当之处加以改进。同时制定措施以防止再发生问题。为了顺利开展以上活动，事先明确部门间的质量保证业务，确立部门间的联合与协作的质量保证工作体制十分重要，这个体制就是质量保证体系。

在软件企业的质量保证体系建设过程中，一般需要独立完成五个流程：项目管理流程、软件开发流程、软件测试流程、质量保证流程和配置管理流程。这些流程相辅相成，各自之间都有相应的接口，通过项目管理流程将所有的活动贯穿起来，共同保证软件产品的质量。

软件企业在规划质量保证体系的时候都会选择一个模型，目前比较流行的模型有：ISO9000：2000、CMMI等，具体选用那种模型，需要根据企业的实际情况，能充分的协调人、技术、过程三者之间的关系，使之能充分的发挥作用，促进生产力的发展。

图7-18是软件质量保证体系的图例。在质量保证体系图上，各部门横向安排，而纵向则顺序列出在软件生命周期各阶段质量保证活动的工作。从图7-18可见，每项活动范围所涉及的相关部门，质量管理部门的质量控制活动贯穿在每项工作中。并且在软件生命周期每个阶段结束之前，都用结束标准对该阶段生产出的软件配置成分进行严格的评审。

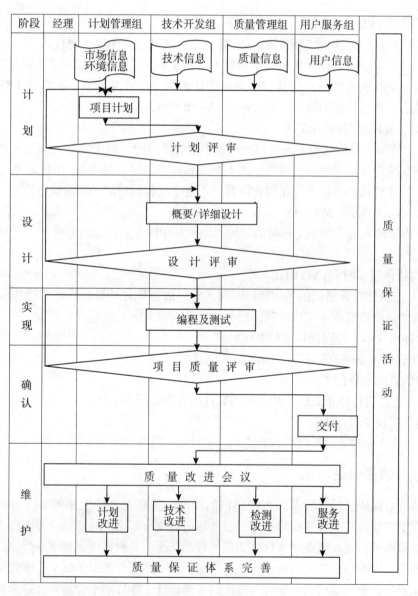

图 7-18　质量保证体系图例

制定质量保证体系图应注意以下几个问题。

(1)明确反馈途径。

(2)在体系图的纵向(纵坐标方向)顺序写明开发阶段,在横向(横坐标方向)写明组织机构,明确各部门的职责。

(3)确定保证系统运行的方法、工具、有关文档资料,以及系统管理的规程和标准。

(4)明确决定是否可向下一阶段进展的评价项目和评价准则。

(5)不断地总结系统管理的经验教训,改进系统。

在质量保证体系图的基础上制定质量保证计划。在这个计划中确定质量目标,提出在每个阶段为达到总目标所应达到的要求,对时间、人员、工作内容、工作职责、工作方法等做出详细的安排。

在这个质量保证计划中包括的软件质量保证规程和技术准则:

(1)指示在何时、何处进行文档检查和程序检查;

(2)指示应当采集哪些数据,以及如何进行分析处理,现有的错误如何修正;

(3)描述希望得到的质量度量;

(4)规定在项目的四个阶段进行评审及如何评审;

(5)规定在项目的哪个阶段应当产生哪些报告和计划;

(6)规定产品各方面测试应达到的水平。

在计划中说明各种软件人员的职责时,要规定为了达到质量目标他们必须进行哪些活动。还要根据这个质量保证体系图,建立在各阶段中执行的质量评价和质量检查系统及有效运用质量信息的质量信息系统。

7.6 CMM 与 ISO9000 系列标准

7.6.1 CMM 简介

任何一个软件的开发、维护和软件组织的发展都离不开软件过程,而软件过程经历了不成熟到成熟、不完善到完善的发展过程。它是在完成一个又一个小的改进基础上不断进行的过程,而不是一朝一夕就能成功的。软件能力成熟度模型(Capability Maturity Model for Software,简称CMM)把软件过程从无序到有序的进化过程分成 5 个阶段,并把这些阶段排序,形成 5 个逐层提高的等级(见图 7-19)。这 5 个等级定义了一个有序的尺度,用以测量软件开发组织的软件过程成熟度和评价其软件过程能力。这些等级还能帮助软件开发组织把应做的改进工作排出优先次序。成熟度等级是妥善定义的向成熟软件开发组织前进途中的平台,每个成熟度等级都为软件过程的继续改进提供了一个台阶。开发的能力越强,开发组织的成熟度越高,等级越高。从低到高,软件开发生产的计划精度越来越高,每单位工程的生产周期越来越短,每单位工程的成本也越来越低。

1. 初始级

在初始级,软件过程的特征是无序、没有规律的,有时甚至是混乱的,基本上没有健全的软件工程管理制度,大多数行动只是应付危机,而不是完成事先计划好的任务,管理是反应式(消防式),项目能否成功完全取决于开发人员的个人能力。

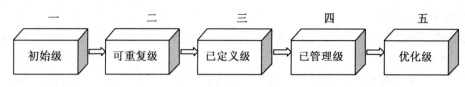

图 7-19　CMM 的能力成熟度级别

2. 可重复级

在可重复级，软件开发组织建立了基本的项目管理过程，包括软件项目管理方针和工作程序，可用于跟踪成本、进度、功能和质量。对新项目的策划和管理过程可以重用以前类似软件项目的实践经验，使得有类似应用经验的软件项目能够再次取得成功。达到 2 级的一个目标是使项目管理过程稳定，这样可以使得软件开发组织能重复以前成功项目中所进行的软件项目工程实践。

3. 已定义级

在已定义级，已将管理和工程活动两个方面的软件过程文档化、标准化，并综合为该软件开发组织的标准软件过程，全部项目均采用与实际情况相吻合的、适当修改后的标准软件过程来进行操作。在此软件开发组织中，有一个固定的过程小组从事软件过程工程活动。

处于 3 级的软件开发组织的过程能力可以概括为无论是管理活动还是工程活动都是稳定的。在已建立的产品生产线上，成本、进度、功能和质量都受到控制，而且软件产品的质量具有可追溯性。

4. 已管理级

在已管理级，软件开发组织对软件过程和软件产品建立了定量的质量目标，所有项目的重要的过程活动都是可度量的。该软件开发组织收集了过程度量和产品度量的方法并加以运用，可以定量地了解和控制软件过程和软件产品，并为评定项目的过程质量和产品质量奠定了基础。

处于 4 级的软件开发组织的过程能力可以概括为软件过程是可度量的，软件过程在可度量的范围内运行。这一级的过程能力允许软件开发组织在定量的范围内预测过程和产品质量趋势，当发生偏离时，可以及时采取措施予以纠正，并可以预测软件产品是高质量的。

5. 优化级

在优化级，通过对来自过程、新概念和新技术等方面的各种有用信息的定量分析，能够不断地、持续地对过程进行改进。此时，该软件开发组织是一个以防止缺陷出现为目标的机构，它有能力识别软件过程要素的薄弱环节，有充分的手段改进它们。

处于 5 级的软件开发组织的过程能力可以概括为软件过程是可优化的。能够持续不断地改进其过程能力，既对现行的过程实例不断地进行改进和优化，又借助于所采用的新技术和新方法来实现未来的过程改进。

7.6.2　ISO 9000 标准简介

ISO9000 族标准源自英国标准 BS5750，为了在质量管理领域推广这一行之有效的管理方法，国际标准化组织(ISO)的专家和该组织的成员国经过卓有成效的努力和辛勤劳动，于1987 年产生了首版 ISO9000 族标准，即 ISO9000：1987 系列标准。它包括：ISO8402《质量——术语》、ISO9000《质量管理和质量保证标准——选择和使用指南》、ISO9001《质量体系——设计开发、生产、安装和服务的质量保证模式》、ISO9002《质量体系——生产和安装的质量保证模式》、ISO9003《质量体系——最终检验和试验的质量保证模式》、ISO9004《质量管理和质量体系要素——指南》等 6 项国际标准，通称为 ISO9000 系列标准。

ISO9000 系列标准的主体部分可以分为两组：

（1）"需方对供方要求质量保证"的标准——9001~9003；

（2）"供方建立质量保证体系"的标准——9004。

9001、9002 和 9003 之间的区别在于其对象的工序范围不同。9001 范围最广，包括从设计开始到售后服务。9002 为 9001 的子集，而 9003 又是 9002 的子集。

（1）ISO9000 质量管理和质量保证标准——选择和使用指南；

（2）ISO9001 质量体系：设计、开发、生产、安装和服务中的质量保证模式；

（3）ISO9002 质量体系：生产和安装中的质量保证模式；

（4）ISO9003 质量体系：最终检验和测试中质量保证模式；

（5）ISO9004 质量管理和质量体系要素：导则。

ISO9000 系列标准原本是为制造硬件产品而制定的标准，不能直接用于软件制作。曾试图将 9001 改写用于软件开发方面，但效果不佳。后以 ISO9000 系列标准的追加形式，另行制定出 ISO9000-3 标准，成为"使 9001 适用于软件开发、供应及维护"的"指南"。不过，在9000-3 的审议过程中，日本等国曾先后提出过不少意见。所以，在内容上与 9001 已有相当不同。ISO9000-3（即 GB/T19000.3-94），全称《质量管理和质量保证标准第三部分：在软件开发、供应和维护中的使用指南》。

7.6.3 CMM 与 ISO9000 系列标准区别

CMM 和 ISO9000 系列标准都以全面质量管理为理论基础，都针对过程进行描述，二者在实质上是基本相同的，并且都强调过程控制、体系文档化、PDCA 持续改进等。当一个组织实施其中一个标准时，其事实上也部分实施和满足了另一个标准的内容。但它们之间也存在着差别。

ISO9000 标准可通用于各个行业、各种规模、各种性质的组织，所以虽然对软件业同样适用，但由于软件业具有很多独特的特点，在具体实施上需要做较高水平的消化、转换，否则很容易形成僵化和形式主义；而 CMM 则是专门针对软件行业设计的描述软件过程能力的模型，其标准描述、实施方式、相关要求均非常适合软件产品的开发、生产流程，在软件项目的开发管理过程中更具有指导意义和实效效果。

ISO9000 与 CMM 在内容上彼此也没有完全覆盖。ISO9001 第 4 章大约有 5 页，ISO9000-3 大约 43 页，而 CMM 长达 500 多页。这两份文件间的最大差别在于，CMM 强调的是持续的过程改进——通过评估，可以给出一幅描述企业实际综合软件过程能力的"成就轮廓"；而 ISO9001 涉及的是质量体系的最低可接受标准，其审核结果只有两个：达到（包括"整改"后达到）就"通过"，没有达到就"不通过"。另外，CMM 至少存在一个不足之处——它只强调"关键过程方面"和"关键惯例"。因此，接受 CMM 评估的组织往往容易忽视那些"非关键"的过程或惯例，而这些"非关键"的过程和惯例仍是必须执行的。按 ISO9001 的精神去理解，软件开发组织倒不一定忽视这些必须执行的"非关键"。

由于 CMM 属于美国软件开发标准，评估人员的培训、资格认可和评估的实施均由美国相关机构实施管理，具有一定的垄断性。所以其较 ISO9000 标准不够普及，咨询、评估不方便，且费用高昂。并且，CMM 虽然已在美国成为事实上的标准，但它毕竟只是美国一个研究所的一份技术报告，而且还一直处于修改和变更的过程中。企业在建立质量管理体系时，尤其对于大多数中小规模的软件企业，直接推动 CMM 认证费用较高，且有很大的风险。企业可选取一种分两步走的策略，即在推动 2000 版 ISO9001 认证的基础上，给合 CMM 的要求，尤其是在建立质量管理体系的 B 层次文件时，尽量做得兼容。在通过 ISO9001 认证的基础上，部分达到 CMM2~3 级的要求，为进行 CMM 认证做前期准备。

7.7 软件项目管理案例

7.7.1 项目估算

项目经理对信息系统开发项目进行成本估算，采用 Delphi 的专家估算方法，邀请了 3 位专家进行估算，第一位专家给出了 35 万元、28 万元、30 万元的估值，第二位专家给出了 32 万元、25 万元、28 万元的估值，第三位专家给出了 30 万元、32 万元、34 万元的估值，试计算这个项目的成本估算值。

专家一：$Ei = (ai+4mi+bi)/6 = (28+4*30+35)/6 = 30.5$ 万元

专家二：$Ei = (ai+4mi+bi)/6 = (25+4*28+32)/6 = 28.2$ 万元

专家三：$Ei = (ai+4mi+bi)/6 = (30+4*32+34)/6 = 32$ 万元

综合期望值：$Ei = (30.5+28.2+32)/3 = 30.2$ 万元

7.7.2 人员组织与计划

信息系统开发项目按照 WBS 进行分解成 4 项任务(需求分析、软件设计、软件编码、软件测试)，采用主程序员组的组织形式，从 3 月开始，预计 9 月底结束，开发周期 7 个月。任务分工及进度安排如下(见表 7-9)。

表 7-9　　　　　　　　　　　　　　任务分工与进度计划表

任务	责任者	2 月	3 月	4 月	5 月	6 月	7 月	8 月	9 月	10 月
需求	SE1		◆							
设计	SE1									
设计	PG1				◆					
编码	PG2									
编码	PG3						◆			
测试	VV							◆		
调试	PG1								◆	

SE1：分析设计师 1，PG1：程序员 1，PG2：程序员 2，PG3：程序员 3，vv：测试员

7.7.3 成本进度控制

信息系统开发项目工期7个月，项目总预算30万元。目前项目实施已进行到第6个月。在项目例会上，项目经理就当前项目进展情况进行了分析和汇报，具体情况如表7-10所示，请判断项目当前在成本和进度方面的执行情况。

表 7-10 成本和进度情况表

序号	任务	计划成本值/元	实际成本值/元	完成百分比
1	项目启动	20000	21000	100%
2	需求分析	35000	30000	100%
3	软件设计	60000	56000	100%
4	软件编码	65000	63000	85%
5	软件测试	35000	30000	60%
6	安装调试	20000	5000	35%

BCWS 计划完成的预算成本 = 20000+35000+60000+75000+35000+20000 = 245000

ACWP 已完成各种的实际成本 = 21000+30000+56000+63000+30000+5000 = 205000

BCWP 已获取价值 = 20000×100% + 35000×100% + 60000×100% + 65000×85% + 35000×60% + 20000×35% = 182500

CV 费用差异 = BCWP−ACWP = 182500−205000 = −22500 元

SV 进度差异 = BCWP−BCWS = 182500−245000 = −62500 元

成本效能指标 CPI = BCWP/ACWP = 182500/205000 = 0.89<1，项目费用超出预算

进度效能指标 SPI = BCWP/BCWS = 182500/245000 = 0.74<1，进度延误。

要分析原因，调整工作安排，方能保证项目顺利完成。

7.8 本章小结

软件项目管理的对象是软件工程项目，所涉及的范围覆盖了整个软件工程过程。为使软件项目开发获得成功，关键问题是必须对软件项目的工作范围、花费成本、进度安排和软件的质量等做到心中有数。软件项目管理内容主要包括如下几个方面：软件估算、进度和成本控制、人员组织管理、软件质量管理、软件过程能力评估等，这几个方面都是贯穿、交织于整个软件开发过程中的。软件估算主要介绍德尔菲法、代码行分析法、功能点分析法和COCOMO法，用量化的方法估算软件开发中的软件规模、工作量、生产率、进度和产品质量等要素；软件项目进度和成本控制主要包括工作量、成本、开发时间的控制，以保证进度与成本的平衡，并根据计划值与实际值的差距调整项目工作，主要采用的方法是赢得值法；人员组织管理包含人员的组织结构、人员配置和人员的激励与考核；软件质量管理主要介绍

计算机科学与技术专业规划教材

软件质量的度量、软件可靠性评价以及软件质量保证体系，以保证软件产品能充分满足需求质量而进行的有组织的活动；了解 CMM 与 ISO9000 系列标准，可以对软件过程能力的高低进行评估，促进软件企业不断提高软件开发水平。

习　题

1. 名词解释

(1) 甘特图　　　　(2) 软件质量　　　　(3) COCOMO 模型　　　　(4) WBS

(5) 功能点　　　　(6) 德尔菲法　　　　(7) CMM　　　　　　　　(8) 资源计划

(9) 质量保证体系　(10) CPM 网络计划

2. 简答

(1) 软件项目管理包括哪些内容？

(2) 软件项目人员有哪几类，其主要工作是什么？

(3) 如何进行软件项目进度跟踪和控制？

(4) 用 WBS 技术如何分解一个软件项目所包含的工作(试举例说明)？

(5) 如何用甘特图来编制软件项目进度计划(试举例说明)？

(6) 如何使用功能点法估算软件规模？

(7) 关键路径网络计划法？

3. 计算题

根据下表完成下列问题。

活动编号	正常工期(天)	赶工工期(天)	正常费用(元)	赶工费用(元)
A	3			
B	5	4	100	150
C	1			
D	3	2	150	200
E	5	4	120	150
F	4	3	80	100
G	3	2	200	300
H	4	2	160	220

(1) 在下面的网络图中的相应位置填写出各活动的工期、最早开始时间、最晚开始时间、最早结束时间、最晚结束时间、时差，指出关键路径。

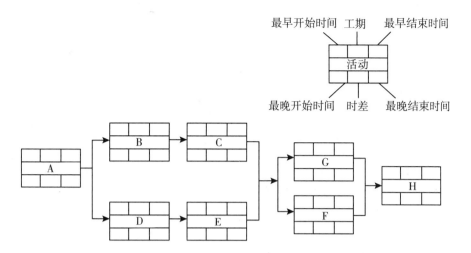

（2）假设总工期需要缩短，应首先选择哪个活动进行压缩，为什么？

第8章 软件配置管理与软件维护

【学习目的与要求】 软件配置管理（Software Configuration Management，SCM）是一种标识、组织和控制修改的技术，软件配置管理应用于整个软件工程过程，目的是使错误降为最小并最有效地提高生产效率。软件维护是软件生存期的最后阶段，其基本任务是保证软件在一个相当长的时期能够正常运行。本章主要介绍软件配置管理、版本管理和软件维护的基本概念，重点介绍版本管理和变更管理的方法、软件维护的实施方法等。通过本章学习，要求掌握软件配置活动、版本管理、变更管理、软件维护和软件再工程技术等基本概念，以及运用软件维护方法来提高软件自身的可维护性、可复用性，运用软件再工程技术建立软件再工程模型，提高软件自身的可维护性和可复用性等。

8.1 软件配置管理

8.1.1 软件配置管理的意义

随着软件业的发展，软件开发已由最初的程序设计、系统设计，演变成软件工程及软件过程的设计，软件产业的复杂性日益增大。任何软件开发的过程都是迭代过程的设计，也就是说，在设计过程中会发现需求说明书中的问题，在实现过程中又会暴露出设计中的错误等。但随着时间的推移用户的需求也会发生一些变化，变动是不可避免的。另外，变化也很容易失去控制，如果不能适当地控制变化和管理变化，就势必会造成混乱并产生很多严重的错误。如果现在仍把软件看成一个单一的个体的话，就无法解决软件所面临的问题，于是软件配置管理的概念就逐渐被引入到软件领域，人们越来越重视软件配置管理工作。

软件配置管理的目标是，记录软件产品的演化过程，使变化更正确、更容易适应，且在变化时所需的工作量更小。

8.1.2 主要软件配置管理活动

软件配置管理活动是在软件的整个生命周期内变化的一组活动。其主要的活动内容有：标识配置项、管理变更请求、管理基线和发布活动、监测与报告配置状态等。

在软件配置活动中，定义软件配置管理活动的具体实施如下：

1. 标识配置项

软件配置是一个软件在其生命周期内各种版本必备的文档、程序、数据、标准和规约等信息的总称。组成软件配置信息的每一项称为一个软件配置项，它是软件配置的基本单位。为方便对软件配置的管理和控制，必须对各软件配置项和这些项目的各个版本进行标识，包括为配置项及其版本分配标识符。确保在需要时能够简单、快速地找到它们的正确版本。需要标识的软件配置项可以分为基本配置项和复合项两类。基本配置项是程序员在分析、设计、编码、测试过程中建立的"文本单元"。例如可以是需求规格说明中的一节、一个模块的程序清单或用于测试一个等价类的测试用例。复合配置项是若干配置项或者其他复合项的有名集合。通常配置项都按一定的数据结构保存在版本库中，每个配置项的主要属性有名称、标识符、文件状态、版本、作者、日期等，配置项及历史记录反映了软件的演化过程。

例如：一个应用程序文件的配置项描述：

名称：App

功能：应用程序 A

语言：Java

版本：1.0

开发者：Dr. Liu

发布时间：2009/12/30

软件配置管理又引入了"基线"（Base Line）概念。IEEE 对基线的定义是：已经正式通过审核和批准的规约或产品，因此可作为进一步开发的基础，并且只能通过正式的变更控制过程才能予以改变。基线就是通过了正式复审的软件配置项，任一软件配置项（例如，设计规格说明书）一旦形成文档并通过技术审查，即成为一个基线，它标志开发过程中一个阶段的结束。基线的作用是使各个阶段工作划分的更加明确化，控制软件产品的变化使其保持一定程度的稳定，并成为继续发展的一个固定基础。通常将交付给客户的基线称为一个"Release"，内部开发用的基线则称为一个"Build"。一个产品可以有多个基线，也可以只有一个基线。

2. 配置项的控制

所有配置项都应按照相应的模板生成，按照相关规定统一编号，并在文档中按照规定的章节（部分）记录对象的标识或控制信息。在引入软件配置控制管理后，这些配置项都应以一定的目录结构保存在配置库中。所有配置项的操作权限应由配置管理员严格管理，其基本原则是：基线配置项向软件开发人员开放读取权限，非基线配置项向项目经理、配置控制委员会及相关人员开放读取权限等。为便于管理通常建立配置三库（见表 8-1）

表 8-1 配 置 三 库

名称	目的	内容	说明
开发库	使开发人员在开发过程中保持同步和资源共享	存放开发过程中的所有工作产品和需要保留的各种信息	由开发组配置管理员在开发服务器上建立，如果有必要的话，开发库的使用人员可以对其进行修改，不必限制
受控库	保存各阶段所有通过的产品，并进行跟踪和控制	保存各阶段所有通过的产品及变更的结果，存放和升级基线，存放测试过程中所产生的 build	由公司配置管理员在开发服务器上建立，配置管理员具有完全访问权限
发行库	保存完成系统测试后的最终产品，可供用户使用	保存所有可向用户发行的产品版本、已发布的产品版本和所有项目资料	由综合管理部项目经理在质量管理服务器上建立

3. 版本控制

版本控制是软件配置的核心功能。所有置于配置库中的元素都应自动予以版本的标志，并保证版本命名的唯一性。在版本生成过程中，自动依照设定的使用模型自动分支、演化，除了系统自动记录的版本信息以外，我们还需要定义、收集一些元数据来记录版本的辅助信息和规范开发流程，并为今后对软件过程的度量做好准备。当然如果选用工具支持的话，这些辅助数据将能直接统计出过程数据，从而方便软件过程的改进及版本控制。但对于配置库中的各个基线控制项，应该根据其基线的位置和状态来设置相应的访问权限。一般来说，对于基线版本之前的各个版本都应处于被锁定的状态，如需要对它们进行变更，则应按照变更控制的流程来进行操作。

4. 变更控制

从 IEEE 对于基线的定义可知，基线和变更控制是紧密相连的。在对各个配置项做出了识别，并且利用工具对它们进行了版本管理之后，如何保证它们在复杂多变的开发过程中真正地处于受控的状态，并在任何情况下都能迅速地恢复到任何一个历史状态，变更控制就成为软件配置管理的另一项重要任务。变更控制是通过计划和自动化工具，来提供一个变化控制的机制。

变更管理的一般流程是：

(1)提出/获得变更请求。

(2)由变更控制委员会(CCB)审核并决定是否批准。

(3)分配/接受变更，修改人员提取配置项，进行修改。

(4)提交修改后的配置项。

(5)建立测试基线并测试。

(6)重建软件的适当版本。

(7)复审(审计)所有配置项的变化。

(8)发布新版本。

5. 状态报告

配置状态报告就是根据配置项操作数据库中的记录来向管理者报告软件开发活动的进展情况。配置状态报告应着重反映当前基线配置项的状态，以作为对开发进度报告的参照。

6. 配置审核

配置审核的主要作用是作为变更控制的补充手段，以确保某一变更需求已被切实实现。软件配置管理的对象是软件项目活动中的全部开发资产。所有这一切都应作为配置项纳入项目管理计划统一进行管理，从而保证及时地对所有软件开发资源进行维护和集成。

8.1.3 配置管理流程

配置管理流程包括：配置管理策略、配置管理计划、配置管理中的角色配合等。

1. 配置管理策略

软件配置管理策略是指能够确定、保护和报告已经批准用于项目中的工作产品的能力。通过正确的标注来实现确定操作。对项目工作产品的保护是通过归档、建立基线和报告等操作来实现。使用标准的、已记录下来的变更控制流程的目的是：确保项目中所做的变更保持一致，并将工作产品的状态、对其所做的变更以及这些变更所耗费的成本和对时间进度的影响通知给有关的项目人。

2. 配置管理计划

软件配置管理计划说明在产品/项目生命周期中要执行的所有与配置管理相关的活动。它记录如何计划、实施、控制和组织与产品相关的配置管理活动。

3. 配置管理中的角色配合

配置管理工作中的角色选择和相互配合是软件项目经理最主要的工作，每一角色都有他们的目标和任务。

对项目经理来讲，其目标是确保产品在一定的时间、成本、质量框架内完成开发。因此，项目经理监控开发过程并发现问题，解决出现的问题。这些又必须通过对软件系统的现状形成报告并予以分析以及对系统进行审核才能完成。

对配置经理来讲，其目标是确保用来建立、变更及编码测试的计划和方针得以贯彻执行，同时使有关项目的信息容易获得。为了对编码更改形成控制，配置经理引入规范的请求变更的机制，评估更改的机制和批准变更的机制。在很多项目组中，由配置经理负责为工程人员创建任务单，交由项目经理对任务进行分配，创建项目的框架。同时，配置经理还收集软件系统中构件的相关数据，比如用以判断系统中是否出现问题构件的信息。

对软件工程人员来讲，其目标是有效地创造出产品。这就意味着工程人员在创建产品、编码测试及产生支持文档中不必相间干涉。与此同时，他们能有效地进行沟通与协作。他们利用工具来帮助创建性能一致的软件产品，通过相互通知要求的任务和完成的任务来进行沟通与协调。做出的变更也通过他们进行分布、融合。产品中的所有元素的演变连同其变更的原因及实际变更的记录都予以保留。工程人员在创建、变更、测试及编码的汇合上有自己的工作范围。在某一点上，编码会形成一个基线，它使进一步开发得以延续，同时也使其他并行开发得以进行。

对测试人员来讲，其目标是确保产品经过测试达到要求。这里包括产品某一特定版本的测试和对某个产品的某种测试及其结果予以记录。将错误报告给相关人员并通过回归测试进行修补。

对质量保证经理来讲，其目标是确保产品的高质量。这意味着特定的计划和方针应得到完成并得到相关的批准。错误应得到纠正并应对变化的部分进行充分测试。客户投诉应予以跟踪。

8.2 版本管理与变更管理

8.2.1 版本管理的含义

如果说软件危机导致了软件工程思想的诞生和理论体系的发展，那么软件产业的迅猛发展则导致了另一种新思想的产生和实现，这就是软件的版本管理。版本管理是为满足不同需求，对同一产品或系统进行局部的改进和改型所产生的产品或系统系列的变更情况进行记录、跟踪、维护和控制的过程。它的主要功能有：

(1)集中管理档案，安全授权机制：档案集中地存放在服务器上，经系统管理员授权给各个用户。用户通过 check in 和 check out 的方式访问服务器上的文件，未经授权的用户则无法访问服务器上的文件。

(2)软件版本升级管理：每次登入时，在服务器上都会生成新的版本，任何版本都可以随时检出编辑。

（3）加锁功能：在文件更新时保护文件，避免不同的用户更改同一文件时发生冲突。

（4）提供不同版本源程序的比较。

8.2.2　早期的版本管理

早期的版本管理是在文件系统下，从个人工作区、中间结果到系统发布版，甚至是所有文件，建立不同的版本目录。库管理员不断地增加目录的标签，以标识不同的版本。

但早期的版本管理存在一些问题。如：目录的内容可以任意地在目录之间拷贝、散布，这个目录系统没有任何有效控制的方法。更为严重的问题是：文件随意地被人复制、修改并传回目录。例如：当两个人同时使用同一个文件时，系统就发生了并行变更，并一定会发生交替覆盖的严重的问题。

早期的版本控制没有一个共同的基线，对于共同部分的修改也没有控制。项目在各地、各自为战地进行开发，不知道系统文件的最后和最新的版本在哪里，系统最后被各个不受控制的个人所制约，这将导致文件使用的问题。

8.2.3　元素、分支的版本管理

置于版本控制下的原子对象被称为"元素"，元素是文件系统对象，即文件和目录。其中，每个元素记录了它所代表的文件和目录的版本。所以，当用户检入文件时，就创建了那个元素的新版本。元素的新版本被组织成不同的分支，分支是线形的版本序列，版本序列构成的是并行开发的项目或基于统一基线开始的不同的系统，元素被保存在存储池中。

目录是元素，也是版本对象，也要进行版本管理。为了能在前一个版本中进行修复，或从新版本退回到旧版本，在检入时也要进行记录，以便对目录进行版本管理。

存放在存储池中的元素都被赋予特定的类型，可以用于多种目的。类型可以帮助系统决定对该元素的操作。包括：确定元素可以使用的存储/增量机制；决定版本选择的范围；适用于不同的配置管理策略；决定比较、归并等的机制。

图 8-1 描述了存储池、元素、分支、版本之间一对多的关系。

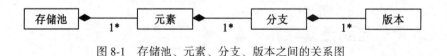

图 8-1　存储池、元素、分支、版本之间的关系图

8.2.4　构件、基线的版本管理

构件的一个版本就是一个基线。构件基线标识了构件中包含的每一个元素或版本，构件的基线用来配置工作流，为各种视图提供信息，以决定文件和目录的版本显示。

构件的一个版本就是一个基线。当修改一个元素时，就创建了这个元素的一个版本；当修改构件中的一个元素时，也就创建了这个构件的一个新基线，同时，工作流把一组构件基线聚集在一起。然而，这并不是项目范围管理的基线概念，当在项目的集成流上完成一个基线操作时，则创建了一组被修改构件的基线，这个基线的标准要低于项目的基线。

可以定义一个针对产品质量标准和需求不同的基线。也就是说，一个公司可以定义不同的测试、功能、版本基线。而项目组又可以根据自己的需要，选择某特定构件，确定自己的基线等。图8-2表明构件和基线之间的关系。

图8-2 构件与基线的关系图

8.2.5 现代版本管理

现代版本管理的内容包括：并发开发支持管理、并发变更管理、现代的工作空间管理、现代的构建和发布管理等。

1. 并发开发支持管理

现在计算机的应用领域，其软件开发规模越来越大，要求交付时间却越来越短，交付的版本越来越多。在共享拷贝的方法下，不可能实现同步变更和并行修改的合并。同时，在一般的情况下，对旧版本的修改，也反映在新版本的更新中。此时版本之间的并行开发就成为必要。要支持并行开发，则必须具有并行开发的能力。这个能力是：同步变更、并行修改的合并能力。

通过建立分支的概念实现支持同步变更和并行修改的合并。分支的一个作用是进行版本的集成。在集成的时候，要记录集成的时间、内容等，这项工作通常意味着将产生一个新的发布版本。除了可以合并并行开发的版本之外，分支策略还可以解决以下问题：原型开发、针对客户的变种版本、针对平台的移植版本、主要发布版本的序列化工作、补丁和补丁包、服务集、紧急修补、个人任务隔离、晋级（基线的提升）模式的支持、个人工作空间的支持等并发开发支持管理的分支技术。

2. 并发变更管理

一个好的UCM工具应支持两个或两个以上的开发人员对文件的访问和变更。此外，它还可以支持在开发人员认为的适当时候归并这些变更的内容。适当时候归并这些变更的内容通过调整检入/检出方式来解决。实际上采用两种类型的检出操作：即保留型和非保留型，保留型检出就是检出者保证第一个检入的权利。同时，对于同一个对象，在任何时间和地点上有且只有一个被保留型检出。此时，其他人就没有做保留型检出的权力，只有当保留型对象被检入或放弃保留，其他人才可能访问该对象。非保留型检出不保证你可以成为下一个检入者。对于同一个对象，可以有多个这样的非保留型检出者，要成为非保留型检出者，并不考虑此时是否存在保留型检出。当然，通常第一个检出者会被赋予保留型的权利，但也不是一定的。

在有保留型检出的情况下，后来者（假设为B）可以在检出时询问保留型检出者（假设为A）是谁，计划检出修改什么内容，将何时检入。这样，B做非保留检出后，就可以根据这些情况决定自己是等待检入还是先做自己的修改，然后再与A进行归并。这样，B就不需要等待，更不需要绕开控制，即可实现并发变更管理等。

3. 现代的工作空间管理

工作空间是指开发人员的工作环境（又称为视图）。视图的目的是可以为开发者提供一组稳定的、一致的软件内容，以便在视图的范围内从事变更和单元测试。可以依据一组配置规格定义，从所有版本中选择合适的文件和目录版本，构成一个新的、以另一个发布版本为目标的开发环境。每个视图都包含一个为该视图定义的配置，来决定哪些版本可以被看到。通过这些规格定义，就可以浏览、修改、构建可用的文件和目录等。

有两种视图——快照视图和动态视图。

（1）快照视图。它只能读。当人们改变了只读性质，对文件或目录进行了修改后，系统能自动识别并标记为"检出"状态，然后做检出操作，进行管理。这样就保证了开发人员不断地下载最新的版本，修改后立即进行检入。这样的开发环境始终是"新鲜"的，送回是"及时"的。

（2）动态视图。动态视图并不复制文件或目录，而是创建一个由系统管理的虚拟文件系统，在这个虚拟的文件上进行修改。如：二个人同时修改同一个文件时，根据视图规格的不同，可以看到不同的内容。修改后，系统自动进行归并和实时地更新使用。动态视图的好处是：没有文件和目录的拷贝，代码不会到处散布。更新是在相同的环境下完成的，而且是实时的。视图的打开、变更统一在视图规格中控制和授权，系统更加可控。由于代码不会到处散布，程序审查和测试将是最可靠和全面的。

4. 现代的构建和发布管理

大型的开发团队常常要面对需要重现一个特定版本的要求。如：发布一个新版本，为某版本建立基础版本，并进行必要的维护等。面对这样的复杂局面，现代的构建与发布管理势在必行。但构建和发布的流程如下：

（1）标识源文件版本。现代工具应能提供这样的机制，用于识别和标识文件的特定版本。这通常采用打标签的方式来实现。可以对一个文件打标签，也可以对一组文件打标签，这一组文件就标识了一个"构件"，构件的版本被称为"基线"。

（2）创建和填充一个干净的工作空间并进行锁定。此步骤与创建开发空间相似，但是，这里还没有所谓干净的工作空间，且无法保证在生成阶段也是干净的。因此，需要在生成期间锁定它们，以保证干净。在生成过程中，所谓"干净"的含义，还必须是没有多余的和不必要的文件或代码。

（3）执行和审查构建过程。构建是将源代码转变为目标代码、库文件、可执行文件等，相当于一个系统的 make 过程。构建的环境必须是清晰的、明确的，这是能及时实现构建的需要和基本条件。审查，是在构建的过程中追踪、监督和检查构建的每一步过程，结果是如何产生的、什么人做的操作、构建工具(编译器、链接器)的参数和选项是什么等。同时必须完整记录版本信息、环境信息、工具信息，甚至操作系统、硬件环境，可以用于对比两个不同版本的差异，支持重建新版本和打版本标签时的需要。

（4）构建引起基线的进阶和构建生成新的审查文件。进阶是指通过构建，基线被提升（进阶），对新构建产生的文件(新基线)，当然也要置于版本控制之下。构建也产生新的审查结果文件，它们也应置于版本控制之下。这样做的目的是完整地标识产品和过程的历史，使版本管理保持连续。可以通过打标签的方法来标识这些新的版本和基线。

（5）生成必要的介质。构建的结果通常是生成了一个可以在另一个干净的环境下正确地安装出新系统的"发布介质——系统安装盘"。可能是一张 CD-ROM，也可能烧在芯片里等。

8.2.6 基于基线的变更管理

1. 变更管理下的基线概念

基线可以被看成项目存储池中每个工作产品版本在特定时期的一个"快照"。当然，在按下这个"快照"快门的时候，是有一个阶段性、标志性意义的，而不是随意的"留影"。实际上，它提供了一个正式标准，随后的工作基于此标准，并且只有经过授权后才能变更这个标准。建立一个初始基线后，以后每次对其进行的变更都将记录为一个差值，直到建成下一个基线。如：项目开发人员将基线所代表的各版本的目录和文件填入工作区，随着工作的进展其基线将被整合。变更一旦并入基线，开发人员就采用新的基线，以便与项目中的变更保持同步。调整基线将把集成工作区中的文件并入开发工作区。

2. 建立基线的原因和优点

建立基线的三大原因是：重现性、可追踪性和报告。

(1) 重现性是指及时返回并重新生成软件系统给定发布版本的能力，或者是在项目的早期重新生成可开发环境的能力。

(2) 可追踪性是建立项目工作产品之间的前后继承关系，其目的在于确保设计满足要求、代码实施设计以及用正确代码编译可执行文件。

(3) 报告来源于一个基线内容与另一个基线内容的比较，将有助于调试并生成发布说明。

建立基线有以下几大优点：

(1) 建立基线后，需要标注所有组成构件和基线，以便能够对其进行识别和重新建立。为开发工作产品提供了一个定点和快照。

(2) 新项目可以在基线提供的定点之中建立，作为一个单独分支与原始项目所进行的变更隔离。

(3) 各开发人员可以将建有基线的构件作为在隔离的私有工作区中进行更新的基础。

(4) 认为更新不稳定或不可信时，基线为团队提供一种取消变更的方法。

(5) 还可以利用基线重新建立基于某个特定发布版本的配置，可以重现已报告的错误等。

3. 建立基线的时机

要定期建立基线以确保各开发人员的工作同步，同时还应该在生命周期的各阶段结束点相关联处定期建立基线，如：生命周期的初始阶段、生命周期的构建阶段、产品发布及交付阶段等。

8.2.7 变更请求管理过程

(1) 变更请求(change request)是指正式提交的工作产品，用于追踪所有的请求(包括新特性、扩展请求、缺陷、已变更的需求等)以及整个项目生命周期中的相关状态信息。可以用变更请求以保留整个变更历史(包括：状态变更、变更的日期和原因、复审)等信息。

(2) 变更组织，是由所有利益方包括客户、开发人员和用户的代表组成。在小型项目中，项目经理或软件构建师担当此角色。在中大型项目中，由变更控制经理担当此角色。

(3) 变更复审是复审已提交的变更请求，对变更请求的内容进行初始复审，以确定它是否为有效请求。如果是有效请求，则基于小组所确定的优先级、时间表、资源、努力程度、风险、严重性以及相关的标准，判定该变更是在当前发布版本的范围之内还是范围之外等。

(4) 提交变更请求。提交变更请求表单，其内容包括：变更请求提交者、变更的日期和时间及与变更请求相关联的流程等。

图8-3描述了变更请求的整个管理活动，某个项目可能会采用这些活动在变更请求的整个生命周期中对变更请求进行管理。表8-2对变更请求的整个管理流程活动进行了较为详细的说明。

计算机科学与技术专业规划教材

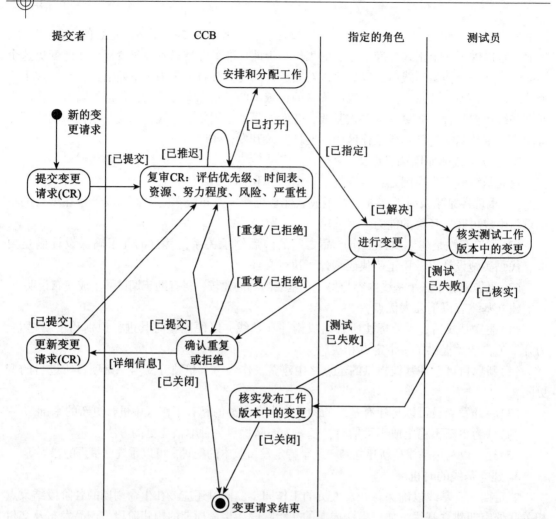

图 8-3　变更请求管理活动

表 8-2　　　　　　　　　　　变更请求管理活动说明

活动	说明	角色
提交变更请求	项目的任何干系人均可提交变更请求(CR)。通过将变更请求状态设置为"已提交",变更请求被记录到变更请求追踪系统中(例如 ClearQuest)并放置到 CCB 复审队列中	提交者
复审变更请求	此活动的作用是复审已提交的变更请求。在 CCB 复审会议中对变更请求的内容进行初始复审,以确定它是否为有效请求。如果是,则基于小组所确定的优先级、时间表、资源、努力程度、风险、严重性以及共他任何相关的标准,判定该变更是在当前发布版本的范围之内还是范围之外	CCB
确认重复或拒绝	如果怀疑某个变更请求为重复的请求或已拒绝的无效请求(例如,由于操作符错误、无法重现、工作方式等),将指定一个 CCB 代表来确认重复或已拒绝的变更请求。如果需要的话,该代表还会从提交者处收集更多信息	CCB 代表

活动	说　明	角色
更新变更请求	如果评估变更请求时需要更多的信息(详细信息),或者如果变更请求在流程中的某个时刻遭到拒绝(例如,被确认为是重复、已拒绝等),那么将通知提交者,并用新信息更新变更请求。然后将已更新的变更请求重新提交给 CCB 复审队列,以考虑新的数据	提交者
安排和分配工作	一旦变更请求被置为"已打开",项目经理就将根据请求的类型(例如,扩展请求、缺陷、文档变更、测试缺陷等)把工作分配给合适的角色,并对项目时间表做必要的更新	项目经理
进行变更	指定的角色执行在流程的有关部分中指定的活动集(例如,需求、分析设计、实施、制作用户支持材料、设计测试等),以进行所请求的变更。这些活动将包括常规开发流程中所述的所有常规复审活动和单元测试活动。然后,变更请求将标记为"已解决"	指定的角色
核实测试工作版本中的变更	指定的角色(分析员、开发人员、测试员、技术文档编写员等)解决变更后,变更将被放置在要分配给测试员的测试队列中,并在产品工作版本中加以核实	测试员
核实发布工作版本中的变更	已确定的变更一旦在产品的测试工作版本中得到了核实,就将变更请求放置在发布队列中,以便在产品的发布工作版本中予以核实、生成发布说明等,然后关闭该变更请求	CCB 代表(系统集成员)

图 8-4 描述了变更请求状态转移的整个活动,及在变更请求的生命周期中应该通知的人员。表 8-3 是对变更请求管理状态转移活动进行了较为详细的说明。

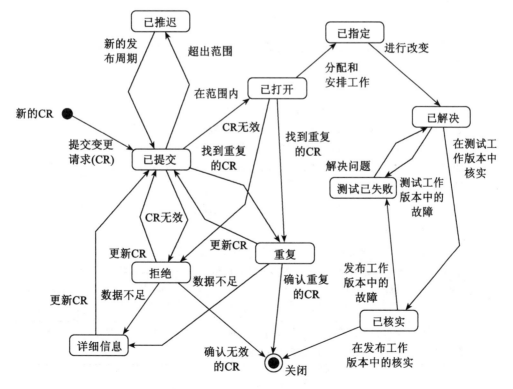

图 8-4　变更请求状态转移

表 8-3   变更状态转移说明

状态	定 义	访问控制
已提交	出现此状态的原因为：①提交新的变更请求；②更新现有的变更请求；③考虑在新的发布周期中使用已推迟的变更请求。变更请求放置在 CCB 复审所有用户队列中。本操作的结果不会指定拥有者	所有用户
已推迟	变更请求确定为有效，但对于当前发布版本来说属于"超出范围"。处于已推迟状态的变更请求将得以保留，并在以后的发布版本中被重新考虑并加以使用。可以指定一个目标发布版本，以表明可以提交变更请求(以重新进入 CCB 复审队列)的时间范围	管理员 项目经理
重复	处于此状态的变更请求被视为是对已提交的另一个变更请求的重复。变更请求可由 CCB 复审管理员或被指定解决它的角色置于该状态中。将变更请求置于重复状态中时，将(在 ClearQuest 的"附件"选项卡上)记录它所重复的那个变更请求的编号。在提交变更请求之前，提交者应首先查询变更请求数据库，看是否已有与之相重复的变更请求。这将省去复审流程中的若干步骤，从而节省大量的时间。应将重复变更请求的提交者添加到原始变更请求的通知列表中，以便以后将有关解决事宜通知他们	管理员 项目经理 QE 经理 开发部门
已拒绝	CCB 复审会议或指定的角色确定此状态中的变更请求为无效请求，或者需要提交者提供更为详细的信息。如果已经指定(提出)变更请求，则它将被从解决队列中删除并重新复审。这将由 CCB 所指定的权威来予以确认。除非有必要，否则提交者无须进行任何操作。在此情况下，变更请求状态将变为详细信息。考虑到可能会有新的信息，在 CCB 复审会议中将重新复审该变更请求。如果变更请求确认为无效，将被 CCB 关闭并且通知提交者	管理员 项目经理 开发部门 测试部门
详细信息	数据不足以确认已拒绝或重复的变更请求是否有效。拥有者自动变成提交者，将通知提交者提供更多数据	管理员
已打开	对于当前发布版本来说，处于此状态的变更请求已被确定为属于"范围之内"，并且亟待解决。已定于在即将来临的目标里程碑之前必须解决它。它被确定在"指定队列"中。与会者是提出变更请求并将其放入解决队列中的唯一权威。如果发现优先级为第二或更高的变更请求，应立即通知 QE 经理或开发经理。此时，他们可以决定召开紧急 CCB 复审会议，或立即打开变更请求以将其放入解决队列中	管理员 项目经理 开发经理 QE 部门
已指定	然后由项目经理负责已打开的变更请求，他应根据变更请求的类型分配工作；如果需要，还应更新时间表	项目经理
已解决	表示该变更请求已解决完毕，现在可以进行核实。如果提交者是 QE 部门的成员，则拥有者将自动变成执行提交的 QE 成员。否则，拥有者将变成 QE 经理，以重新进行人工分配	管理员 项目经理 QE 经理 开发部门
测试已失效	在测试工作版本或发布工作版本中进行测试时失败的变更请求将被置于此状态中。拥有者自动变成解决变更请求的角色	管理员 QE 部门

状态	定 义	访问控制
已核实	处于此状态的变更请求已经在测试工作版本中得到了核实，并且可以发布了	管理员 QE 部门
已关闭	变更请求不再引人注意。这是可以指定给变更请求的最后一个状态。只有 CCB 复审管理员有权关闭变更请求。变更请求被关闭后，提交者将收到一份有关对变更请求的最终处理结果的电子邮件通知。在下列情况中可能关闭变更请求：①其已核实的解决结果在发布工作版本中得到确认之后。②其拒绝状态得到确认时，③被确认为对现有变更请求的重复。在后一种情况中，会将重复变更请求通知给提交者，并将提交者添加到该变更请求中，以便以后通知他们(详情请参见状态"拒绝"和"重复"的定义)。如果提交者对关闭变更请求有异议，则必须更新变更请求并且重新将共提交供 CCB 复审	管理员

8.3 软件维护

所谓软件维护就是在软件产品投入使用之后，为了改正软件产品中的错误或为了满足用户对软件的新需求而修改软件的过程。由于各种原因，使得任何一个软件产品都不可能十全十美。因此，在软件投入使用以后，还必须做好软件的维护工作，使软件更加完善，使性能更加完好，以满足用户的要求。

软件维护不同于硬件维护，软件维护不是因为软件老化或磨损引起，而是由于软件设计不正确、不完善或使用环境的变化等所引起，因而，维护工作应引起维护人员的高度重视。总的来说，可以通过描述软件投入使用后的四项活动，来具体地定义软件的维护。

8.3.1 软件维护概念

1. 软件维护的定义

软件维护(software maintenance)是一个软件工程名词，是指在软件产品发布后，因修正错误、提升性能或其他属性而进行的软件修改。

2. 软件维护类型

软件维护活动的类型主要有四种，即：改正性维护、适应性维护、完善性维护、预防性维护。可以通过描述软件投入使用后的四项活动，来具体地描述软件的维护。

(1)改正性维护。在经过了软件测试以后，使软件质量有较大的提高，但软件测试不可能暴露出一个软件系统中的所有错误。因此，软件在实际运行过程中难免会出现错误，所以必然会有第一项维护活动，即软件在实际运行过程中可发现程序中的错误，从而改正程序中的错误，人们把这种发现和改正程序错误的过程称为改正性维护。

(2)适应性维护。计算机科学技术领域的发展日新月异，硬件和软件技术发展迅速，大约每隔三十六个月就有新一代的硬件宣告出现，操作系统版本的不断升级和新操作系统的不断推出等，都会对原有的软件提出新的要求。所以，适应性维护就是为了使软件系统适应不断变化的环境(硬件环境和软件环境)而进行软件修改的过程。人们把这种过程称为适应性维护。

(3)完善性维护。在软件系统的使用和软件系统的运行过程中，用户往往会对原有的软件功能提出新的要求，为了能够满足用户的这种要求，通常需要进行完善性维护。人们把这种过程称为完善性维护，同时，这项维护活动通常占软件维护工作的大部分。

(4)预防性维护。预防性维护是为了提高未来软件的可维护性、可靠性，或为了给未来的改进奠定更好的基础而修改软件的过程。人们把这项维护活动通常称为预防性维护，目前这项维护活动相对比较少。

从上述关于软件维护的四项内容不难看出，软件维护绝不仅仅限于纠正使用程序中所发现的错误，而是一个维护的全过程。事实上在全部维护活动中一半以上是完善性维护。据统计数字表明，完善性维护占全部维护活动的 50%~66%，(即占全部维护活动中一半以上)，改正性维护占 17%~21%，适应性维护占 18%~25%，预防性维护占 4%左右。

3. 软件维护策略

根据以上几种类型的维护，应采取一些必要的维护措施，提高维护性能，降低维护成本。几种软件维护策略简述如下：

(1)改正性维护。在开发软件的过程中不可能做到 100%的正确，但可以通过一些新技术。如：较高级的程序设计语言、数据库管理系统、程序自动生成系统、软件开发环境等，可大大降低改正性维护的需求，此外，也可以通过下述方法来降低改正性维护的活动：

①加强系统结构化程度。

②进行周期性维护审查。

③运行纠错程序。

④利用现成的软件包，提高软件开发的质量等。

(2)适应性维护。一个软件产品被开发出来并投入使用，运行环境的改变是不可避免的，但可以采用适当的措施来达到适应性维护。

①局部化修改。

②进行软、硬件的配置管理。

③进行环境的配置管理。

④使用现成的软件包程序等。

(3)完善性维护。利用改正性维护和适应性维护所提供的方法可减少完善性维护的活动。此外，也可以通过下述方法来减少完善性维护的活动。

①使用功能强的工具。

②使用系统原型。

③加强需求分析等。

(4)预防性维护。可以通过下述方法来减少预防性维护的活动。

①采用提前实现的方法。

②采用软件重用的方法。

③使用完整的文档等。

8.3.2 软件维护的内容及方法

1. 软件维护的内容

软件维护的内容应是整个生命周期。其中包括：设计维护、代码维护、文档维护等。

其结构化的设计维护如下。

(1)结构化设计维护要有一个完整的软件配置。在这个完整的软件配置下，维护活动就可以从评价设计文档开始，确定软件的结构特点、性能特点以及接口特点。

(2)估量改动将带来的影响，并且计划实施途径。

(3)修改设计，并且对所做的修改进行仔细复查。

(4)修改相应的性能特点以及接口特点。

(5)重复结构的维护。

(6)最后，把重复维护后的结构设计再次交付使用。

结构化设计维护，是在软件开发的结构设计阶段应用软件工程方法学的结果。虽然有了完整的软件配置等，并不能保证维护中没有问题，但确能大大提高软件维护的效率和软件维护的总体质量。

2. 软件维护的方法

所提供的软件维护方法有：改正性维护、适应性维护、完善性维护、预防性维护。

其预防性维护如下。

对于一些老的软件开发公司，都会保留一些以前所开发的程序。并且，某些老程序仍然在为用户服务。但是，当初开发这些程序时并没有按照软件工程的方法学来开发，因此，这些程序的体系结构和数据结构都不符合软件工程的方法学的思想和理念，没有文档或文档不全，对曾经做过的维护修改也没有完整的记录等。

如何满足用户对上述这类程序的维护要求呢？为了修改这类程序以适应用户新的或变更的需求，可供选择的做法如下。

(1)为实现修改的要求，要反复多次地修改程序。

(2)仔细认真的分析程序，以尽可能多地掌握程序的内部工作细节，以便更有效地修改。

(3)用软件工程方法学的理念重新设计、重新编码和测试那些需要变更的软件。

(4)以软件工程方法学为指导，可以使用 CASE 工具(软件再工程技术)来帮助理解原有的设计。

由于第一种做法不够明确，因此，人们常采用后三种做法。其中第三种做法实质上是局部的再工程做法，第四种做法称为软件再工程技术。这样的维护活动也就是人们所说的预防性维护。

预防性维护方法是由 Miller 提出来的，他把这种方法定义为："把今天的方法学应用到昨天的系统上，以支持明天的需求。"

通常，在一个正在工作的，已经存在的程序版本情况下，重新开发一个大型程序，似乎是一种浪费。其实不然，能够说明问题的事实如下。

(1)维护一行源代码，可能是初期开发该行源代码所付出代价的 14~40 倍；

(2)使用软件工程方法学重新设计软件的体系结构，它对将来的维护可能有很大的帮助；

(3)由于现有的程序版本可作为软件原型使用，开发生产率可大大高于平均水平；

(4)由于用户有较多的使用该软件的经验，因此，用户就能够很容易地知道新的变更需求和变更的范围；

(5)利用逆向工程和再工程的工具，可以使一部分工作自动化；

(6)在完成预防性维护的过程中可以建立起完整的软件配置。

由于条件的局限性,目前预防性维护在全部维护活动中仅占很小比例,但是,人们应该重视这类维护,在条件具备时应该主动地进行预防性维护。

8.3.3 软件维护实施

1. 维护申请

当用户有维护要求时,应按标准化的格式表达所有软件的维护要求。软件维护人员通常给用户提供空白的维护要求表——有时称为软件问题报告表,这个表格由要求维护活动的用户填写。如果遇到了一个错误,那么必须完整描述导致出现错误的情况(包括输入数据、输出数据以及其他有关信息)。对于适应性维护或完善性维护的要求,用户还应该提出一个简要的需求说明书。如前所述,由维护管理员和系统管理员评价用户提交的维护要求表。

维护申请报告是一个外部机构所提交的文档,它是计划维护活动的基础。软件机构内部应按此制定出一个相应的软件修改报告,它给出下述信息:

(1)为满足某个维护要求所需要的工作量。

(2)维护要求所需修改变动的性质。

(3)这项要求的优先次序。

(4)与修改有关的事后数据。

在拟定进一步的维护计划之前,把软件修改报告提交给变化授权人审查批准。以便进行下一步的工作。

2. 维护的事件流

图8-5描绘了由一项维护要求而表示的工作流程。首先应该确定要求进行维护的类型。但对于同一种类型,用户经常把一项要求看作为了改正软件的错误(改正性维护),而设计人员可能把同一项要求看作适应性维护或完善性维护。当存在不同意见时双方需要进行反复协商,以求得意见统一和问题的解决。

根据图8-5的软件维护工作流程图看到,对一项改正性维护申请的处理,是从评价错误的严重程度开始。如果是一个严重的错误(如关键性的系统不能正常运行了),此时应在系统管理员的指导下组织人员,立即开始问题分析,找出错误的原因,进行紧急维护。如果错误并不严重,那么改正性的维护和其他可根据轻重情况统筹安排。

对于适应性维护和完善性维护的要求沿着相同的路径处理。首先确定每个维护要求的优先次序,对于优先权高的要求,应立即安排工作时间进行维护工作。而对于优先权不高的要求,可把它看成另一个开发任务一样统筹安排。

无论维护的类型如何,都需要进行同样的技术工作。这些工作包括:

(1)修改软件设计。

(2)复审设计。

(3)必要的源代码修改。

(4)单元测试。

(5)集成测试(包括使用以前的测试方案的回归测试)。

(6)验收测试。

(7)复审。

在完成了每次的软件维护任务之后,进行必要的维护评审常常是很有好处的。一般说

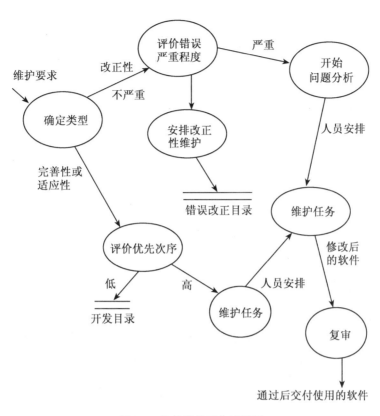

图 8-5 软件维护工作流程图

来，这种评审是对下述问题的总结：

(1)在当前环境下，设计、编码、测试中的哪些方面能进行改进？

(2)哪些维护资源是应该有的，而事实上却没有？

(3)维护工作中什么是主要的和次要的障碍？

(4)申请的维护类型中有预防性维护吗？

这种维护对将来的维护工作有着重要的指导意义，而且所提供的反馈信息对软件机构进行有效管理是十分重要的。

3. 维护记录

在软件生命周期的维护阶段，保护好完整地维护记录十分必要，利用维护记录文档，可以有效地估价维护技术的有效性，能够有效地确定一个产品的质量和维护的费用。

如何整理和保存维护记录的呢？Swanson 提出了如下内容：

(1)程序标识。

(2)源代码语句数。

(3)机器指令数。

(4)使用的程序设计语言。

(5)程序的安装日期。

(6)安装后的程序运行次数。

(7)安装后的处理程序故障次数。

(8)程序变动的层次和名称。

(9)由于程序变动而增加的源代码语句数。

(10)由于程序变动而删除的源代码语句数。

(11)每项改动所耗费的人时数。

(12)程序修改的日期。

(13)软件维护工程师的名字。

(14)维护要求的标识。

(15)维护类型。

(16)维护开始和完成的时间。

(17)累计维护的人时数。

(18)维护工作的纯效益。

应该为每项维护工作都收集上述数据。上述这些项目构成了一个维护数据库的基础,利用这些项目,就可以对维护活动进行有效评估。

8.3.4　软件可维护性

在软件设计过程中,由于一些软件设计人员,没有将软件工程方法学的思想应用在软件的设计过程中,从而造成了软件维护上的一些问题。另外,由于维护活动主要是完善性维护,处理不好就会带来新的错误。所以,软件的可维护性就显得十分重要。什么是软件的可维护性呢?人们把软件的可维护性定义为:维护人员理解、修改、改动或改进软件的难易程度。

1. 影响可维护性的因素

怎样来度量软件的可维护性呢?维护就是在软件交付使用后所进行的必要修改,修改之后所进行的必要测试,以保证软件修改和测试后的正确性。如果是改正性维护,还必须预先进行调试以确定错误的具体位置。一般来说,决定软件可维护性的因素主要有以下几个方面。

(1)可理解性。软件维护人员通过阅读程序代码和程序文档,能较好理解程序代码的功能和实现,该软件可理解性较强。换句话说,可理解性表现为读者理解软件的结构、功能、接口和内部处理过程的难易程度。模块化(模块结构良好,高内聚,低耦合)、详细的设计文档、结构化设计、程序内部的文档和良好的高级程序设计语言等。

(2)可测试性。可测试性表明验证程序正确性的度量程度,即:诊断和测试的难易程度取决于软件理解的程度。良好的文档对诊断和测试是至关重要的,另外,软件结构、测试工具、调试工具以及测试过程也都是十分重要的。同时,维护人员应能获得测试方案,以便进行回归测试。对于程序模块,还可以用程序复杂度来度量它的可测试性。程序模块的环形复杂度越大,可执行的路径就越多,测试它的难度也就越大。

(3)可修改性。可修改性表明软件可修改的难易程度。一个容易修改的软件应与设计原理和启发式规则有着直接的关系。即:模块之间低耦合、模块内高内聚、信息隐藏、数据的局部化、作用域在控制域内等。这些指标都会影响软件的可修改性。

(4)可移植性。可移植性表明系统对硬件和软件环境兼容程度。如:将程序从一种计算机环境(硬件配置和操作系统)移到另一种计算机环境,以及外部设备的更替等,都会对软件的可移植性产生一定的影响。

(5)可重用性。重用也叫再用或复用，是指同一事物不做修改或稍加改动就在不同环境中多次重复使用。一般来说，软件重用有 3 种：知识重用(如软件工程知识的重用)、方法和标准的重用(如面向对象方法的重用)、软件成分的重用。

大量使用可重用的软件构件来开发软件，可以从下面两个方面提高软件的可维护性：

①通常重用的软件构件在设计时都经过很严格的测试，性能较高，并且每次在重用过程中都将发现和清除一些错误，随着时间推移，这样的构件将变成实质上无错误的构件。因此，软件中使用的可重用构件越多，软件的可靠性越高，改正性维护的需求就越少。

②可重用的软件构件经修改后可再次应用在新的环境中，因此，软件中使用的可重用构件越多，适应性和完善性的维护也就越容易。

8.3.5　软件可维护性的定量度量

根据 T. Gilb 在 1979 年的建议，把维护过程中各种维护活动的耗时记录下来，以此间接来度量软件的可维护性。需要记录的时间有：问题识别的时间；因管理活动拖延的时间；收集维护工具的时间；分析、诊断问题的时间；修改规格说明的时间；具体的改错或修改的时间；局部测试的时间；集成或回归测试的时间；维护评审的时间；分发与恢复运行的时间。这十项表明了一个软件维护所包含的全部活动。周期越短，维护就越容易。

8.3.6　提高可维护性的方法

软件的可维护性对于延长软件的寿命具有决定性的意义。因此，不仅维护人员应该重视软件的可维护性，而且是软件的所有开发人员共同努力的事情。为了提高软件的可维护性，可从以下几个方面入手。

1. 建立明确的软件质量目标和优先级

影响软件质量的质量特性，有些是相互促进的，如可理解性和可修改性。有些是相互抵触的，如效率和可理解性。但是，对不同的应用，对这些质量特性的要求又不尽相同。如：对编译程序来说，可能强调效率。但对管理信息系统来说，可能强调的是可理解性和可修改性。因此，应当在明确软件质量目标的同时规定它们的优先级。这样有助于提高软件质量和可维护性。

2. 使用提高软件质量的技术和工具

模块化是提高软件可维护性的有效技术。其优点是：改动模块时其余模块不受影响或影响较小；测试和重复测试比较容易；错误易定位和纠正；容易提高程序效率等。

3. 选择可维护性好的程序设计语言

程序设计语言的选择，对程序的可维护性影响很大。低级语言，即机器语言和汇编语言，很难理解，很难掌握，因此很难维护。高级语言比低级语言容易理解，具有更好的可维护性。但同是高级语言，可理解的难易程度也不一样。

4. 改进程序文档

文档是影响可维护性的重要因素。因此，文档应满足如下要求：描述如何使用系统、描述怎样安装和管理系统、描述系统的需求和设计、描述系统的实现和测试。

在维护阶段，利用历史文档，可大大简化维护工作。其中历史文档有三种：系统开发日志、错误记录、系统维护日志。

计算机科学与技术专业规划教材

5. 保证质量审查

从维护的角度来看，主要有四种类型的软件审查。

(1)开发过程的每个阶段终点的审查(图 8-6)。

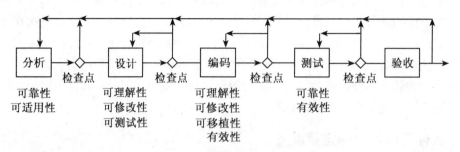

图 8-6　软件开发过程各个阶段的检查

(2)对软件包的审查。通常是对购买的软件进行检查，由于没有源代码和详细程序文档，主要检查该软件包程序所执行的功能是否与用户的要求和条件相一致。

(3)软件投入运行之前的审查。是软件交付使用前的最后一次检查，以保证软件的可维护性。

(4)周期性维护审查。对软件做定期性的维护审查，以跟踪软件质量的变化。

8.4　软件再工程技术

软件维护的不当可能会降低软件的可维护性，同时也阻碍着新软件的开发。往往待维护的软件又常是软件的关键，若废弃它们而重新开发，这不仅十分浪费而风险也较大。因此，而引出了软件的再工程技术。

软件的再工程技术是通过对旧软件的处理，增进对软件的理解，而又提高了软件自身的可维护性、可复用性等。软件再工程可以降低软件的风险，有助于推动软件维护的发展，建立软件再工程模型。

8.4.1　软件再工程过程

典型的软件再工程过程模型如图 8-7，该模型定义了六类活动。在某些情况下这些活动以线性顺序发生，但也并非总是这样，例如，为了理解某个程序的内部工作原理，可能在文档重构开始之前必须先进行逆向工程。

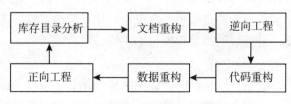

图 8-7　软件再工程过程模型

在图 8-7 中显示的再工程模型是一个循环模型。这意味着作为该模型的组成部分的每个活动都可能被重复，而且对于任意一个特定的循环来说，过程可以在完成任意一个活动之后终止。下面简要地介绍该模型所定义的六类活动。

1. 库存目录分析

每个软件组织都应该保存其拥有的所有应用系统的库存目录。该目录包含关于每个应用系统的基本信息(例如，应用系统的名字，最初构建它的日期，已做过的实质性修改次数，过去 18 个月报告的错误，用户数量，安装它的机器数量，它的复杂程度，文档质量，整体可维护性等级，预期寿命，在未来 36 个月内的预期修改次数，业务重要程度等)。

每一个大的软件开发机构都拥有上百万行老代码，它们都可能是逆向工程或再工程的对象。但是，某些程序并不频繁使用而且不需要改变，此外，逆向工程和再工程工具尚不成熟，目前仅能对有限种类的应用系统执行逆向工程或再工程，代价又十分高昂，因此，对库中每个程序都做逆向工程或再工程是不现实的。下述三类程序有可能成为预防性维护的对象：

(1)预定将使用多年的程序；

(2)当前正在成功地使用着的程序；

(3)在最近的将来可能要做重大修改或增强的程序。

应该仔细分析库存目录，按照业务重要程度、寿命、当前可维护性、预期的修改次数等标准，把库中的应用系统排序，从中选出再工程的候选者，然后明智地分配再工程所需要的资源。

2. 文档重构

老程序固有的特点是缺乏文档。具体情况不同，处理这个问题的方法也不同。

(1)建立文档非常耗费时间，不可能为数百个程序都重新建立文档。如果一个程序是相对稳定的，正在走向其有用生命的终点，而且可能不会再经历什么变化，那么，让它保持现状是一个明智的选择。

(2)为了便于今后的维护，必须更新文档，但是由于资源有限，应采用"使用时建文档"的方法，也就是说，不是一下子把某应用系统的文档全部都重建起来，而是只针对系统中当前正在修改的那些部分建立完整文档。随着时间流逝，将得到一组有用的和相关的文档。

(3)如果某应用系统是完成业务工作的关键，而且必须重构全部文档，则仍然应该设法把文档工作减少到必需的最小量。

3. 逆向工程

逆向工程是一种通过对产品的实际样本进行检查分析，得出一个或多个产品的结果。软件的逆向工程是分析程序，以便在更高层次上创建出程序的某种表示的过程，也就是说，逆向工程是一个恢复设计结果的过程。逆向工程工具从现存的程序代码中抽取有关数据、体系结构和处理过程的设计信息。逆向工程过程如图 8-8 所示

从图 8-8 可以看出，逆向工程过程是从源代码开始，将无结构的源代码转化为结构化的源代码。这使得源代码比较容易读，并为后面的逆向工程活动提供基础。抽取是逆向工程的核心，内容包括处理抽取、界面抽取和数据抽取。处理抽取可以在不同的层次对代码进行分析，包括语句、语句段、模块、子系统、系统。界面抽取应先对现存用户界面的结构和行为进行分析和观察。同时，还应从相应的代码中抽取有关信息。数据抽取包括内部数据结构的抽取、全部数据结构的抽取、数据库结构的抽取等。

图 8-8　逆向工程过程

逆向工程过程所抽取的信息，一方面可以提供给在维护活动中使用这些数据，另一方面可以用来重构原来的系统，使新系统更容易维护。

4. 代码重构

代码重构是最常见的再工程活动。某些老程序具有比较完整、合理的体系结构，但是，个体模块的编码方式却是难以理解、测试和维护的。在这种情况下，可以重构可疑模块的代码。为了完成代码重构活动，首先用重构工具分析源代码，标注出和结构化程序设计概念相违背的部分。然后重构有问题的代码(此项工作可自动进行)。最后，复审和测试生成的重构代码(以保证没有引入异常)并更新代码文档。

通常，重构并不修改整体的程序体系结构，它仅关注个体模块的设计细节以及在模块中定义的局部数据结构。如果重构扩展到模块边界之外并涉及软件体系结构，则重构变成了正向工程。

5. 数据重构

对数据体系结构差的程序很难进行适应性修改和增强，事实上，对许多应用系统来说，数据体系结构比源代码本身对程序的长期生存力有更大影响。

与代码重构不同，数据重构发生在相当低的抽象层次上，它是一种全范围的再工程活动。在大多数情况下，数据重构始于逆向工程活动，分解当前使用的数据体系结构，必要时定义数据模型，标识数据对象和属性，并从软件质量的角度复审现存的数据结构。当数据结构较差时(例如，在关系型方法可大大简化处理的情况下却使用平坦文件实现)，应该对数据进行再工程。

由于数据体系结构对程序体系结构及程序中的算法有很大影响，对数据的修改必然会导致体系结构或代码层的改变。

6. 正向工程

正向工程也称为革新或改造，这项活动不仅从现有程序中恢复设计信息，而且使用该信息去改变或重构现有系统，以提高其整体质量。正向工程过程应用软件工程的原理、概念、技术和方法来重新开发某个现有的应用系统。在大多数情况下，被再工程的软件不仅重新实现现有系统的功能，而且加入了新功能和提高了整体性能。

8.4.2　软件再工程分析

1. 再工程成本/效益分析

软件再工程花费时间，占用资源。因此，组织软件再工程之前，有必要进行成本/效益分析。

Sneed 提出了再工程的成本/效益分析模型，设计以下几个参数：

P_1：当前某应用的年维护成本。

P_2：当前某应用的年运行成本。

P_3：当前某应用的年收益。

P_4：再工程后预期年维护成本。

P_5：再工程后预期年运行成本。

P_6：再工程后预期年业务收益。

P_7：估计的再工程成本。

P_8：估计的再工程日程。

P_9：再工程风险因子(名义上 $P_9=1.0$)。

L：期望的系统生命期(以年为单位)。

具体成本：

和未执行再工程的持续维护相关的成本 $C_{maint} = [P_3 - (P_1 + P_2)] \times L$

和再工程相关的成本 $C_{reeng} = [P_6 - (P_4 + P_5) * (L - P_8) - (P_7 * P_9)]$

再工程的整体收益 $C_{benefit} = C_{reeng} - C_{maint}$

2. 再工程风险分析

再工程和其他软件工程活动一样会遇到风险，因此必须在工程活动之前对再工程风险进行分析，以提高对策，防范再工程带来的风险。再工程风险有以下几个方面。

(1)过程风险：为进行再工程成本/效益分析或在规定的时间内未达到再工程的成本/效益要求，对再工程项目的人力投入缺乏管理，对再工程方案实施缺乏监督管理。

(2)应用领域风险：再工程项目缺少本地应用领域专家的支持，对原程序代码不够熟悉等。

(3)技术风险：有些信息为得到充分应用，逆向工程得到的成果不能分享，缺乏再工程技术支持等。

(4)另外，还有人员风险、工具风险等。

8.5 本章小结

软件配置管理是一种标识、组织和控制对正在建造的软件的修改技术，其目的是通过最大限度地减少错误来最大限度地提高生产率。配置管理的主要内容有标识配置项、基线控制、变更控制、版本管理和配置审核等。

软件维护是软件生命周期的最后一个阶段，也是持续时间长、工作量大且复杂的一个阶段。软件工程学的主要目的就是提高软件的可维护性，降低维护的代价。软件维护通常包括四类活动：改正性维护、适应性维护、完善性维护、预防性维护。

软件的可理解性、可测试性、可修改性、可移植性和可重用性，是决定软件可维护性的基本因素，软件重用技术是能从根本上提高软件可维护性的重要技术。

软件再工程是提高软件可维护的一项重要的软件工程活动。同软件开发相比，软件再工程不是从编写规格说明开始，而是从原有的软件出发，通过一系列的软件再工程活动，得到容易维护的新系统。软件再工程过程模型定义了库存目录分析、文档重构、逆向工程、代码重构、数据重构和正向工程等六类活动。在某些情况下，以线性顺序完成这些活动，但也并不总是这样。上述模型是一个循环模型，这意味着每项活动都可能被重复，而且对于任意一个特定的循环来说，再工程过程可以在完成任意一个活动之后终止。

计算机科学与技术专业规划教材

习　题

(1)什么是软件配置管理？它有什么作用？

(2)什么是基线？为什么要建立基线？

(3)说出软件项目各阶段的基线，这些基线的建立产生过程以及它们在软件开发中的作用。

(4)为什么软件需要维护？软件维护活动有哪些类型？

(5)软件的可维护性与哪些因素有关？

(6)在软件开发过程中应该采取哪些措施才能提高软件产品的可维护性？

(7)如何提高软件的可维护性？

(8)什么是软件再工程？有何作用？

第9章 软件开发工具与环境

【学习目的与要求】 本章介绍的软件分析、设计、测试和管理工具则用于帮助软件开发人员从软件的功能规范出发制订相应的设计规范。通过本章学习，要求掌握结构化软件分析与设计工具的使用、面向对象软件分析和设计工具的使用、软件测试工具的使用、软件项目管理工具的使用等。

9.1 软件工程工具概况

计算机辅助软件工程（Computer-Aided Software Engineering，CASE）：支持软件开发生存期的集成化工具、技术和方法。而一般认为：

$$CASE = 软件工程 + 自动化工具 \qquad (9\text{-}1\text{-}1)$$

计算机辅助软件工程（CASE）是通过一组集成化的工具，辅助软件开发者实现各项活动的全部自动化，使软件产品在整个生存周期中，开发和维护生产率得到提高，质量得到保证。CASE 环境、CASE 工具、集成化 CASE（I-CASE）等，实际是一切现代化软件开发环境（SEE）的代名词。

下面我们将 CASE 的基本概念说明一下：

CASE 技术（technology）：为软件开发、维护和项目管理提供自动化、工程化准则的软件技术；包括自动化结构化方法和自动化工具。

CASE 工具（tool）：支持特定的软件生存期活动自动化（至少部分自动化）的软件工具。

CASE 系统（system）：能共享一个公用的用户界面并且在公用的计算机环境中运行的一组集成化的 CASE 工具。

CASE 工具箱（toolkit）：一组集成化的 CASE 工具，能够使得软件生存期的一个阶段或一个特殊的软件工作的活动自动化（或部分自动化）。

CASE 工作台（workbench）：一组集成化的 CASE 工具，能够使得整个软件生存自动化（或提供自动化辅助），包括分析、设计、编码和测试。

CASE 方法学（methodology）：一种"可自动化"的方法学，它对软件开发和维护的所有方面或者某些方面定义了严格的、类似工程的研究途径。

CASE 方法学伙伴（methodology companior）：一组 CASE 工具，这些工具按某一种特殊的 CASE 方法学自动完成一些任务，并且自动产生由该方法学所要求的文档和其他交付的任务。

CASE 工作站（workstation）：为 CASE 工具提供操作平台的一个一层、二层或三层的硬件系统体系结构。

在这里，软件开发工具是用于辅助软件生命周期过程的基于计算机的工具。通常可以设计并实现工具来支持特定的软件工程方法，减少手工方式管理的负担。与软件工程方法一样，他们试图让软件工程更加系统化，工具的种类包括支持单个任务的工具及囊括整个生命

计算机科学与技术专业规划教材

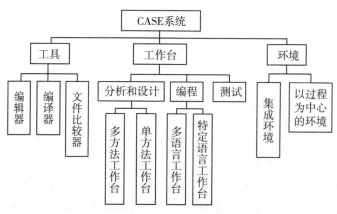

图 9-1 CASE 系统构造

周期的工具。软件开发环境是一种支持软件产品开发的软件系统，由软件工具和环境集成机制构成，前者用以软件开发的相关过程、活动和任务，后者为工具集成和软件开发、维护及管理提供统一的支持。那么，按软件开发模型来分类，该系统应该支持瀑布模型、演化模型、螺旋模型、喷泉模型等多个模型。而按照开发方法分类，则应该支持结构化方法、信息模型方法、面向对象方法等。

首先，CASE 工具种类繁多，适应了不同方面的要求，随着技术的发展，还有不但推陈出新的趋势。给软件人员提供了更多的选择余地。例如：Enterprise Architect、Poseidon、ArgoUML、ModelMaker、Gaphor、Visio、object Domain、UMLStudio、Visual Paradigm for UML、Rational Rose、Umbrello TOgether、Low — tech、Jude、ARIS、MagicDraw、CodeLogic、omondo、Micro Gold omnigraffle(Mac OSX only)、Embarcadero Technologies 等等。CASE 工具及其分类见表 9-1 所示。

表 9-1　　　　　　　　　　　　　　**CASE 工具及其分类**

工具类型	工具例子	支持的开发阶段
编辑工具	字处理器、文本编辑器、图表编辑器	软件开发全过程
编写文档工具	页面输出程序、图像编辑器	软件开发全过程
规划与估算工具	PERT 工具、估算工具、电子表格工具	软件开发全过程
变更管理工具	需求跟踪工具、变更控制系统	软件开发全过程
方法支持工具	设计编辑器、数据字典、代码生成器	描述与设计
原型建立工具	高端语言、用户界面生成器	描述、测试、有效性验证
语言处理工具	编译器、解释器	设计、实现
配置管理工具	版本管理系统、细节建立工具	设计、实现
程序分析工具	交叉索引生成器、静态/动态分析器	实现、测试、有效性验证
测试工具	测试数据生成器、文件比较器	实现、测试、有效性验证
调试工具	交互式调式系统	实现、测试、有效性验证
再工程工具	交叉索引系统、程序重构系统	实现

9.2　结构化软件需求分析工具

Microsoft Visio 是 Microsoft office 系列中的工具建模软件，可以用来绘制具有专业外观的图表和示意图，是一款便于软件技术人员和商务人员就复杂信息、系统和流程进行可视化处理、分析和交流的软件。Microsoft Visio 可支持绘制的图表类型有很多，如业务流程图、建筑设计图、电路图、网络图、工作流图表和数据库模型等，是一种功能较齐全的大众绘图软件。

在结构化需求分析过程中，通常要对原系统进行物理建模，并抽象出概念模型，再由原系统的概念模型研究推导出待开发系统的逻辑模型。在这个过程中，需要使用到结构化需求分析工具系统流程图、数据流图、实体联系图、状态转换图等图形工具，而这些图形工具都可以用 Microsoft Visio 来绘制完成。

1. Microsoft Visio 2010 工作环境

Microsoft Visio 2010 的工作环境包括功能选项卡、包含模板和模具的形状窗口和绘图页。通过打开一个模板来创建 Microsoft Visio 图表。在 Visio 的工作环境中，左下方可以打开一个或多个模板，模板中包含模具和绘图。模具对应创建图表所需的形状，如图 9-2 所示。

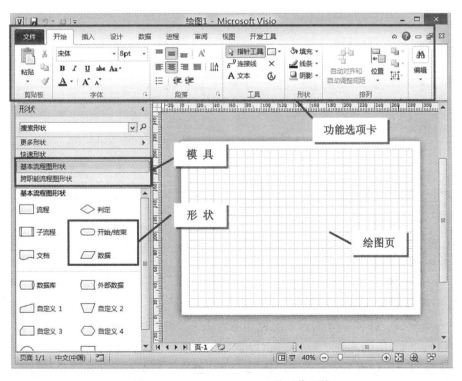

图 9-2　Microsoft Visio 2010 的工作环境

2. 结构化需求分析工具绘制实例

在结构化需求分析的过程中，经常需要绘制数据流图、实体联系图、状态转换图等，这里分别做一下简单介绍。

（1）数据流图的绘制。以"第2章　结构化需求分析"中的"例2.4　计算机教材购销系统"为例，绘制教材购销系统的分层数据流图。

①启动 Microsoft Visio 2010，默认打开【文件】|【新建】选项卡。在【选择模板】|【模板类别】中，选择【软件和数据库】|【数据流模型图】，选择【创建】，此时，工作区中会打开"数据流模型图"的模板和对应模具。

②在打开的工作环境中，选择左侧【形状】窗口下方的【更多形状】|【软件和数据库】|【软件】|【数据流图表形状】，打开包含"数据流图表形状"的模具。该模具包含更丰富的形状，如图9-3所示。

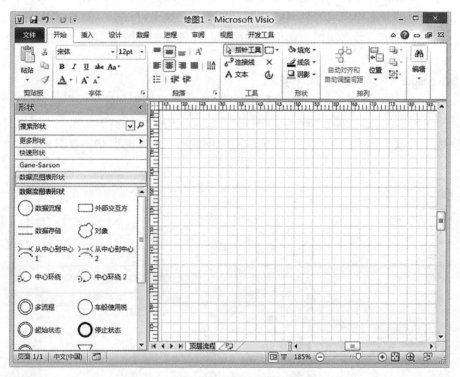

图9-3　选择"数据流图表形状"工作模板

③在绘图页中，依次添加形状。

a. 实体："学生"、"书库管理员"；

b. 数据流程："教材购销系统"；

c. 动态连接线：按照系统的业务流程和逻辑关系，用"动态连接线"工具将上述元素连接起来。

当连接线的一端靠近某个元素时，出现一个红色小框，表示可以在该点进行连接。从第一个形状上的连接点处开始，将连接线拖到第二个形状的连接点上。如果想要两个形状保持相连，两个端点都必须为红色。若要更改连接线的线形或箭头，可以通过右键选择连接线，在弹出菜单中设置。

④调整绘图页中的元素布局，使数据流图描述更清晰。教材购销系统的顶层数据流图如图9-4所示。

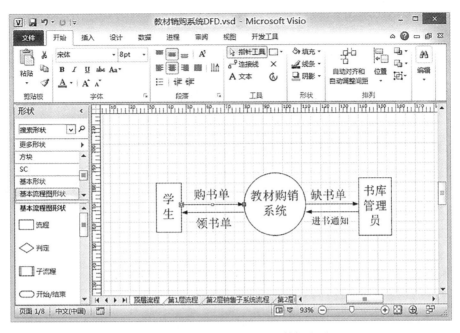

图 9-4 教材购销系统的顶层数据流图

⑤插入新的绘图页，对顶层数据流图进行细化求精。添加数据存储："教材库存表"、"缺书登记表"；数据加工"销售"、"采购"。教材购销系统的第 1 层数据流图，如图 9-5 所示。

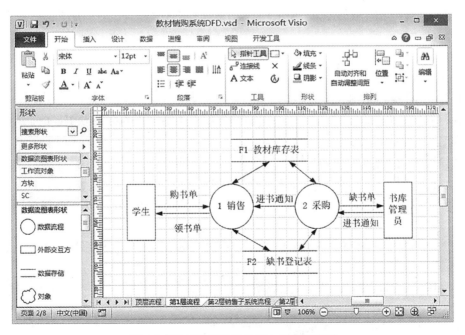

图 9-5 教材购销系统的第 1 层数据流图

⑥按照业务逻辑的需要，逐层细化数据流图。第2层教材销售子系统的数据流图，如图9-6所示。

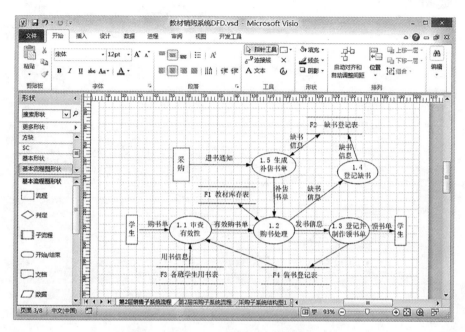

图9-6　第2层教材销售子系统的数据流图

⑦保存文件。

（2）实体联系图的绘制

以"第2章　结构化需求分析"中的"例2.12　汽车运输管理系统"为例，绘制汽车运输管理系统的实体联系图。

在Microsoft Visio 2010中，没有直接提供实体联系图的模具，为了方便绘制ER图，可以新建一个"ER图"模具。

①新建一个【空白绘图】。

②在打开的工作环境中，选择左侧【形状】窗口下方的【更多形状】|【新建模具（公制）】，创建一个新模具，默认名为"模具2"。

③选择【形状】|【更多形状】|【常规】|【基本形状】模具，将形状"椭圆"添加至绘图页；再选择【形状】|【更多形状】|【流程图】|【基本流程图形状】模具，将形状"判定"添加至绘图页；最后将模具"数据流图表形状"中的形状"实体2"和形状"动态连接线"添加至绘图页。

④将上述四个形状拖曳至"模具2"中，分别命名为"属性"、"联系"、"实体"和"连接线"。

⑤保存模具，另存为"ER图"，完成新建模具，如图9-7所示。

⑥在绘图页中，依次添加形状。

a. 实体："E1 车队"、"E2 车辆"、"E3 司机"；

b. 属性："车队名"、"车队号"、"车牌照号"等；

c. 联系："聘用"、"驾驶"；

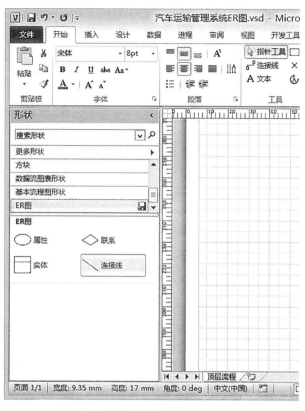

图 9-7　新建模具"ER 图"

d. 连接线：按照实体之间的联系，用"连接线"工具将上述元素连接起来，并在连接线上标注关系的类型。

⑦调整绘图页中的元素布局，使 ER 图描述更清晰。汽车运输管理系统的实体联系图，如图 9-8 所示。

⑧保存文件。

（3）状态转换图的绘制

以"第2章　结构化需求分析"中的"例 2.15　ATM 机操作流程"为例，绘制 ATM 机操作的状态转换图。

①打开【文件】|【新建】选项卡。在【选择模板】|【模板类别】中，选择【软件和数据库】|【UML 模型图】，选择【创建】，打开"UML 静态结构"模具。

②选择【形状】窗口下方的【更多形状】|【软件和数据库】|【软件】|【UML 状态图】，打开包含"UML 状态图"的模具。

③在绘图页中，依次添加形状。

a. 初始状态；

b. 状态："等待输入密码"、"选择服务类型"、"存款"、"取款"；

c. 最终状态；

d. 转换："插入磁卡"、"输入密码不正确"、"输入密码正确"、"选择存款"等。按照 ATM 机的操作流程，用"转换"工具将上述元素连接起来。

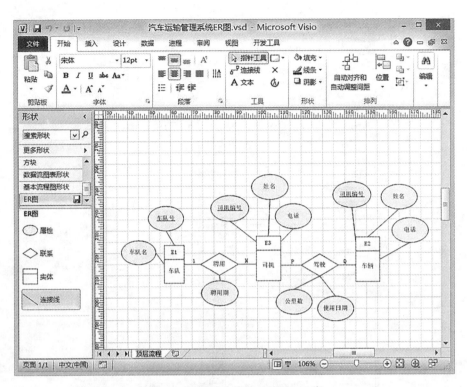

图 9-8　汽车运输管理系统的 ER 图

④调整绘图页中的元素布局，使状态转换图描述更清晰。ATM 机操作的状态转换图，如图 9-9 所示。

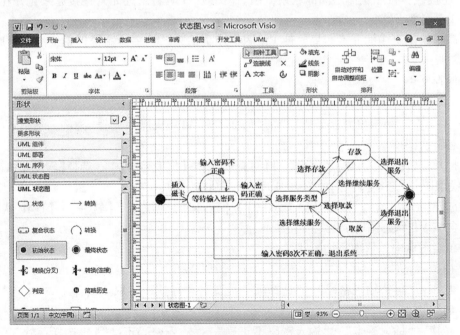

图 9-9　ATM 机操作的状态转换图

9.3 结构化软件设计工具

Visio 是一个软件开发的绘图工具，但它是建立流程图、组织图、日程表、行销图、布置图等各种图形图表最快速、最简便的工具之一。本节使用 Visio 构建结构化软件系统结构图。

Visio 带有一个绘图模板集，包含了用于各种商业和工程应用的符号。其中的软件和系统开发模板提供了流程图、数据流图、实体-联系（E-R）图、UML 图以及其他许多图形符号。模板提供了一个用于存储图表元素的定义和描述信息的有限资料库，并且这些模板还在不断地补充和发展中，其使用范围也将越来越广泛。图 9-10 和图 9-11 分别显示了其中的"数据流图表形状"模板和"语言级别形状"模板。

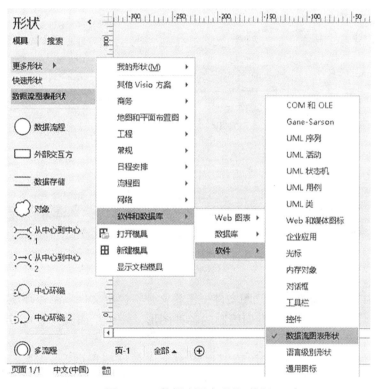

图 9-10 "数据流图表形状"模板

在这里，首先对图 9-10 中所示的菜单等各项基本构件进行解释：

菜单：通过单击菜单命令的操作，可以实现 Visio 的各项功能。

工具栏：可以快速执行各项功能和操作，是菜单的快捷方式。

绘图页面：相当于一张图纸，可以在它上面生成并编辑图形。一个绘图文件可以产生好几个绘图页面，可以通过"页面标签"来切换。

网格：在绘图时对图形的位置进行校正，但打印时一般并不显示。

标尺：用于对图形进行更为精确的定位。

绘图窗口：相当于一个工作台，在上面放置绘图页面等其他组件。

计算机科学与技术专业规划教材

形状(也称图件)：是 Visio 中最核心的部分。通过鼠标的拖曳而在绘图页面中产生对应的图形副本。将鼠标指针在图件上停留片刻，可以看到对该图件的注释，即对该图件功能和使用范围的说明。

模具：存放各种图件的仓库。

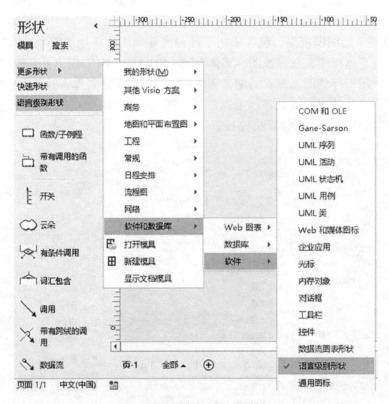

图 9-11　"语言级别形状"模板

Visio 文件共有 4 种类型，即绘图文件、模具文件、模板文件和工作环境文件。

(1)绘图文件(.vsdx)：用于存储绘制的各种图形。一个绘图文件中可以有多个绘图页，它是 Visio 中最常用的文件。

(2)模具文件(.vss)：用来存放绘图过程中生成各种图形的"母体"，即形状(图件)。Visio 自带了大量对应于不同绘图场合的模具文件，给绘图带来了很大的方便。用户还可以根据自己的需要，生成自己的模具文件。

(3)模板文件(.vst)：同时存放了绘图文件和模具文件，并定义了相应的工作环境。Visio 自带了许多模板文件。用户可以利用 Visio 自带的或者自己生成的模具文件，对操作环境加以改造，进而生成自己的模板文件。

(4)工作环境文件(.vsw)：用户根据自己的需要将绘图文件与模具文件结合起来，定义最适合个人的工作环境，生成工作环境文件。该文件存储了绘图窗口、各组件的位置和排列方式等。在下次打开时，可以直接进入预设的工作环境。

此外，Visio 还支持其他多种格式的文件，可以在 Visio 的打开或保存操作中使用这些文件类型。

步骤1：启动 Visio，进入"新建和打开文件"窗口。

步骤2：在"选择绘图类型"栏的"类别"中单击选择"软件"—"语言基本形状"模板，Visio 自动启动相关模板，并生成新的空白绘图页。

可以看到，窗口左侧是绘图模具，里面放置了大量绘图所需的图件，见图 9-12。将鼠标指向图件图标时，将自动显示该图件的用途。

步骤3：在模具中选中一个图件，将其拖放到绘图页面上的合适位置。

步骤4：重复上述拖动步骤，将函数、调用等图件拖入页面中，并排列如图 9-12 所示。

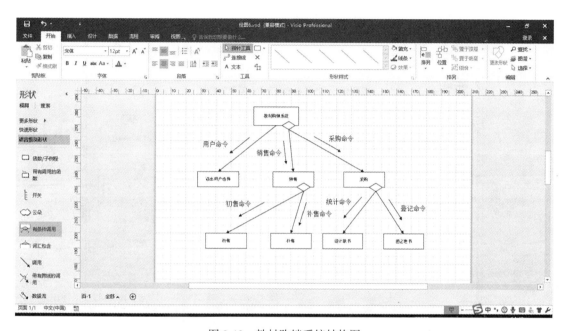

图 9-12　教材购销系统结构图

步骤5：重复上述步骤，在图形中输入其他文字。连接线上的文字也可以通过双击连接线进入文字编辑模式来输入。

至此，结构图便基本制作完成，为了显得更加美观和专业，还可以给它加上背景页以及页眉和页脚等。结构图（Structured Charts，简称 SC）是准确表达程序结构的图形表示方法，它能清楚地反映出程序中各模块间的层次关系和联系。与数据流图反映数据流的情况不同，结构图反映的是程序中控制流的情况。图 9-12 为大学教材购销系统的结构图。

步骤6：最后记得执行存盘操作，保存文件。

此外，该工具还能完成数据流图，HIPO 层次图，流程图，E-R 图等多类软件工程专业图形的绘制。

9.4　面向对象软件需求分析工具

9.4.1　Visio 构建类图

类图是 UML 图形中最常用的图形，其绘制步骤如下：

（1）在 Visio"文件"菜单上，依次指向"新建"、"软件"，然后单击"UML 模型图"。

（2）在树视图中，右击要包含静态结构图的包，指向"新建"，然后单击"静态结构图"。

（3）此时会出现一个空白页，左侧默认展开静态结构的形状。

（4）将类或对象形状拖到绘图页上，代表要包含在类静态结构图或概念模型中的类或对象。

（5）双击已有的类，可以打开编辑类熟悉的对话框，可以修改类的名词，添加属性和相关操作，如图 9-13 所示。

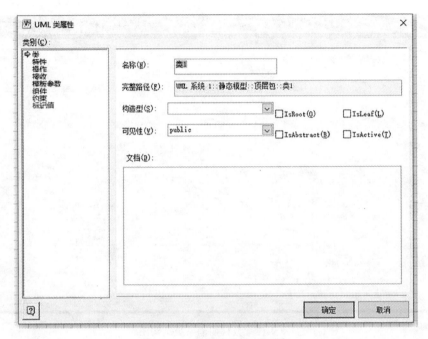

图 9-13　类属性编辑对话框

（6）左侧形状中包括类的相关关系形状，通过拖放为类添加相应的关系，包括归纳、组合/聚合、关联关系。

（7）绘制完成后保存所绘制的类图，如图 9-14 所示。

9.4.2　Visio 构建活动图

（1）在 Visio"文件"菜单上，依次指向"新建"、"软件"，然后单击"UML 模型图"。

（2）在左侧视图中，选取 UML 活动图。

（3）将开始状态、结束状态、活动、判定等所需元素拖放入空白绘图中，双击元素可以修改其显示文字。为了方便后续绘制泳道，属于同一执行者的活动应该尽量防止在上下垂直的位置上。

（4）使用控制流连接各元素。

（5）按照执行者的不同，拖放左侧视图中的泳道，将同一个执行者的活动包含在同一个泳道中。

（6）如有必要添加对象流，可以在左侧视图中选择 UML 静态结构，找到其中的对象图

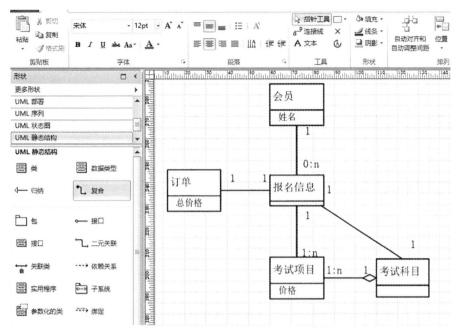

图 9-14 Visio 绘制类图示例

形，拖放到合适的位置，然后返回活动图栏，为对象添加相应的对象流箭头。

（7）保存图形，如图 9-15 所示。

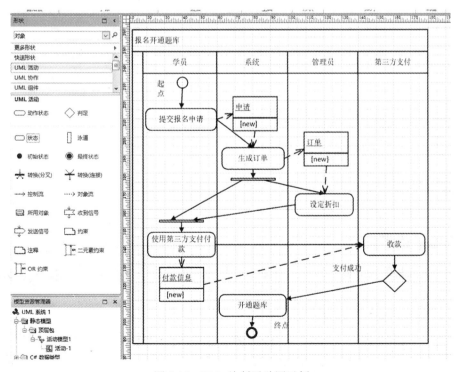

图 9-15 Visio 绘制活动图示例

9.4.3 Visio 构建用例图

使用 Visio 绘制用例图的步骤如下：

(1)在 Visio"文件"菜单上，依次指向"新建"、"软件"，然后单击"UML 模型图"。

(2)得到空白绘图后，在左侧视图中选择 UML 用例。

(3)拖放所需的用例和参与者图形，拖放进绘图，双击图形，修改其文本。

(4)使用连接线关联用例和参与者的关联。

(5)使用带箭头的虚线，标明用例之间的包含、扩展和泛化关联。

(6)用系统边界方框将所有用例包含其中。

(7)保存图形，如图 9-16 所示。

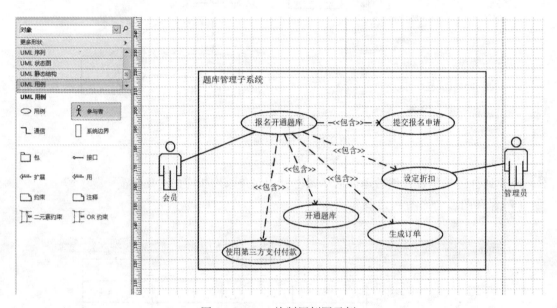

图 9-16　Visio 绘制用例图示例

9.5　面向对象软件设计工具

Microsoft Office Visio "UML 模型图"模板为创建复杂软件系统的面向对象的模型。本节介绍使用 Visio 构造包图、部署图和组件图的方法步骤。

9.5.1 Visio 构建包图

包图包括包和依赖关系。组件和对象可以位于节点上。通过使用构造型指示精确的依赖关系。

在 Visio 中构建部署图的具体步骤如下：

第一，在"文件"菜单上，依次指向"新建"、"软件"，然后单击"UML 模型图"。

第二，在树视图上，右击要用作其他包的容器的包，指向"新建"，然后单击"静态结构图"。

第三，在树视图中，单击静态结构图图标的名称，然后再次单击该名称。为该图表键入新名称。

第四，将"包"形状从"UML静态结构"模具中拖动到程序包图的绘图页上，以表示顶层包所包含的一个包，如图9-17所示。这样就将一个包添加到树视图上

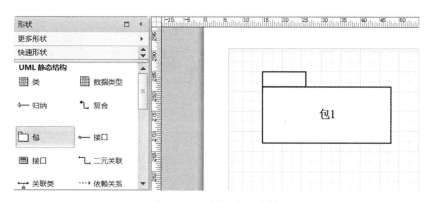

图9-17　选择"包"元素

第五，双击该新包的形状，打开"UML包属性"对话框。为该包键入一个名称（如SubPackage1），键入并选择其他属性值，然后单击"确定"。

第六，在树视图中右击SubPackage1图标，指向"新建"，然后选择要在子包中表示的图表类型。

第七，将形状拖动到绘图页上，代表子包包含的元素。

第八，将"依赖关系"形状从"UML静态结构"模具中拖动到程序包图的绘图页上，用鼠标拖动依赖关系的两端，使其对准两个包。

第九，重复第四到第八步，完成包图的构建。

第十，保存该图，如图9-18所示。

9.5.2　Visio 构建部署图

部署图包括节点和依赖关系。组件和对象可以位于节点上。通过使用构造型指示精确的依赖关系。

在Visio中构建部署图的具体步骤如下：

第一，在"文件"菜单上，依次指向"新建"、"软件"，然后单击"UML模型图"。

第二，在树视图中，右击要在其中包含部署图的包或子系统，指向"新建"，然后单击"部署图"。

第三，将"节点"形状拖到绘图页。将"组件"和"对象"形状拖到该节点中，如图9-19所示。双击相应节点，以添加名称、属性、操作和其他属性值。

第四，在适用处通过依赖关系连接相应形状。

第五，将组件部署到节点中有以下两种操作方法。第一，双击每个节点，在"UML节点属性"对话框中，单击"组件"。在"选择由此节点部署的组件"下，选择相应的组件，然后单击"确定"。第二，双击每个组件，在"UML组件属性"对话框中，单击"节点"。在"选择部署此组件的节点"下，选择相应的节点，然后单击"确定"。

计算机科学与技术专业规划教材

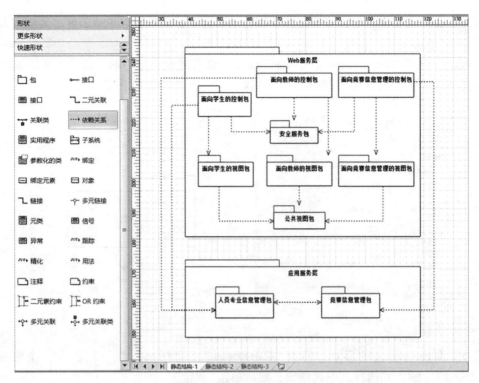

图 9-18　包图案例截图

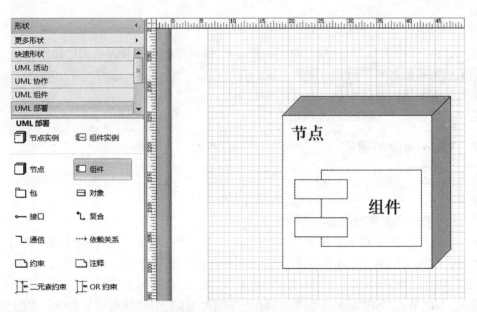

图 9-19　选择节点和组件元素

第六，根据需要，将"接口"形状拖到绘图页并将不带圆圈的端点粘附到组件形状。向类、组件或其他元素添加接口。

第七，使用"通信"形状来指示节点之间的关系。

第八，重复第三到第七步骤，直到完成所有需要的节点。

第九，双击任意形状，打开其"UML 属性"对话框，您可以在其中添加名称、属性、操作和其他属性。

第十，保存该图，如图 9-20 所示。

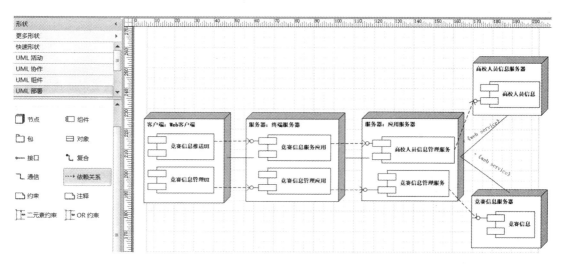

图 9-20 部署图案例截图

9.5.3 Visio 构建组件图

组件图包括组件和依赖关系。在 Visio 中构建部署图的具体步骤如下：

第一，在"文件"菜单上，依次指向"新建"、"软件"，然后单击"UML 模型图"。

第二，在树视图中，右击要在其中包含组件图的包或子系统，然后在"新建"菜单上单击"组件图"。

第三，为每个要表示的组件拖动"组件"形状到绘图页，如图 9-21 所示。将"接口"形状拖到绘图页并将不带圆圈的端点粘附到组件形状。

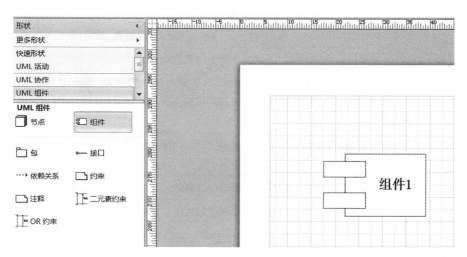

图 9-21 选择组件元素

第四，向组件添加接口。使用"依赖关系"形状来指示组件之间或一个组件和其他组件的接口之间的关系。依赖关系，以添加名称、构造型和其他属性。

第五，打开其"UML 属性"对话框，您可以在其中添加名称、属性、操作和其他属性。

第六，保存该图。

9.6 软件测试工具

测试工具的选择，在自动化测试中举足轻重，因为后继的大部分工作是基于所选定的工具开展的。如果工具选得不对，测试脚本的开发过程会很慢，测试的效果就会不够理想，测试脚本的维护工作量就会比较大。为了选择合适的测试工具，需要认真分析实际的测试需求，由测试需求决定测试工具的选择。

9.6.1 测试工具分类

分类取决于分类的主题或分类的方法，测试工具可以从不同的方面去进行分类其中分类如表 9-2。

表 9-2　　　　　　　　　　　　　测试工具分类的简要说明

工具类型	简　要　说　明
白盒测试工具	运用白盒测试方法，针对程序代码、程序结构、对象属性、类层次等进行测试，测试中发现的缺陷可以定位到代码行、对象或变量级，单元测试工具多属于白盒测试工具。
黑盒测试工具	运用黑盒测试方法，一般是利用软件界面（GUI）来控制软件，录制、回放或模拟用户的操作，然后直接将实际表现的结果和期望结果进行比较。这类工具主要是 GUI 功能测试工具和负载测试工具。
静态测试工具	对代码进行语法扫描，找出不符合编码规范的地方，根据某种质量模型评价代码的质量，生成系统的调用关系图等，所以它是直接对代码进行分析，不需运行代码。
动态测试工具	需要运行实际的被测系统，动态的单元测试工具可以设置断点，向代码生成的可执行文件中插入一些监测代码，提供断点这一时刻程序运行数据。
单元测试工具	主要用于单元测试，多数工具属于白盒测试工具。
GUI 功能测试工具	通过 GUI 的交互，完成功能测试并生成测试结果报告，包括脚本录制和回放功能。这类工具比较多，有些工具提供脚本开发环境，包括脚本编辑、调试和运行等功能。
负载测试工具	模拟虚拟用户，设置不同的负载方式，并能监视系统的行为、资源的利用率等，用于性能测试、压力测试之中。
内存泄漏检测	检查程序是否正确地使用和管理内存资源。
网络测试工具	监视、测量、测试和诊断整个网络的性能，如用于监控服务器和客户端之间的链接速度、数据传输等。
测试覆盖率分析	支持动态测试、跟踪测试执行的过程及其路径，从而确定未经测试的代码，包括代码段覆盖率、分支覆盖率和条件覆盖率等。

工具类型	简 要 说 明
度量报告工具	通过对源代码及其耦合性、逻辑结构、数据结构等分析获得相关度量的数据，如代码规模和复杂度等。
测试管理工具	提供某些测试管理功能，例如测试用例和测试用例的管理、缺陷管理工具、测试进度和资源的监控等。
专用工具	针对特殊的构架或技术进行专门测试的工具，如嵌入测试工具、web 安全性能测试工具等

表 9-3 至表 9-7 给出具体的测试工具及其简单介绍。

表 9-3 **Parasoft 白盒测试工具集**

工具名	支持语言环境	简 介
Jtest	Java	代码分析和动态类、组件测试
Jcontract	Java	实时性能监控以及分析优化
C++ Test	C，C++	代码分析和动态测试
CodeWizard	C，C++	代码静态分析
Insure++	C，C++	实时性能监控以及分析优化
. test	. Net	代码分析和动态测试

表 9-4 **Compuware 白盒测试工具集**

工具名	支持语言环境	简 介
BoundsChecker	C++，Delphi	API 和 OLE 错误检查、指针和泄露错误检查、内存错误检查
TrueTime	C++，Java，Visual Basic	代码运行效率检查、组件性能的分析
FailSafe	Visual Basic	自动错误处理和恢复系统
Jcheck	MS Visual J++	图形化的纯种和事件分析工具
TrueCoverage	C++，Java，Visual Basic	函数调用次数、所占比率统计以及稳定性跟踪
SmartCheck	Visual Basic	函数调用次数、所占比率统计以及稳定性跟踪
CodeReview	Visual Basic	自动源代码分析工具

表 9-5 **Xunit 白盒测试工具集**

工具名	支持语言环境	官方站点
CppUnit	C++	http：//cppunit. sourceforge. net
DotUnit	. Net	http：//dotunit. sourceforge. net
Jtest	Java	http：//www. junit. org

计算机科学与技术专业规划教材

工具名	支持语言环境	官方站点
PhpUnit	Php	http：//phpunit. sourceforge. net
PerlUnit	Perl	http：//perlunit. sourceforge. net
XmlUnit	Xml	http：//xmlunit. sourceforge. net

表 9-6 　　　　　　　　　　　　主流黑盒功能测试工具集

工具名	公司名	官方站点
WinRunner	Mercury	http：//www. mercuryinteractive. com
Astra Quicktest	Mercury	http：//www. mercuryinteractive. com
Robot	IBM Rational	http：//www. rational. com
QARun	Compuware	http：//www. compuware. com
SilkTest	Segue	http：//www. segue. com
e-Test	Empirix	http：//www. empirix. com

表 9-7 　　　　　　　　　　　　主流黑盒性能测试工具集

工具名	公司名	官方站点
LoadRunner	Mercury	http：//www. mercuryinteractive. com
Astra Quicktest	Mercury	http：//www. mercuryinteractive. com
Qaload	Compuware	http：//www. empirix. com
TeamTest：SiteLoad	IBM Rational	http：//www. rational. com
Webload	Radview	http：//www. radview. com
Silkperformer	Segue	http：//www. segue. com
e-Load	Empirix	http：//www. empirix. com
OpenSTA	OpenSTA	http：//www. opensta. com

9.6.2　测试工具的选择

　　根据软件产品或项目的需要，确定要用哪一类工具。如果是开源测试工具，指定 2~3 名测试人员试用，进行比较分析并给出评估报告，根据评估报告或其他咨询做出决定。如果是商业工具，比较好的方法是请 2~3 种产品的生产厂家来做演示，根据演示的效果、商业谈判的价格以及服务等做出选择。

　　在试用和演示过程中，不能仅限于简单的测试用例，应该用于解决几个比较难或比较典型的测试用例。在引入选择测试工具时，还要考虑测试工具引入的连续性，也就是说，对测试工具的选择必须有一个全盘的考虑，分阶段、逐步地引入测试工具。概括起来，测试工具的选择步骤如下：

（1）成立小组，负责测试工具的选择和决策

（2）确定需求和制定时间表，研究可能存在的不同解决方案。

（3）了解市场上是否有满足需求的、良好的产品，包括开源和商业的。

（4）对适合的开源测试工具的商业测试工具进行比较分析，确定 2~3 种产品作为候选产品。如果没有，也许要自己开发，进入内部产品开发流程。

（5）候选产品的试用。

（6）对候选产品试用后进行评估。

（7）如果是商业测试工具，进行商务谈判。

（8）最后做出决定。

在选择测试工具时，功能是最关注的内容之一。也就是说，功能越强大越好，在实际的选择过程中，解决问题是前提，质量和服务是保证，适用才是根本。为不需要的功能花钱是不明智的，同样，仅仅为了省钱而影响了产品的关键功能或服务质量，也不是明智的行为。

9.6.3 开源测试工具

开源测试工具已经覆盖了单元测试、性能测试、自动化测试、移动端测试、测试管理等主要的测试方面。目前主要集中在单元测试工具、功能测试工具、性能测试工具和缺陷管理工具方面。但是，目前在软件企业中，开源测试工具的应用还比较低。很多测试组织把开源测试工具作为商业测试工具的补充。

1. 测试管理类

Bugzilla	Bug 跟踪管理系统
Mantis	基于 Web 的缺陷跟踪管理系统
BugFree	轻量级的缺陷管理系统

Bugzilla 以其悠久的历史、强大的功能，受到很多企业用户的欢迎，但其缺点是安装配置比较麻烦。相比之下，Mantis 的简单易用、安装容易、扩展性强等优势，使其非常适合中小型的项目和软件企业使用。而 BugFree 的特点是轻量级、借鉴了微软的缺陷跟踪管理流程的思想，并且由于是中国人的开源项目，拥有先天的本土优势。

2. 单元测试类

NUnit	专门针对 .net 开发的单元测试框架
NMock	对象模拟技术，用模拟的假对象来代替测试对象所依赖的类
NUnitForms	专为 Windows Forms 设计的单元测试

3. 性能测试类

JMeter	用于对服务器、网络或对象模拟巨大的负载，在不同压力类别下写实系统的强度和分析整体性能

计算机科学与技术专业规划教材

TestMaker	把单元测试转换到一个自动化的功能测试平台,来测试各种模型构建的 Web 应用系统
DBMonster	用于生成大批量数据库数据的工具,测试系统在强大数据库压力下的性能表现

4. 自动化功能测试类

Abbot Java GUI Test Framework	专为 Java GUI 组件和程序的自动化测试而设计的框架,进行 Java 的 GUI 控件的测试
White	测试包括 Win32、WinForm、WPF 和 SWT 在内的软件
Watir	基于 Web 的自动化测试开发的工具箱

开源测试工具给测试人员提供了另外一种选择的渠道,最重要的是它不仅是免费的,而且源代码也是公开的。这给了测试人员一些提示:利用开源测试工具来协助进行测试,对开源测试工具进行扩展和改造,以获取需要的测试工具。

9.7 软件项目管理工具

常用软件项目管理的软件工具有:微软公司的 Project、CA 公司的项目管理套件、开源软件 OpenProj 和国产开源软件禅道等。本节主要介绍使用 Project 制定项目进度计划和任务资源分配步骤。

9.7.1 Project 制定项目进度计划

1. 创建新项目
(1)单击"新建"按钮。"新建"按钮可能暂时被隐藏了。如果没有足够的空间显示所有按钮,它可能不会显示出来。单击"其他按钮"按钮,然后单击"新建"按钮。

(2)在"项目信息"对话框中为项目键入或选择一个开始或结束日期,然后单击"确定"按钮。

(3)单击"保存"按钮。在"文件名称"对话框中,键入项目的名称,然后单击"保存"按钮。

提示:可以随时改变项目信息,只需单击"项目"菜单中的"项目信息"命令。

2. 设定任务工期
输入完任务名称后,接着便是估计并输入此任务所需要花费的时间。而在输入时,Project2003 提供许多弹性的功能让我们输入工期,这些方式包括了:

(1)直接估计并在〔工期〕栏中输入数据资料;

(2)0 天＝里程碑;

(3)利用〔周期性任务〕方式输入任务工期;

(4)利用〔任务信息〕功能来设定条件;

(5)以〔任务分隔〕进行更弹性设定。

可以修改项目日历，以反映项目中每个人的工作时间。日历的默认值为星期一至星期五，上午 8:00 至下午 5:00，其中有一个小时的午餐时间。

可以指定非工作时间，例如周末和晚上的时间以及一些特定的休息日，如节假日等。

(1)单击"视图"菜单中的"甘特图"命令。

(2)单击"工具"菜单中的"修改工作时间"命令。

(3)在日历中选择一个日期

如果要在整个日历中修改每周中的某一天，例如，希望每周五下午 4:00 下班，单击日历顶端那天的缩写。

如果要修改所有的工作日，例如，希望从星期二到星期五的工作日上午 9:00 上班，单击一周中第一个工作日的缩写(例如星期二的缩写为 T)。按住 Shift 键，然后单击一周中最后一个工作日的缩写(例如星期五的缩写为 F)。

(4)如果要将某些天标记为非工作日，单击"非工作日"单选按钮，如果要改变工作时间，可单击"非默认工作时间"单选按钮。

(5)如果在第 3 步中单击了"非默认工作时间"单选按钮，请在"从"文本框中键入开始工作的时间，在"到"文本框中键入结束工作的时间。

(6)单击"确定"按钮。

3. 输入建立任务

在 Microsoft Project 中创建新项目时，可以输入项目的开始或结束日期，但是同时输入两个日期。建议只输入项目的开始日期，然后让 Microsoft Project 在您输入所有任务并完成了这些任务的日程安排之后计算出结束日期。

在"任务名称"域中键入任务名称，然后按 Tab 键。Microsoft Project 为此任务输入估计为一个工作日的工期，并且工期值后面带有一个问号。

在"工期"域中，键入每项任务的工作时间，单位可以是月、星期、工作日、小时或分钟，不包括非工作时间。也可以利用下面这些缩写：月＝mo、星期＝w、工作日＝d、小时＝h、分钟＝m。为了标明是估计工期，请在工期之后键入一个问号。

将分解的任务清单，依据不同种类(周期性任务、里程碑等)输入系统，如图 9-22 所示。

图 9-22　任务案例图

4. 创建里程碑

里程碑是一种用以识别日程安排中重要事件的任务，例如某个主要阶段的完成。如果在某个任务中将工期输入为 0 个工作日，Microsoft Project 将"甘特图"中的开始日期上显示一个里程碑符号。

在"工期"域中，单击要设为里程碑任务的工期，然后键入"0d"。

除了工期为 0 的任务会被自动标记为里程碑之外，也可以将任意一项任务标记为里程碑。如果要将某个任务标记为里程碑，请单击"任务名称"域中的任务，然后单击"任务信息按钮"，然后单击"高级"选项卡，选中其中的"标记为里程碑"复选框。

5. 设定调整任务的层次

为了让将要追踪的任务分成明晰层级，对于工作范围过大的任务便应该更进一步细分，例如："需求分析阶段"下的工作有："调研""分析""确认"，便可以利用 Project 建立成摘要任务与子任务。

(1) 从〔任务向导〕入手，按下〔将任务分成阶段〕，如图 9-23 所示。

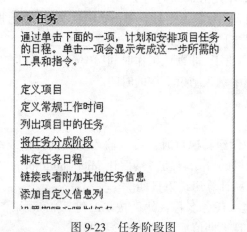

图 9-23　任务阶段图

(2) 出现〔组织任务〕窗格，通过此处的向导提示，建立摘要任务和子任务。

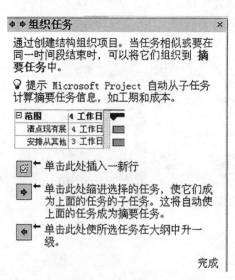

图 9-24　组织任务设定图

（3）利用拖曳鼠标的方式选择其属于子任务的工作。按下〔组织任务〕窗格中的〔降级〕图 9-25 所示。

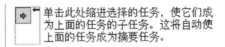

图 9-25　子任务设定图

（4）此时，便会产生摘要任务与子任务之间的关系，如图 9-26 所示。

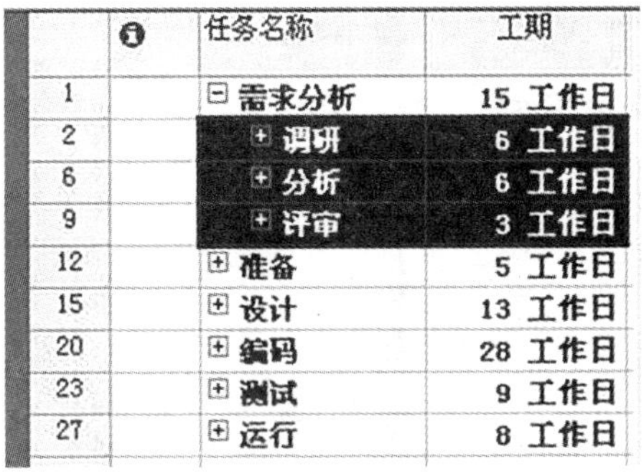

	❶	任务名称	工期
1		⊟ 需求分析	15 工作日
2		⊞ 调研	6 工作日
6		⊞ 分析	6 工作日
9		⊞ 评审	3 工作日
12		⊞ 准备	5 工作日
15		⊞ 设计	13 工作日
20		⊞ 编码	28 工作日
23		⊞ 测试	9 工作日
27		⊞ 运行	8 工作日

图 9-26　子任务效果图

（5）值得一提的是，如果我们觉得其中一项任务不想属于此摘要任务中的子任务，便可额外选择该任务，再利用〔升级〕方式改变其关系，如图 9-27 所示。

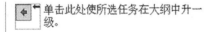

图 9-27　非子任务设定图

（6）全部调整完毕后，可再利用工具列中的〔显示子任务〕与〔隐藏子任务〕的功能来显示或是隐藏子任务，如图 9-28 所示。

图 9-28　显示或隐藏子任务设定图

（7）最后，项目便会变得更加结构化了，如图 9-29 所示。

（8）全部调整完毕，按下〔完成〕关闭本向导。

6. 设定排定任务日程和任务间的关联性

当输入好任务名称并且调整好阶层之后，便是设定工期和任务之间的关联性，什么是关联性呢？举例而言：地基要先建好才能盖房子；墙先建设好时才能粉刷墙面等，因此，我们

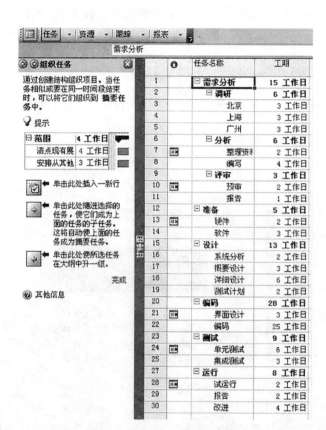

图 9-29   进度计划表案例图

在设定好首先开始的任务日期后，就可根据任务的工期和关联性调整相关的任务开始或结束的日期。实际上，Project 一共提供 4 种任务的相依性，这 4 种的特色如表 9-8 所示。

表 9-8   任务相关性

任务相关性	范例	描　　述
完成-开始(FS)	A → B	只有在任务 A 完成后任务 B 才能开始。
开始-开始(SS)	A / B	只有在任务 A 开始后任务 B 才能开始。
完成-完成(FF)	A / B	只有在任务 A 完成后任务 B 才能完成。
开始-完成(SF)	A / B	只有在任务 A 开始后任务 B 才能完成。

不同的相关性，其工作应用的情形也有不同，以下为应用的范例，如表9-9所示。

表9-9 任务相关性案例

任务相关性	例　子
完成-开始(FS)	地基要先建好才能盖房子
开始-开始(SS)	所有的人员都到齐后会议才能开始
完成-完成(FF)	所有的资料全部准备齐全后才能结案
开始-完成(SF)	站岗时，下一个站岗的人来了，原本站岗的人才能回去

要设定其任务间的相关性的方法为：

(1)从〔任务向导〕入手，按下〔排定任务日程〕，如图9-30所示。

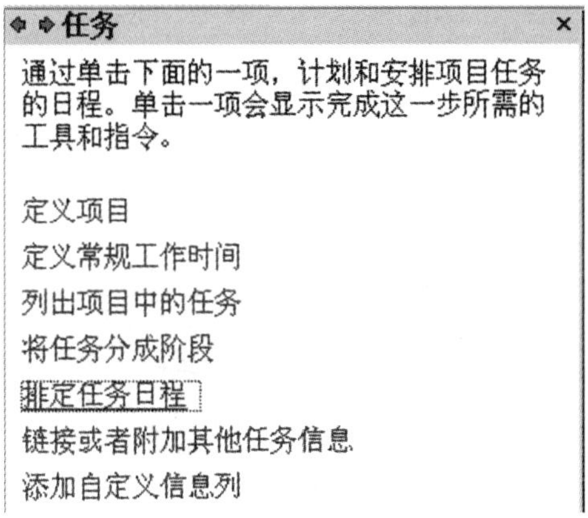

图9-30　任务阶段图

(2)接着出现〔排定任务日程〕窗格，根据向导提示建立任务的关联性，如图9-31所示。

(3)选取〔任务名称〕栏中要按所需顺序连接在一起的两项或多项任务，其中，如我们要选取不相邻的任务，可以按住Ctrl键并按一下任务名称；要选取相邻的任务，则按住Shift键并按一下希望连接的第一项和最后一项任务。

(4)根据任务之间的关系〔完成—开始〕或者〔开始—开始〕或者〔完成—完成〕，单击相应的链接。从而建立任务之间的相关性。比如：北京调研后接着去上海调研。可选中北京和上海，然后点击"完成—开始"；又如：分两组同时去北京和广州调研，则选择北京和广州，再点击"开始—开始"。(如图9-32任务相关性设定图所示)

(5)重复上面的步骤，直到把所有的任务建立了相关性，如图9-33所示。

(设定好任务间的相关性后的情形)

(6)点击〔完成〕关闭本向导。

(7)如果又需要改变或是删除任务的相关性，可以再回〔排定任务日程〕向导进行，不过

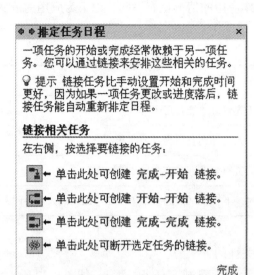

图 9-31　排定任务日程图

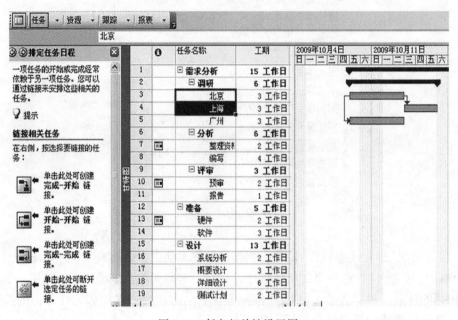

图 9-32　任务相关性设置图

也可以直接在线条上连续按两下鼠标左键，便会出现〔任务相关性〕对话框，如图 9-34 所示。

（8）当设定完毕后，Project 会马上告诉我们这个项目进行所需的时间与完成日期。

9.7.2　Project 任务资源分配

1. 建立资源

在进行工作分配之前，首先，我们要做的便是设定这次项目中要用到哪些资源，这些资源可能包含了：参与这次项目的人员、这次项目中所需使用的设备等。

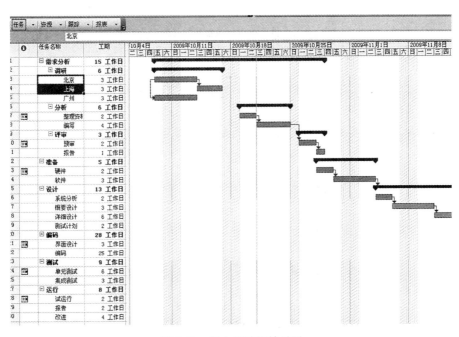

图 9-33　任务相关性效果图

图 9-34　任务相关性对话框设置图

（1）打开之前建立好的活动项目。

（2）在 Microsoft Projec 的〔项目向导〕工具栏中找到〔资源〕快捷图 9-35。

图 9-35　资源快捷图

（3）接着，我们便可以在〔资源〕向导的提示下进行与此项目有关的相关资源输入了。

（4）首先，在〔资源〕窗格中找到并按一下〔为项目指定人员和设备〕，如图 9-36 所示。

（5）接着就会出现〔指定资源〕窗格，要求你指定一种资源的添加方式，如图 9-37 所示。

（6）按下〔手动输入资源〕，然后就在右边的窗格中输入项目所需资源的情况。

（7）首先，我们可以在〔资源名称〕中输入资源的名称，如项目参与者的姓名、组、标注费率，加班费率等，如图 9-38 所示。

资源
通过单击下面一项，建立项目小组，并为任务分配人员。单击一项会显示完成这一步所需的工具和指令。
为项目指定人员和设备
定义资源的工作时间
向任务分配人员和设备
链接或者附加其他资源信息
添加自定义信息列
向 Web 发布项目信息
在输入任务和资源信息之后，您可以转到跟踪区 对进展中的项目进行跟踪和管理。

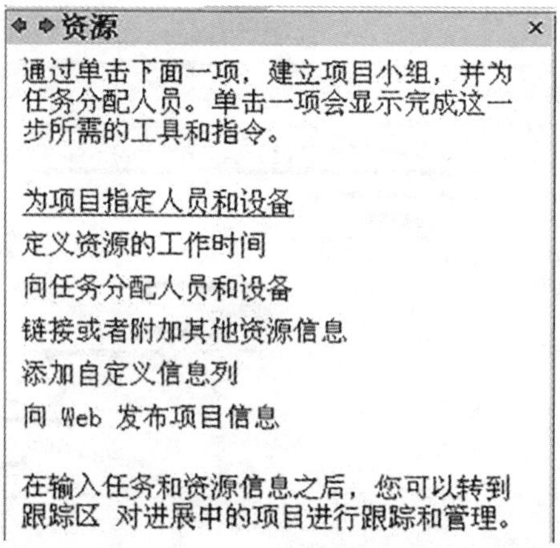

图 9-36　项目指定人员和设备设置图

指定资源
请选择：
从公司“通讯簿”中添加资源
从公司目录中添加资源
从 Microsoft Project Server 中添加资源
手动输入资源
完成

图 9-37　指定资源类型设置图

任务
资源
跟踪
报表
李1
指定资源
请选择：
从 Project Server 中添加资源
从公司“通讯簿”中添加资源
从公司目录中添加资源
手动输入资源
在右侧，键入项目所需的人员姓名，包括电子邮件地址、按小时或按月的支付费率和 Windows 用户帐户。
提示
如果您需要输入材料资源信息，请单击下面的链接：
输入材料资源
设置预订类型
您也可以为项目中的资源 设置预订类型 。
完成
项目向导：简单资源工作表
资源名称 组 标准费率 加班费率
1 李1 架构师 ¥40.00/工时 ¥80.00/工时
2 李2 设计师 ¥35.00/工时 ¥70.00/工时
3 李3 程序员 ¥25.00/工时 ¥50.00/工时
4 李4 测试员 ¥27.00/工时 ¥54.00/工时
5 李5 管理员 ¥30.00/工时 ¥60.00/工时
6 张1 架构师 ¥40.00/工时 ¥80.00/工时
7 张2 设计师 ¥35.00/工时 ¥70.00/工时
8 张3 程序员 ¥25.00/工时 ¥50.00/工时
9 张4 测试员 ¥27.00/工时 ¥54.00/工时
10 张5 管理员 ¥30.00/工时 ¥60.00/工时
11 王2 设计师 ¥35.00/工时 ¥70.00/工时
12 王3 程序员 ¥25.00/工时 ¥50.00/工时
13 王4 测试员 ¥27.00/工时 ¥54.00/工时
14 王5 管理员 ¥30.00/工时 ¥60.00/工时
15 赵3 程序员 ¥25.00/工时 ¥50.00/工时
16 赵4 测试员 ¥27.00/工时 ¥54.00/工时
17 刘3 程序员 ¥25.00/工时 ¥50.00/工时
18 刘4 程序员 ¥25.00/工时 ¥50.00/工时

图 9-38　资源名称设置图

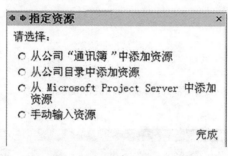

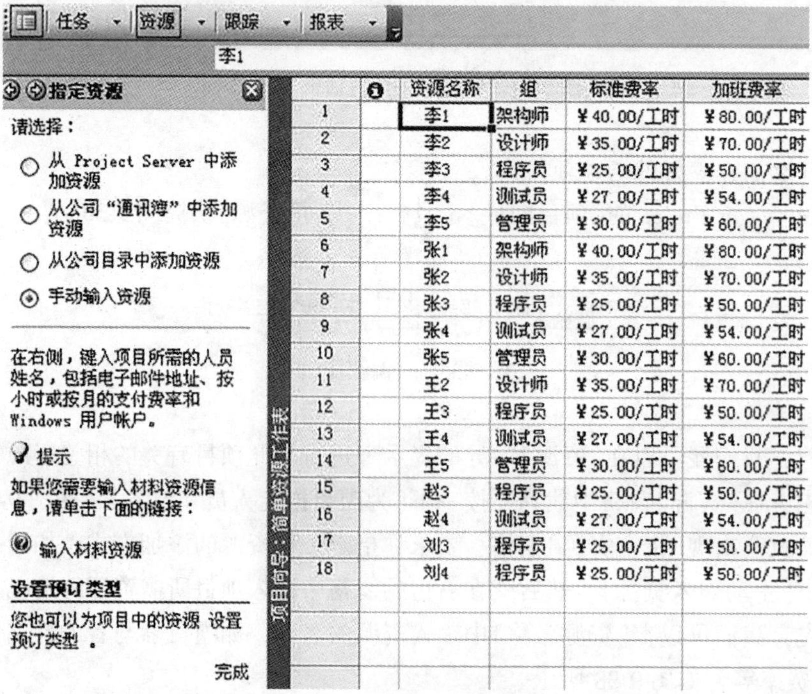

（8）接着，选择输入材料资源。先插入材料类型列和每次使用成本列。Project2003 提供两种类型分别是：〔工时〕的成本计算方式；〔材料〕的成本计算方式，像是本范例中，很明显的计算机是按工时使用的材料，而打印纸，差旅费、打印机是按次使用材料，如图 9-39，图 9-40 所示。

图 9-39　资源相关列设置图

图 9-40　资源类型设置图

（9）录入完毕，按一下向导窗格中的〔完成〕即可。

2. 将资源分配到任务中

了解如何在项目中建立资源后，接着，便是将建立好的资源分配到相对应的任务中。

要进行任务分配其方法为：

(1)在〔资源〕窗格中找到并按一下〔向任务分配人员和设备〕，如图 9-41 所示。

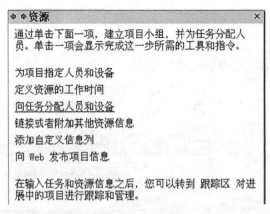

图 9-41　任务分配人员和设备设置图

(2)接着就会出现〔分配资源〕窗格，如图 9-42 所示。

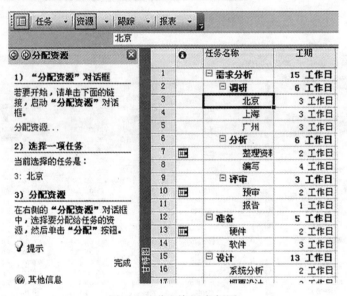

图 9-42　分配资源案例图

(3)按下〔分配资源〕就会出现〔分配资源〕对话框，如图 9-43 所示。

(4)点选要进行分配的任务，其中，如果我们按下键盘中的"Ctrl"键并配合着鼠标按一下可以进行不连续的选取，而利用鼠标拖曳则可以连续选取多个任务。

(5)同样利用鼠标选择其选定的任务要分配哪些资源，其中按下键盘中的 Ctrl 键并配合者鼠标按一下可以进行不连续选取，而利用鼠标则可以连续选择多个任务。

(6)按下〔分配〕按钮。这个活动的人事安排就好了！

(7)当任务被分配时，预设在甘特图中将会出现此项任务分配给哪些资源来进行，同时资源名称前面也会钩选，如图 9-44 所示。

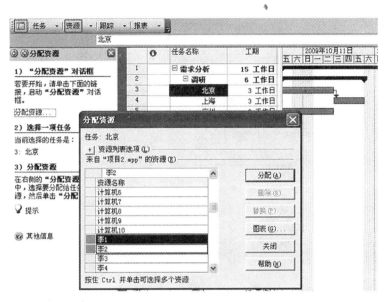

图 9-43　分配资源设置图

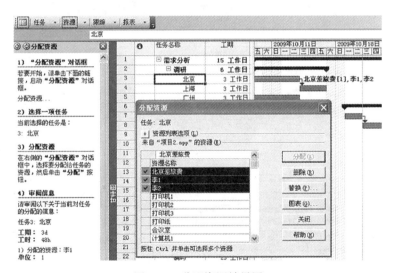

图 9-44　分配资源效果图

当所有的资源分配任务完毕之后，按一下向导窗格中的〔完成〕即可。

3. 资源调配

当我们过度分配(如：同一人在同一时段分配多项任务，或在资源有效期间外分配该资源)某一个人或是资源时，我们在〔资源工作表〕或是〔资源分配状况报表〕时便会发觉系统会利用红色的方式标识该资源，同时在〔标记〕出也会出现一个惊叹号要求我们进行资源调配的工作，如图 9-45 所示。

调配方法如下：

(1)由菜单中选择〔工具/调配资源〕，此时便会出现〔调配资源〕对话框，如图 9-46

所示。

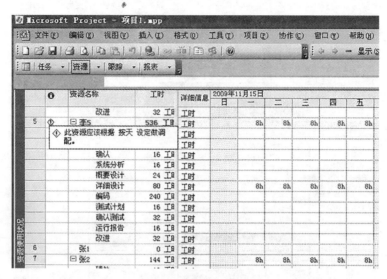

图 9-45　调配资源案例图

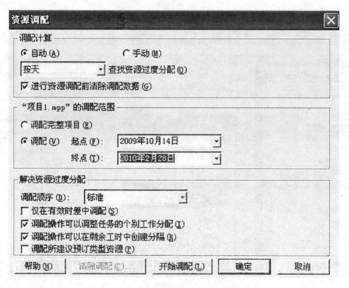

图 9-46　调配资源设置图

（2）在此对话框中我们可以设定由电脑寻找资源过度分配而自动调配还是设定由人工自行来进行、要进行资源调配的范围等，一旦选择好时按下〔开始调配〕。

（3）接着设定要调配的为整个资源库的资源还是选定资源，按下〔确定〕，如图 9-47 所示。

（4）如果不能调配，则弹出以下对话框，如图 9-48 所示。

可以手工修改过度调配资源。

（5）双击过度分配资源名称，弹出以下对话框，将其可用性延长便可，如图 9-49 所示。

图 9-47 开始调配资源图

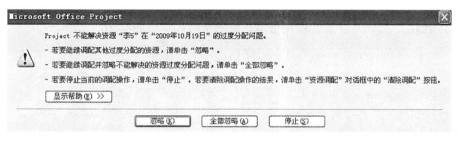

图 9-48 调配资源失败图

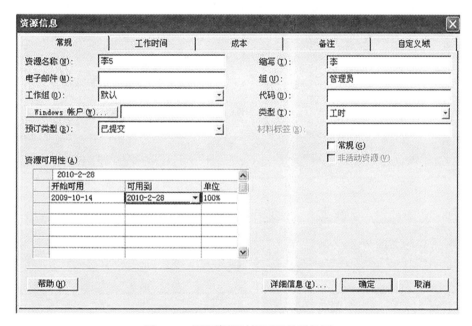

图 9-49 调配资源时间可用性延长图

9.8 本章小结

随着计算机技术的发展，软件开发工具也越来越多，本章主要介绍了软件开发过程中常用的软件工具，重点介绍 Microsoft office 系列中的 Visio 和 Project，这两款工具运用非常普遍，而且容易获得。Visio 工具不仅可以用于结构化软件设计，绘制数据流图、HIPO 层次图、流程图、E-R 图等，也可以用于面向对象的软件需求分析和软件设计，绘制 UML 图

（如：类图、活动图、用例图、包图、部署图、组件图等）。Projcet 也是著名的项目管理工具，具有很强大的功能，本章主要以进度计划和任务资源分配为例，介绍了 Project 工具的使用方法。软件测试工具也有很多，已经覆盖了单元测试、性能测试、自动化测试、移动端测试、测试管理等主要的测试方面，要根据不同测试类型选择合适的测试工具，解决问题是前提，质量和服务是保证，适用才是根本。

习　　题

（1）使用 Microsoft Visio 进行软件需求建模，可以构建哪些结构化需求模型？

（2）简述使用 Microsoft Visio 构建软件结构图的步骤。

（3）使用 Microsoft Visio 进行软件需求建模，可以构建哪些面向对象需求模型？

（4）简述使用 Microsoft Visio 构建用例图的步骤。

（5）软件测试工具有哪些类型？

（6）简述使用 Project 制定项目进度计划的步骤。

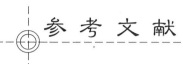

[1]张海藩. 软件工程导论(第五版)[M]. 北京：清华大学出版社，2009.

[2]齐治昌等. 软件工程(第二版)[M]. 北京：高等教育出版社，2004.

[3]王立福，孙艳春，刘学洋. 软件工程(第三版)[M]. 北京：北京大学出版社，2009.

[4](英)Lan Sommerville. 软件工程(原书第 10 版)[M]. 程成等译. 北京：机械工业出版社，2018.

[5](美)Shari Lawrence Pfleeger，(加)Joanne M. Atlee. 软件工程[M]. 北京：人民邮电出版社，2014.

[6](美)Roger S. Pressman. 软件工程：实践者的研究方法(原书第 8 版)[M]. 郑人杰译. 北京：机械工业出版社，2016.

[7]殷人昆. 计算机系列教材：实用软件工程(第 3 版)[M]. 北京：清华大学出版社，2011.

[8](美)Joy Beatty，Anthony Chen. 软件需求与可视化模型[M]. 方敏译. 北京：清华大学出版社，2016.

[9](美)Freeman E. 等. O'Reilly：Head First 设计模式(中文版)[M]. UML China 编，O'Reilly Taiwan 公司译. 北京：中国电力出版社，2007.

[10](美)Ron Patton. 软件测试(原书第 2 版)[M]. 张小松，王钰，曹跃等译. 北京：机械工业出版社，2019.

[11](美)Paul C. Jorgensen. 软件测试：一个软件工艺师的方法(原书第 4 版)[M]. 李海峰译. 北京：机械工业出版社，2017.

[12](美)Hassan Gomaa. 软件建模与设计：UML、用例、模式和软件体系结构[M]. 彭鑫，吴毅坚，赵文耘等译. 北京：机械工业出版社，2014.

[13](美)Erich Gamma 等. 设计模式：可复用面向对象软件的基础(典藏版)[M]. 李英军等译. 北京：机械工业出版社，2019.

[14](美)Erich Gamma 等. 面向模式的软件体系结构[M]. 李英军，马晓星，蔡敏，刘建中等译. 北京：机械工业出版社，2017.

[15]邵维忠，杨芙清. 面向对象的分析与设计[M]. 北京：清华大学出版社，2012.

[16](美)Joseph Schmuller. UML 基础、案例与应用(第 3 版修订版)[M]. 李虎，李强译. 北京：人民邮电出版社，2018.

[17](美)Schwalbe K.. IT 项目管理[M]. 杨坤等译. 北京：机械工业出版社，2011.

[18]韩万江，姜立新. 软件项目管理案例教程(第 4 版)[M]. 北京：机械工业出版社，2019.

[19](美)Jeffrey K. Pinto. 项目管理(英文版第 4 版)[M]. 北京：机械工业出版社，2019.

[20](美)Harold Kerzner. 项目管理：计划、进度和控制的系统方法(第 12 版)[M]. 杨爱华译. 上海：电子工业出版社，2018.